長泥の地図。中心は国道399号線と福島県道62号線が合う十文字である。
英語の文字は庄司正彦の聞き取りでトム・ギルが書いたフィールドノート。

はじめに

東京電力福島第一原子力発電所の水素爆発後、風は北西に向かい、飯舘村長泥《いいたてながどろ》行政区に雪を降らせた。大地は放射能に汚染され、事故の一年四ヵ月後に国によって村で唯一の帰還困難区域に指定され、鍵のかかったゲートによって封鎖された。原発から最も離れた帰還困難区域・長泥では、散り散りに避難した七十四世帯二百八十一人の住民が、理不尽な運命を受け止め、それぞれに戻れないふるさとへの思いを断ち切るために苦しんできた。被災後五年を経ても、全く先行きの見えない現在、「先祖から受け継いできた長泥が葬り去られてしまう」という焦燥感や無力感が住民を包み込みつつある。

本書は、風化しつつある長泥の生活の記憶を子や孫に伝えるために、そして風化しつつある原発事故被災地の記憶を長泥から後世に伝えるために編まれた記録誌である。

〈第一部 写真で見る長泥〉は、住民が本書のために持ち寄った一万点余りの写真と、被災後二人の写真家が記録している写真を主な素材として編集されている。

〈第二部 聞き書きでたどる長泥〉は、平成二十七年夏に集中的に行われた社会学関係者らの聞き取りに加え、平成二十五年二月から住民意識をつなぐために発行されている区報「まげねえどぅ！ながどろ！」の連載記事と、平成二十四年十二月に原子力損害賠償紛争解決センター（ＡＤＲ）への集団申し立てのために弁護団によって行われた審問調書による、五十余名の住民の語りを素材として編集されている。

すべての住民の、それぞれの長泥を掲載することができなかったことは心残りであるが、本書が長泥の記憶を次代に伝える一助になることができれば幸いである。

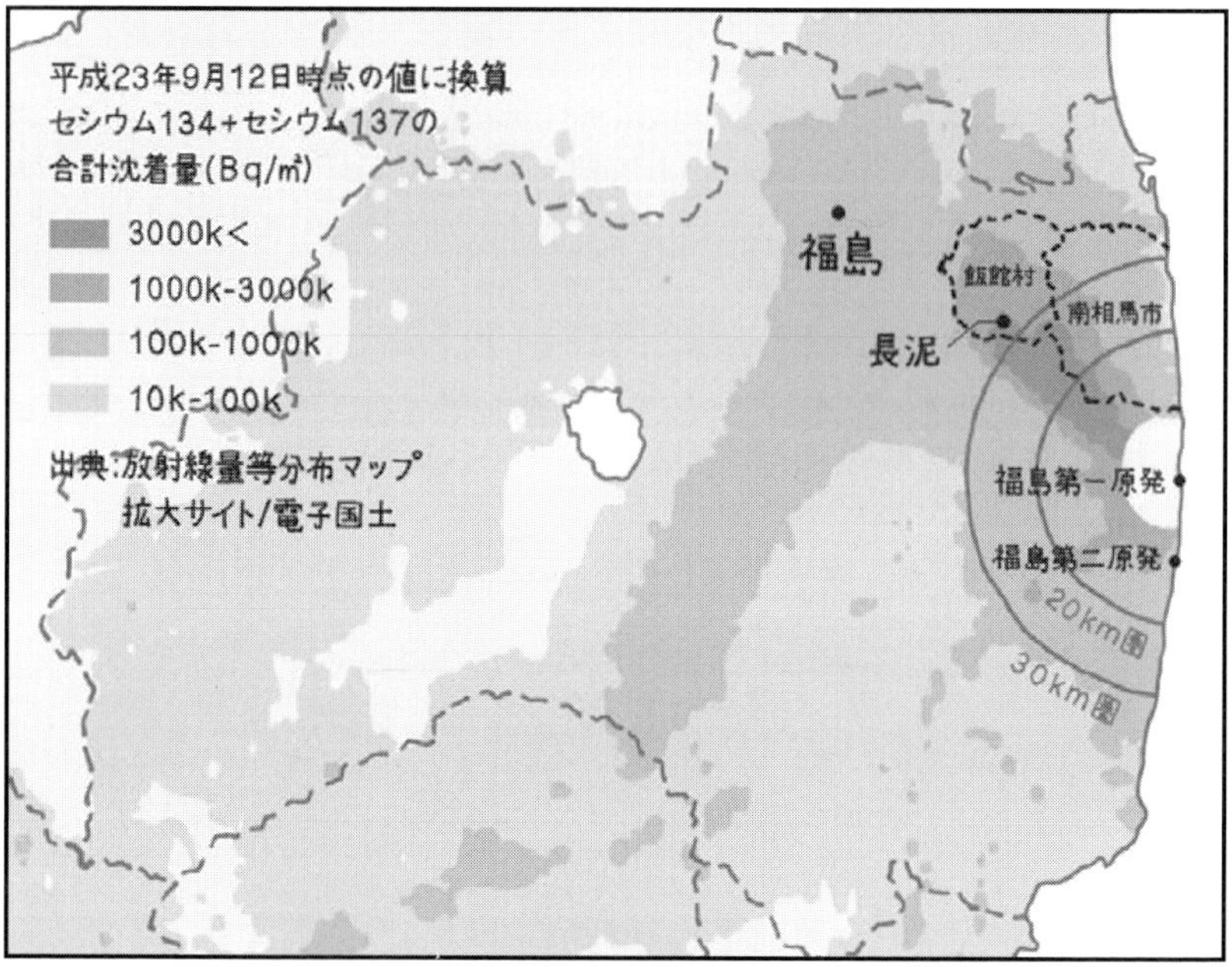

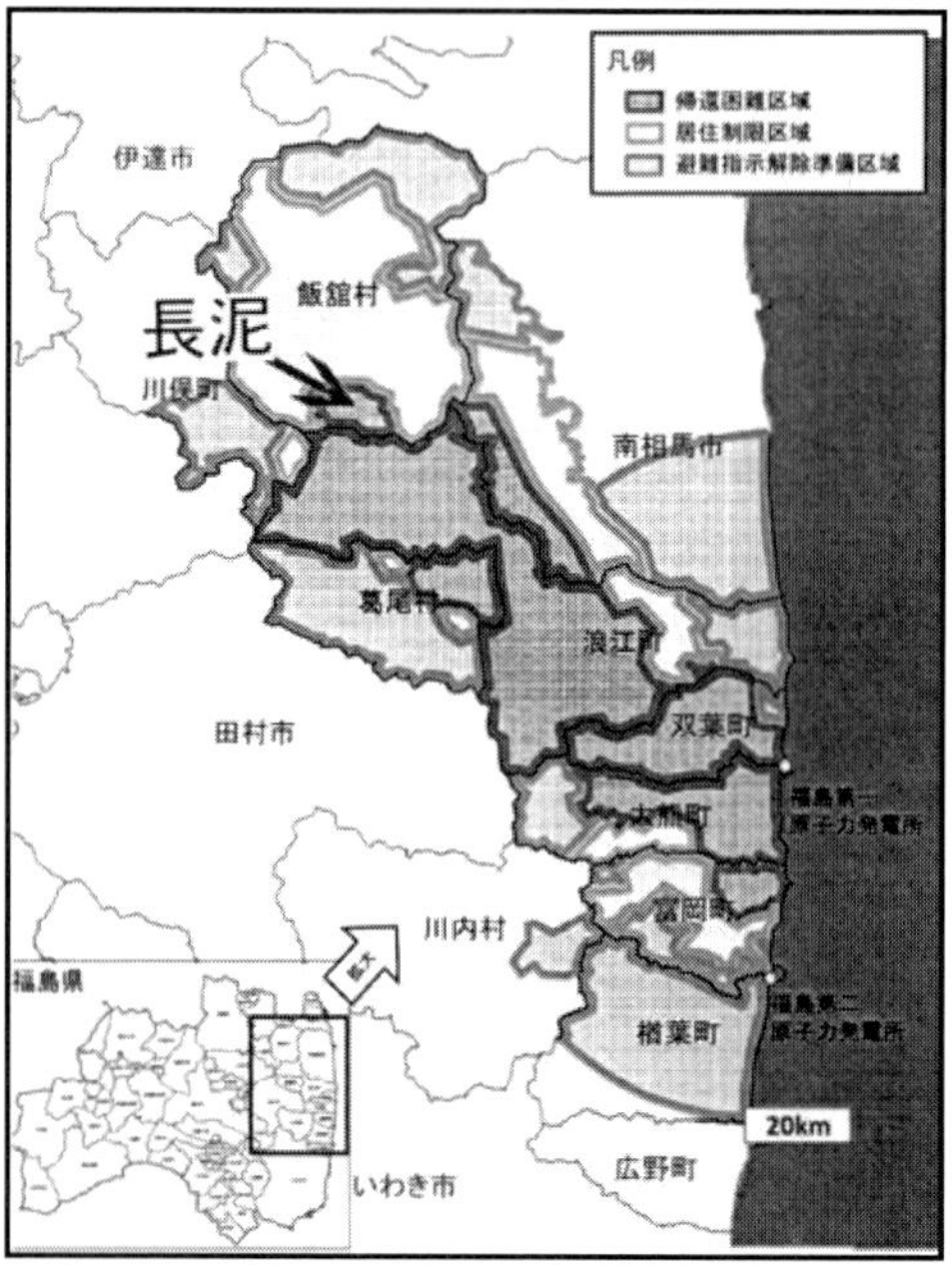

避難指示区域の概念図
(平成27年9月5日時点)
www.meti.go.jp/earthquake/nuclear/.../0905gainenzu.pdf

もどれない故郷《ふるさと》ながどろ　目次

第二部　聞き書きでたどる長泥　161

福島県相馬郡飯舘村長泥行政区の概要

飯舘村の地勢と沿革

福島県相馬郡飯舘《いいたて》村は、県北東部に位置し、人口は被災直前の平成二十三年三月一日現在六一三二人、総面積二三〇・一三平方キロメートルの約七五パーセントを山林が占める。地形は比較的なだらかで、山地はほとんど高原状を呈し、標高五百メートルに満たない起伏が波のように連なっている。北に真野川、中央に新田川と飯樋川、南部に比曽川が流れ、その流域に高地が拓かれ集落を形成している。

阿武隈高地の最北部に位置するため、気候は年平均気温が約一〇度、年間降水量一三〇〇ミリメートル前後と、夏季は冷涼で過ごしやすいものの、冬季の寒さが厳しい。

そのため、農作物への早霜・遅霜の被害を減らすため、比較的霜害の少ない畜産の振興を進め、黒毛和牛「飯舘牛」の名が知られ始めていた。また、村のスローガンを「までいライフ」とし、「日本で最も美しい村」連合にも加盟し、農業を主体とする地域づくりの先進地として成果を挙げていた。「までい」とは飯舘のことばで「丁寧に、大切に、心を込めてつつましく」という意味で、伝統と進歩のバランスがとれた二十一世紀に適応する美しい田舎の生活の実現をめざしていたのである。

歴史的沿革を見ると、元禄十一（一六九八）年以来、相馬中村藩は藩内を宇多郷・北郷・中郷・小高郷・北標葉《しねはごう》郷・南標葉郷・山中郷《さんちゅうごう》の七つに分けて支配を行っていたが、現在の飯舘村にあたる地域は、このうちの山中郷に属していた。山中郷は当時三十ヵ村で構成されており、そのうちの十八ヵ村が、明治維新

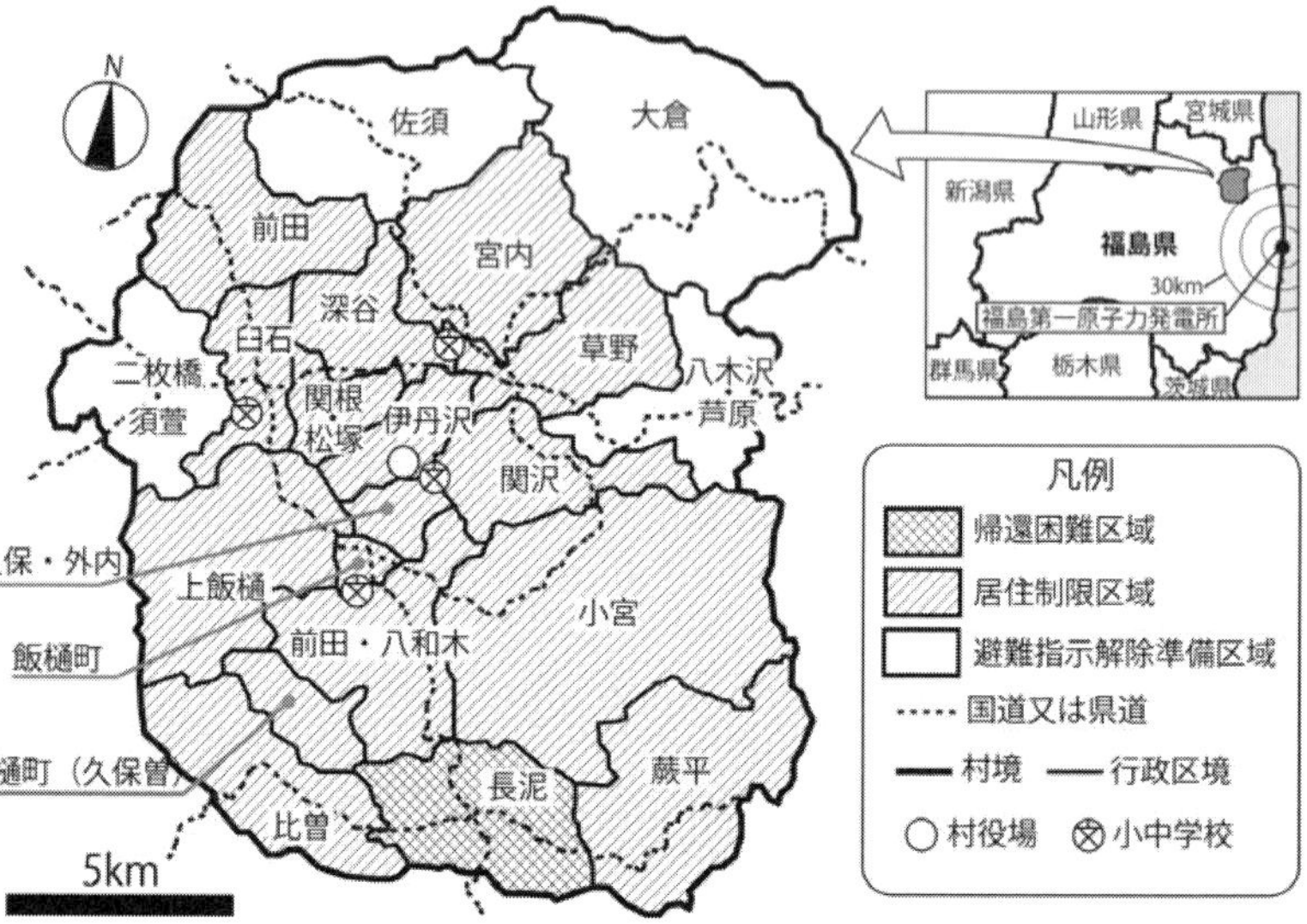

現在の飯舘村の行政区画と避難指示状況

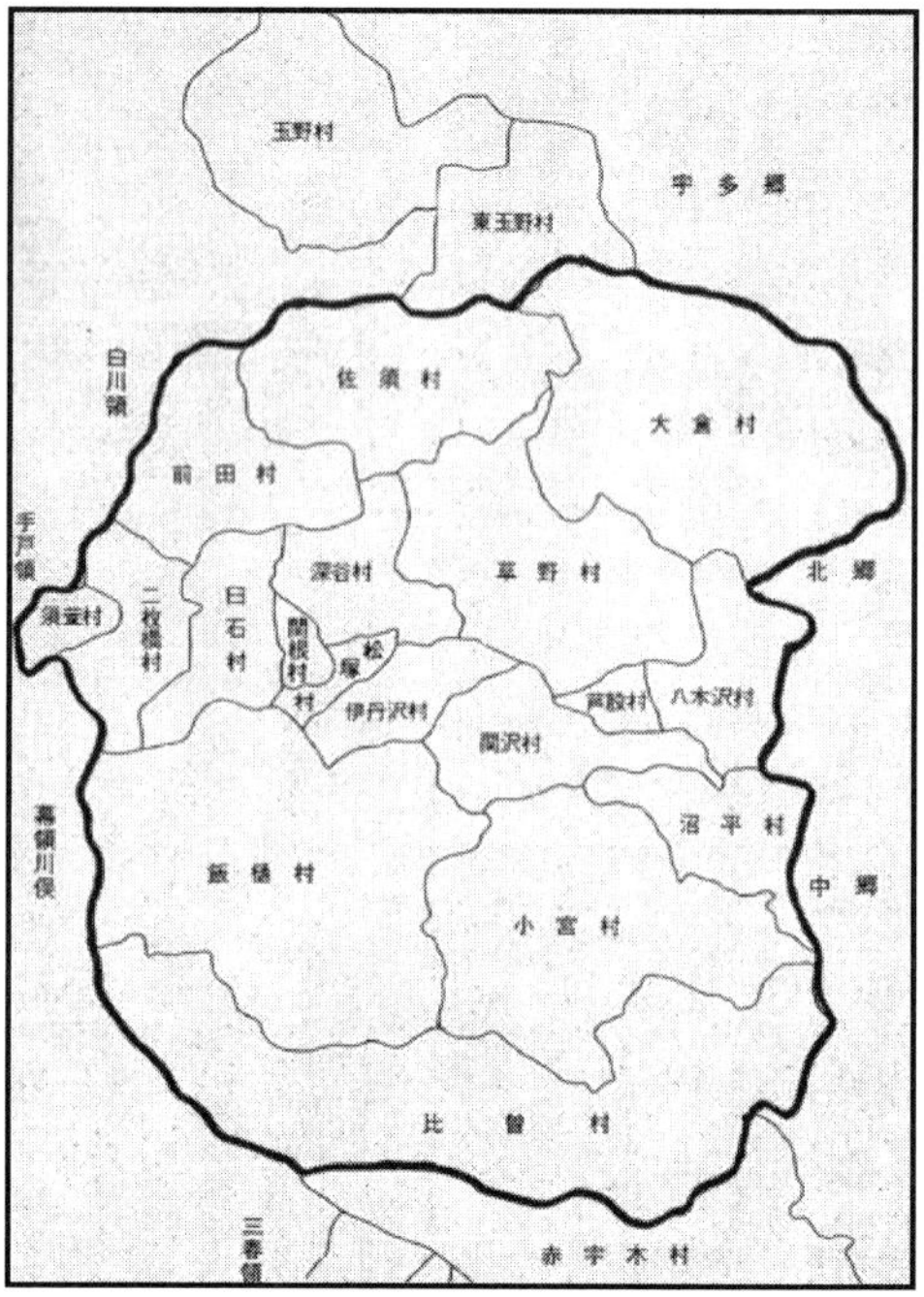

相馬中村藩時代の山中郷全村図（部分）
（『飯舘村史』第一巻・通史より転載）
※太線内は現飯舘村

をはじめとする度重なる町村合併を経て、昭和三十一年に現在の飯舘村となっている。そして藩政時代の山中郷の村々が、現在の飯舘村の行政区の区分けの基礎となっている。長泥を含む旧比曽村は、明治二十二年の町村合併によって飯曽村の一部となった後、現在は比曽・長泥・蕨平の三つの行政区として分割されている。

長泥行政区の概要

飯舘村に二十ある行政区のうちのひとつである長泥行政区は、村の南端中央に位置する。同区は過半を森林に覆われ、比曽川に沿って、住居や田畑が拓かれている。震災前は七十四世帯二百八十一人が同区に居住し、地区内の約九十パーセントの住民が兼業農家を営み、建設業が最も多く、米農家は約五十軒であった。震災後は帰還困難区域に指定され、現在居住者はいない。

昭和六十一年十月に発行された『飯舘村合併三十周年記念要覧』には、長泥が次のように紹介されている。

飯舘村唯一の国道三九九号線の走る長泥地区は、面積四・四二平方キロ、人口三三七人、戸数八〇戸で村の南端に位置する山間の地区です。

山あいを流れる清流は清く澄んでおり、この清流を利用してヤマメの養殖が行われ「ヤマメの里」づくりが進められています。

この地区のスポーツ熱は盛んなもので、過去にソフトボール大会において長泥スポーツクラブの樹立した一一連勝は驚異的なものです。さらに村民駅伝では二連覇を遂げ、その他の競技においても、めざましい活躍をしています。

長泥老人会は「自分の健康は自分で守る」をスローガンに、健康管理法の勉強会を開いたり、週三回のゲートボール練習を実施するなど意気さかんなところをみせています。また、若者たちは、お盆の束の間の解放感を地区ぐるみで楽しもうと「盆踊り」を催し、夏の夜を盛りあげました。活発な地域活動の中でも、地区の生活向上をめざす婦人グループ〝はこべ会〟の活動は、生活文化に始まり、あらゆる方面に積極的に取り組み地域活動におけるトップの感があります。

長泥行政区の組織

行政区の取りまとめをする組織として任期二年の長泥行政区役員会があり、区長、副区長、会計、庶務（以上四役）と、産業部長、生活安全部長、環境衛生部長、保健協力員、教養部長、体育部長、婦人会会長、文化部長、各組組長、監事によって構成されている。また、村が行っている「総合振興計画」の役員があり、委員長、副委員長、庶務、会計、各組役員が設置されている。この総合振興計画役員は、震災後の行政区内の取りまとめも継続して行っており、任期は五年となっている。

飯舘村の行政区は、さらに同区内を走る国道三九九号線と県道六二号線に沿った住居のまとまりにより、組に分けられている。この組が年行事や冠婚葬祭等を行うコミュニティの最小単位となっており、長泥行政区には五つの組がある。組ごとの世帯数に関しては、平成二十三年の時点で一組が十五世帯、二組が十七世帯、三組が二十二世帯、四・五組が二十世帯となっていた。国道と県道の交差部を住民は十文字と呼び、十文字周辺に対峙する二組・三組が長泥の中心と見なされていた。西側の比曽行政区に近い一組は通称開墾、東側の蕨平行政区に近い四組・五組は合わせて曲田《まがた》と称されていた。

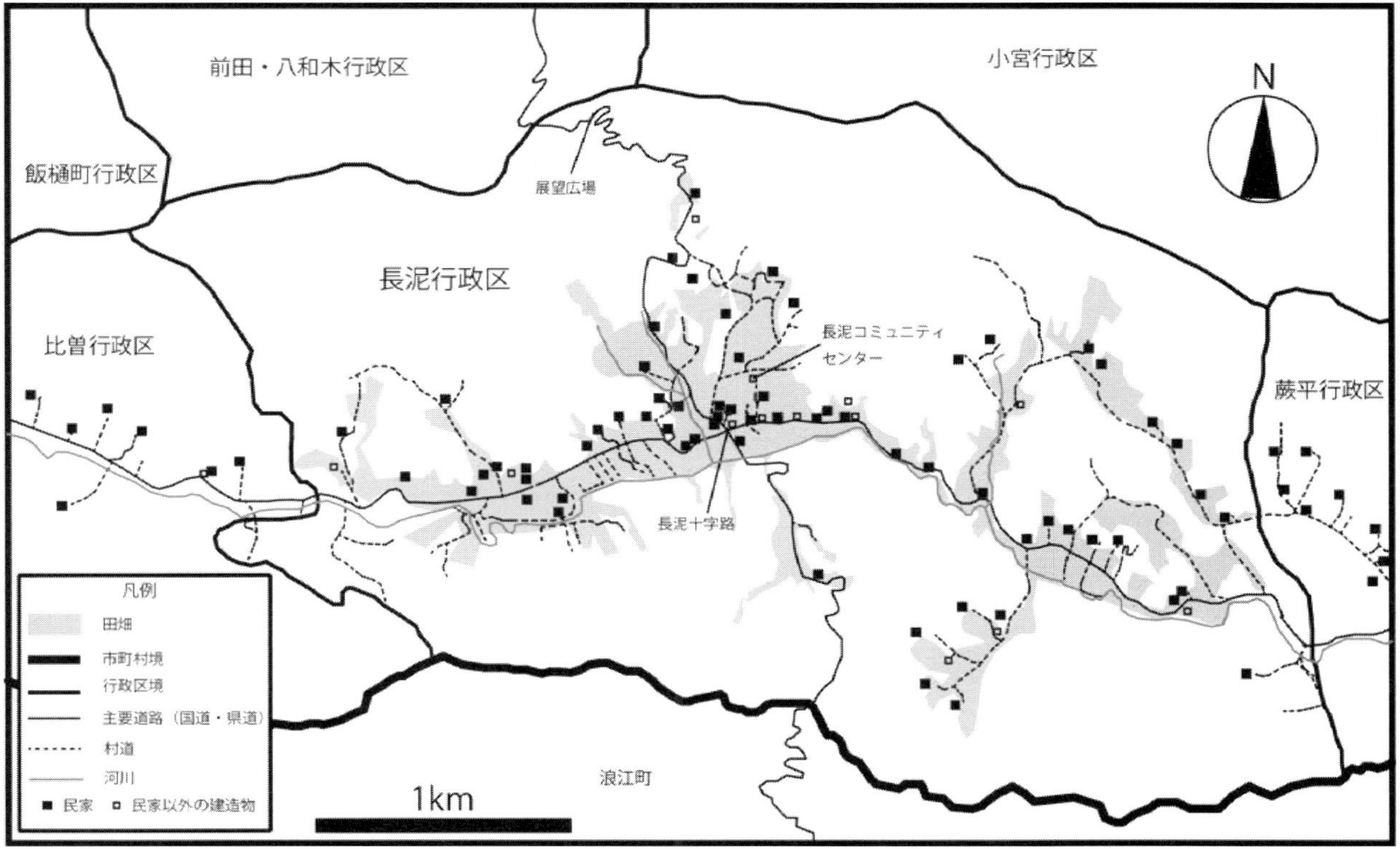

長泥行政区詳細図　※ゼンリン住宅地図と国土地理院の空中写真を元に作成

また、村が設けている組織として、老人クラブに五十八人、婦人会に三十八人、中学生以下の子どもが加入する子供育成会に三十五人、消防団に十一人が加入していた。

長泥行政区の活動

長泥行政区では、役員会が主体となり地区の自然を活かした花の植栽や特産物の商品化、盆踊りや体育大会、地区の草刈り活動等を行っていた。

国道三九九号沿線の飯舘村〜川内村区間は県の事業「あぶくまロマンチック街道」として、住民による植栽や花壇、水飲み場の設置等が行われ、愛着が持たれていた。特に国道三九九号線の長泥行政区の入り口付近には、展望台が設けられ、そこから見晴らせる桜は「長泥の桜並木」として親しまれていた。

また、行政区ごとの特色づくりを目的とした飯舘村補助金を利用して、アンデス原産の芋「ヤーコン」を用いた食品の商品化や、タラノメの栽培を行っていた。

夏には行政区全体で盆踊りを開催するなど、世代を超えた住民の交流がはかられていた。

震災後の状況

平成二十三年三月十一日に発生した東日本大震災の後、飯舘村では東京電力福島第一原子力発電所（以下「福島原発」など適宜略称）付近の市町村からの避難者を受け入れるための炊き出しが十五〜十七日の三日間行われた。十五日午後から福島原発事故によって発生した放射能プルームが長泥を襲い、遠隔地ながら高線量汚染が生じ、その後、メディアも注目する中、行政区内での避難に関する総会が開かれた。十八日ごろから長泥行政区内の住民も自主避難を始めたものの、村が主催した一部の原子力関係研究者による安全説明会や国の情報開示の遅れによって、住民の避難行動は翻弄され、事故から一ヵ月以上経った四月二十二日飯舘村全村が計画的避難区域に指定された。五月十五日から強制避難が開始されたが、畜産従事者等避難がままならない住民の多くは、二ヵ月間高線量にさらされたあげく、その時点では津波被災者用に借家は押さえられていて、避難先を見つけられない苦境に立たされた。避難がおおよそ完了したのは六月二十二日ごろとなった。

平成二十四年七月十七日、村内が新たに避難指示解除準備区域・居住制限区域・帰宅困難区域の三つの避難指示区域に再編された。避難指示区域の区分けの基準としては、村の行政区がひとつの基準となっている。村南部中央に位置する長泥行政区が唯一帰還困難区域に指定され、逆に村北部に位置する行政区は避難指示解除準備区域に指定された。

飯舘村役場では、当初車で一時間以内の範囲にできるだけ行政区ごとにまとまり、コミュニティを維持したいと考えたが、行政区規模の仮設住宅用地あるいは公的宿舎等の確保が難航し、結局、福島市・伊達市・相馬市・南相馬市・川俣町・国見町など広範囲に散在して避難せざるを得ず、また「住居の広さ」、「親の仕事」、「子どもの教育と健康」等の事情により、これまで二世代・三世代で暮らしてきた村民が世帯分離を迫られ、震災前には一七〇〇だった世帯数が平成二十五年六月には三一六九世帯へと倍加した。

長泥行政区では、帰還困難区域に指定された際に、四ヵ所に鍵のかかったゲートが設置され、関係者および行政区住民以外の立ち入りが制限されている。東京電力の賠償基準に対し、平成二十四年七月、四十一世帯百五十九人が原子力損害賠償紛争解決センターに対して飯舘村内で唯一の住民による集団不服申し立てを行うなど、行政区としての団結した活動が続けられた。しかし、避難後の宅地や田畑・山林は住民が管理することが不可能となり、荒廃しつつある。

戻れない現実

平成二十三年五月に村ぐるみ避難したあと、飯舘村は住民主体の「飯舘村見守り隊」を組織した。その一環で長泥地区でも、朝と昼と深夜の三交代で住民が地区を見回っている（平成二十六年度からは朝、昼の二交代）。

空き巣を防ぐことが大きな理由だったが、もうひとつ、地区内の放射能汚染をチェックすることも重要な目的であった。測定ポイントは地区内の六地点。具体的な場所を一日も欠かさずに集めたデータは、地区の放射線量の推移を雄弁に語っている。

途中で試験除染を行った長泥コミュニティセンターを除く五地点の平均放射線量率を見ると、測定を始めた平成二十三年六月二十四日は毎時七・六五マイクロシーベルトを示していた。三年後の二十六年六月には毎時四・九五マイクロシーベルトに減少したものの、そこから数値はほとんど動かなくなった。長泥にべったりとへばりついた放射性物質のほとんどは、セシウム１３４とセシウム１３７である。セシウム１３４の半減期は約二年なので、数年で徐々に減っていく。ところがセシウム１３７の放射能が半減するには約三十年という長い時間を必要とする。いま長泥地区を支配している放射性物質は、セシウム１３７である。

平成二十七年十二月三十一日の五地点の平均測定値は、毎時四・五五マイクロシーベルト。年間で計算すると三九・八六ミリシーベルトに達することになる。

ＩＣＲＰ（国際放射線防護委員会）が定めた一般の人が平常時に受ける放射線量（自然界からの被曝や医療被曝を除く）の限度である年間一ミリシーベルト（毎時に換算すると〇・二三マイクロシーベルト）はもとより、政府が帰還のラインとしている年間二〇ミリシーベルトをも大きく超えている。

原発事故を受け、政府は帰還困難区域の年間積算放射線量を五〇ミリシーベルト以上と設定した。現在の長泥地区内五地点の平均線量は、これを下回っているものの、この数値はあくまで地区内の平均線量率から割り出した積算線量である。一部の住宅の雨樋排水口付近では、現在も毎時三〇マイクロシーベルト超という極めて高い放射線量率が計測される（年換算すると二六三ミリシーベルト）。

また、原発事故によって降下したセシウムは、土壌の粘土層に沈着し、その深さは地中五センチメートル程度にとどまっているとの研究成果が出されている。この結果をもとに、居住制限区域などの農地や宅地で実施されている除染では、五～一〇センチメートルまでの汚染表土を剥ぎ取り、汚染していない土を客土している。そこで懸念されているのが、イノシシの農地や屋敷内掘り返しによる汚染土壌の拡散である。イノシシは植物の根茎が主要な食物である。長泥地区内では、増殖したイノシシによって、宅地から農地、山地まで、あらゆる場所の土壌が根こそぎ掘り返されており、その深さは五〇センチメートルにも達する。地表近くにとどまっていたセシウムは、イノシシの土壌攪乱によって地下深くにまで広がってしまっている。

長泥地区内を除染する場合、このように荒廃した状況の中で相当に困難な作業が予測される。しかも、帰還可能な線量まで低減化できるかは不明である。

野外だけでなく、屋内の線量率も高い。平成二十五年七月に日本大学生物資源科学部の糸長浩司氏らが行った調査によると、五組の杉下初男邸の屋内では、床から高さ一メートルで毎時三・五マイクロシーベルトを超える場所が複数あった。その後も大きくは減衰していないとみられ、住民は一時帰宅すらままならない状態に置かれている。

なお、平成二十八年一月現在、政府は帰還困難区域の除染方針や解除時期を明確に示していない。

第一部

写真で見る長泥

I 東電福島第一原発事故後の長泥

長泥のいま
人が消えた集落

春

WELCOME

夏

好きなんです。自分ちの敷地をウロウロして。あの、いろんな発見があるわけなんです。〝あ、俺んちって、ホタルいるんだぁ〟とか。〝ここの小川にサンショウウオがいるんだぁ〟とか。そういうのを見てまわったりとか、犬の散歩しながら。それが好きなんですよ。でまぁ、そう、ね。時が経《た》ったら戻りたい。

秋

飯舘村

冬

そして春

逃げてっとき毎晩、熱出てたの。ほんで地蔵さんが毎晩、夢に立ったの。〝ああ、おれに着物縫ってもらいてぇんだなぁ〟と思って。ほぅして、縫いやだった。
ほぅして、着せたら、熱出んの、治ったの。ほしてほの、着せたらば、夢には立たない。あとは一回も来ない。

かつてここには暮らしがあった

川俣に東電の話を聞きに行って、少し話が進んだんだけど、やっぱりあそこには帰れないっていうから。線量が高くて。私らの歳では帰還間に合わないかなって自分なりに考えてるんですよね。これは第二の新転地を求めて住んだ方がいいんじゃないかなって、家族ではそういう話してるんです。原町あたりに買いたいんですけど、土地が高いんですよね。なかなか求めようと思っても高くて、どうにもなんないような状態なんですよ。土地買っただけで家になんないで終わりそうですもんね。やっぱりこのね、外からの雑音の聞けないところで暮らしたいと思って。

長泥では、隣近所、遊びさ来たわ。お茶飲んだり。うん。「柏餅作ってたから、来ぇよぉ」なんて言ったりして。ほの、柏餅は食べらンねぇわな、いまは。柏、ねぇもの。ここに、ねぇ。ずぅーっと探して歩ってっけンちょも。長泥の家には柏の木があった。美味しいよな。美味《おい》しいよ。売ってる柏餅と違うもの。買った柏餅は、ペタペタっつうべ。それが、うちで作る柏餅は、スッカスッカするの。柏餅作っておぐと、子どもら学校から帰って来て、みんなして喜んで食い食いした。

牛もやってた。おらが帰ってきたのを知って、
帰ってくっと啼《な》くつうか、牛小屋へ呼ばるんだ。

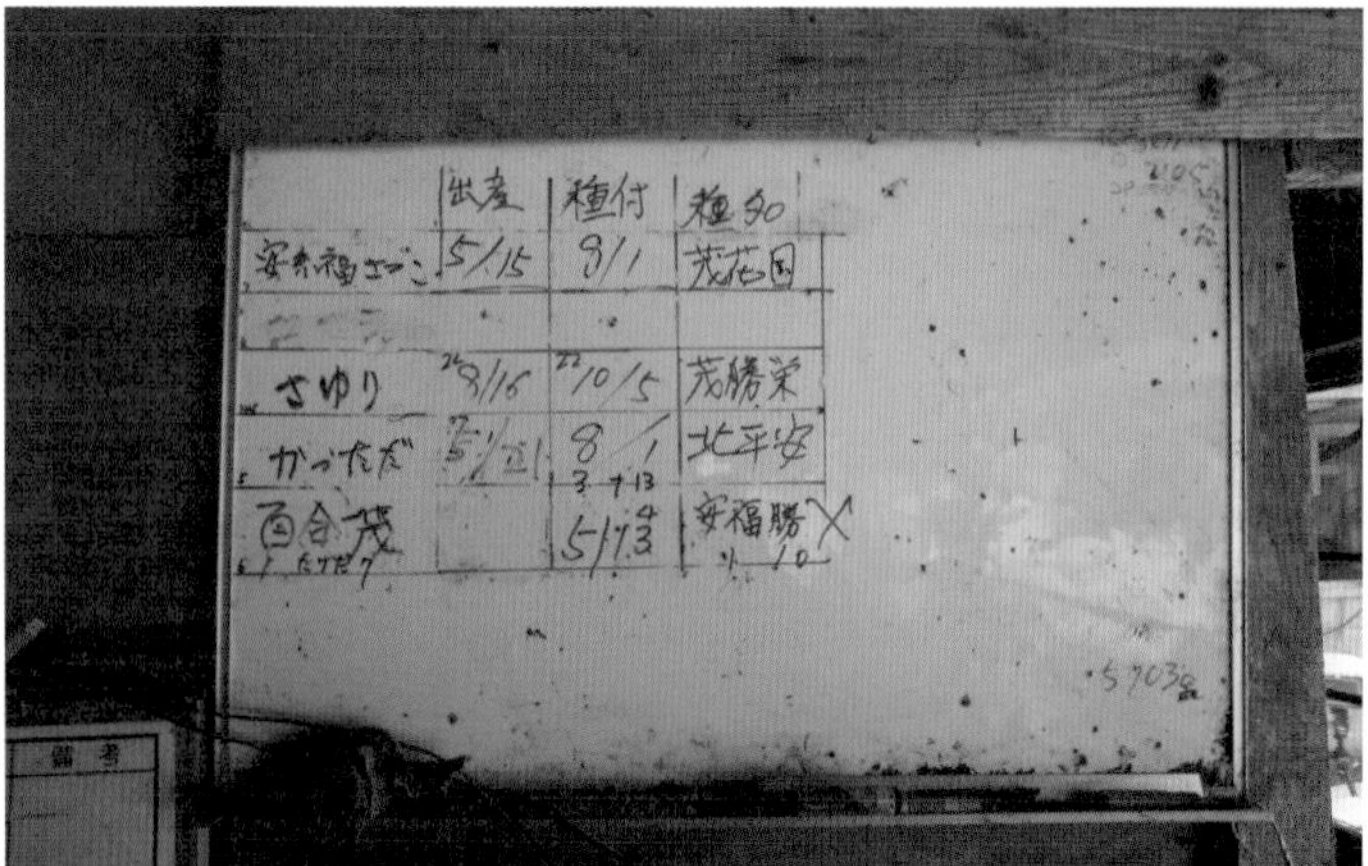

ススキ野となった水田をタヌキが歩く

タラの木

伸びきったアスパラガス

この年のアケビは豊作だった

アミタケ

じょうぐちに咲く花々

ヤマボウシの実

この春もフキノトウが顔を出す

水田に生えたヤナギを刈りはらう

ブルーベリーはヒヨドリのごちそう

柳の木とか、ちょこっと見ないあいだにこんだけだから、すごいなと思って。あそこが川沿いで、柳の種が飛んできて、発芽するにいい場所だったんでねぇの。最初二年くらいは、そんなに感じなかったんだよ。柳、でたなぁっていう程度。三年目になったら、すごい。高さ五メートルくらいはある。

ネコヤナギとミズバショウ

ブラックベリーはサルのごちそう

枯れるリンドウ

渋柿は枝についたまま熟れる

落ちたウメの実は自然に梅干しになった

かつての水田に芽吹くヤナギ

葉ワサビの花にミツバチが舞う

フヨウの花

増える動物、めぐる生命

猪はなんでいるっつうと、いま、ほかでみんな除染してるでしょ。長泥だけ除染しないでしょ。だから、余計に、前よりいるのかなと。親が四つくれぇ並んで、子っこを見ながら歩いてるのをざらに見たけんども。こうやって近づいて行ったって、四、五メーターでは逃げねぇでいるからな。なにしに来たんだ、っていう感じだ、逆にね。

いちばん困ったのは、猿なんですよ。雨樋あるでしょ。あの雨樋に猿が登って歩くんだよ。たまげたね。猿が登るもんだから、雨樋や屋根が下がったり。あと、いま誰もいないから、道路を歩くんだよな。群れになってる。四十頭くらいはおる。

イノシシは激増している

アナグマが冬眠から目覚める

カワセミ。比曽川沿いに多い

アライグマは事故後に増えてきた

キツネは日中でもよく見かける

イノシシはやりたい放題

牛舎に侵入するサル

ノウサギも増えている

避難後ツバメやスズメは見かけなくなった

桜の木では多くのゾウムシが交尾していた

ネコは野生化している

シマヘビは余裕で日向ぼっこ

タヌキは活発に行動している

事故後４年、ミツバチが戻ってきた

ボケの花の蜜を吸うヒヨドリ

一時帰宅の時に餌をもらっているネコ

ハクビシンも増えている

もうすぐ巣立つヤマガラの雛。小鳥は多い

元気に泳ぐ錦鯉

見えない放射線

一回目の水素爆発したときの朝、顔がピリピリしてたもの。自分では飲み過ぎで、むくみっぽくなってるのかなぁと思って。隣へ行って、「肌、ピリピリしねぇか?」つったの。「表へ出たとき。なんか、チクチクつうか、ピリピリすんだよな」。「たぶん、放射能のせいなんでねぇか」って。しゃべってみっと、けっこう、そういう症状の人、多くて。その日の朝、なんか、空気が違ってたな、いつもより。肌に感じたっつうのは。

Geiger

4.070

小さなため池ではカワセミが小魚を捕っていた。積算放射線量はみるみる上がった

農地の試験除染によって排出されたフレコンバッグ

山は除染の対象外。ただ、「お墓は一年に一回か二回お参りに行く程度だけど、お参りさも行かねぇってまずいから、除染やってくれ」っつったら、お墓はやってもらったんだいな。墓地全体の除染はやってもらった。

平成25年6月10日、農作物における放射性セシウムの移行調査の一環で、帰還困難区域では初めて水稲の試験栽培が行われた。同年10月26日、マスコミの取材のなか、飯舘村菅野村長と鴫原区長が刈り取りを行った。

刈り取った稲穂はかまどの神様に祀るの。感謝と来年もまた実りますようにって。うちでは、五年間の稲をこうして並べてたの。そうすっと、実りの違いが年ごとにわかっからな。
試験栽培で刈り取った稲もこうして祀ったんだがな。

浪江町
399

原町
蕨平 3km
浪江
114
ここは飯舘村
長泥字曲田

今も続く長泥のコミュニティ

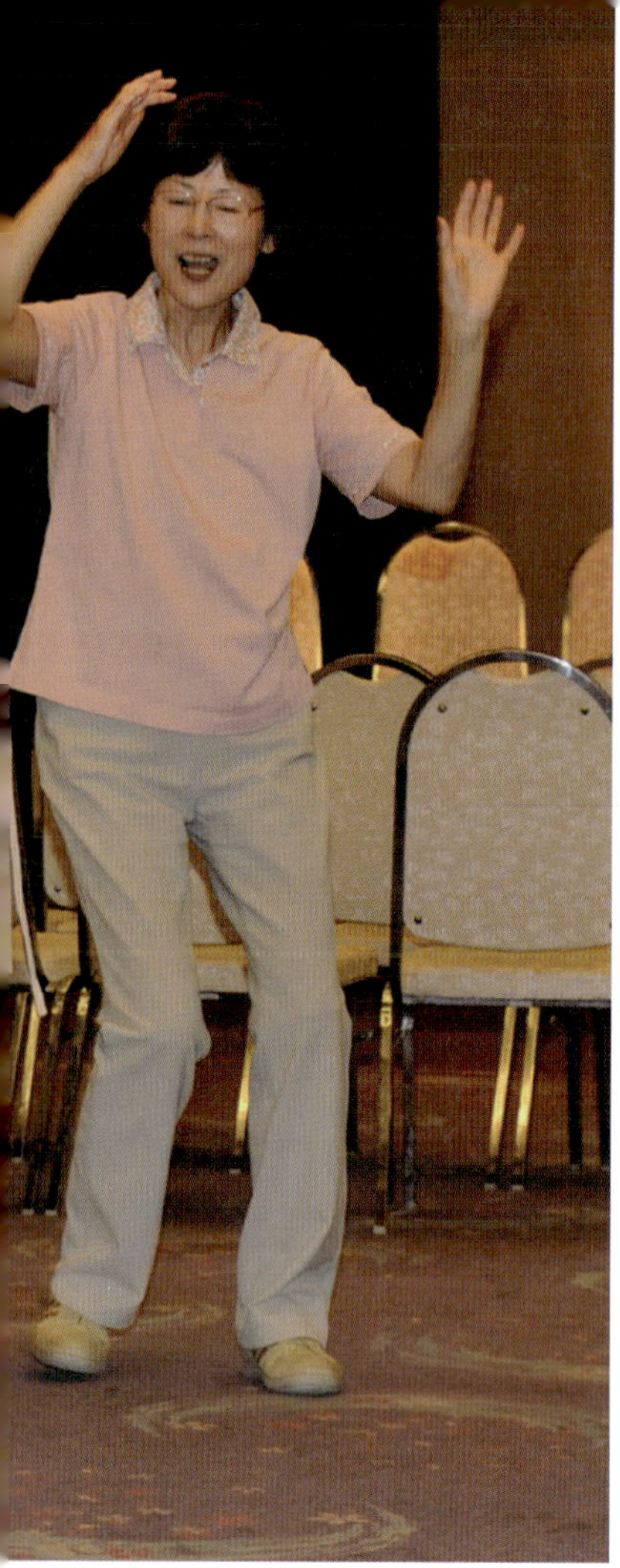

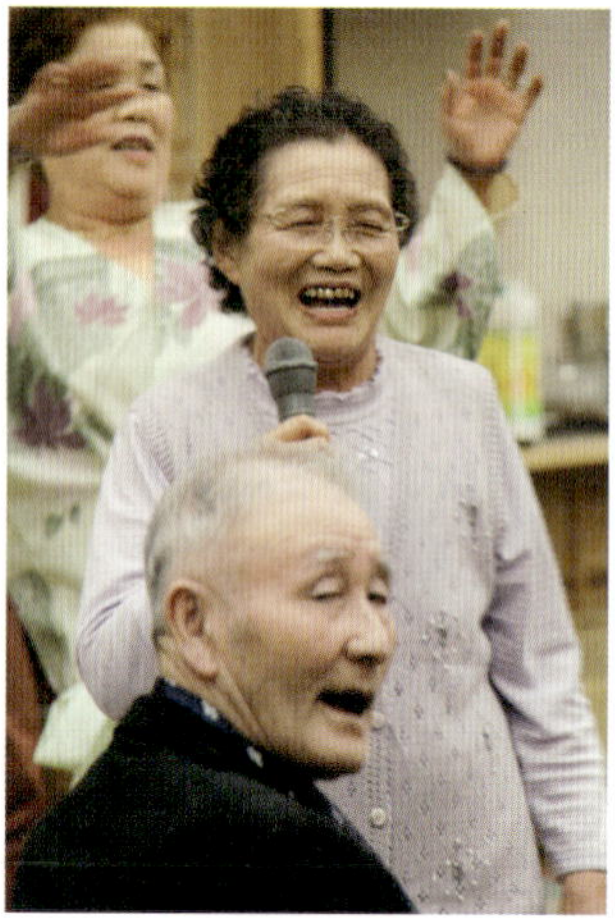

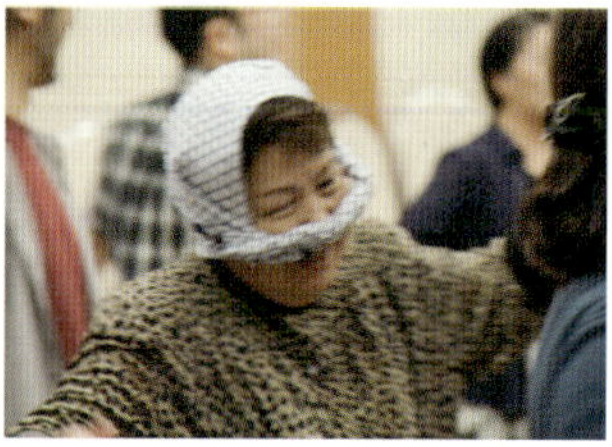

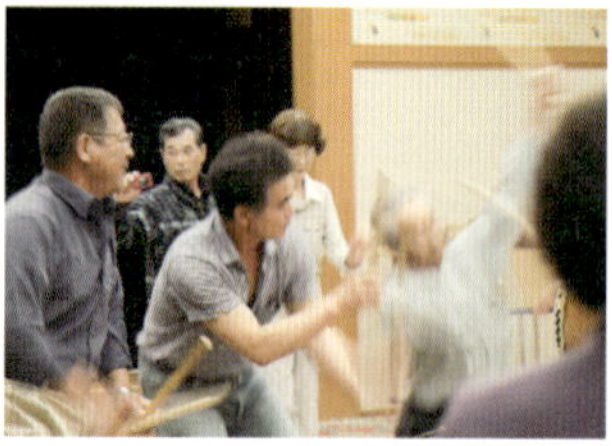

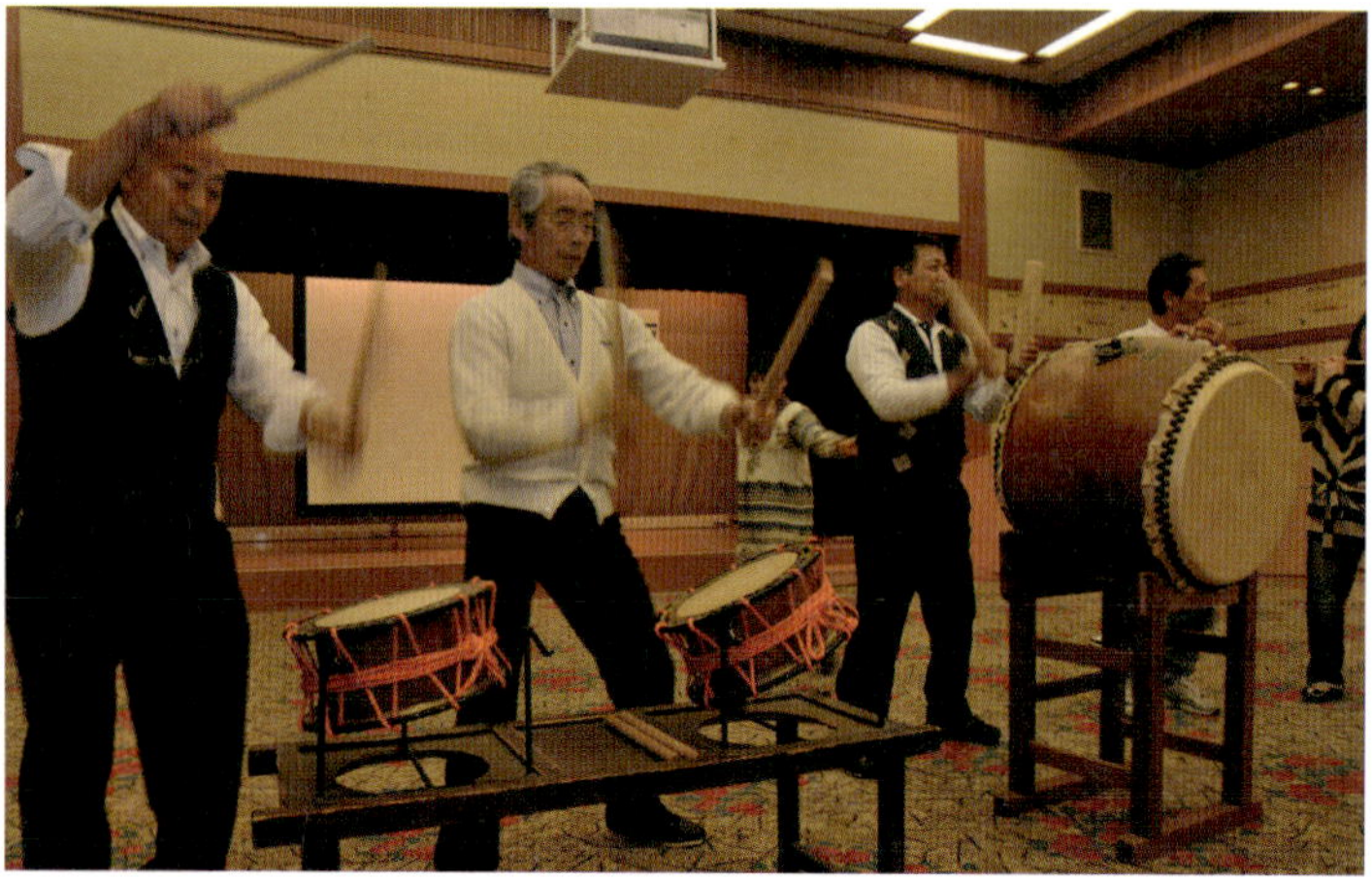

事故後２回目の長泥地区懇親会が開かれた

年一回の長泥行政区研修及び懇親会。百人以上も集まるのは長泥たけでないのかな。九十九歳のおばあちゃんも来んの。震災のあったその年から、やったから。ほかの集落からみると、長泥はまとまってるよ。

無人の家を見回る警察官

住民パトロール隊が夜の集落を巡回する

通称「飯舘村見守り隊」と呼ぶ

平成24年に入れられた除草用の機械。放置された農地の維持管理を行う

長泥峠の草刈り。高太石山を遠望する

長泥墓地の手入れ。毎年八月に行っている

墓を移転する住民も出てきている

われわれがいままで築きあげてきた、長泥っつうんだかな、自分の家が、離ればなれになって、ほんとにハァ、誰とも付き合いができない。なんせ、むつかしいことは、十年で帰れっか、二十年で帰れっか。帰れるかではなく、住まえるか。もう、わがの代じゃ戻れねぇけども、でも、うちらがそれを守ってけば、こんど、わがの孫とか曾孫が、ちゃんと第一原発がなくなって、あすこで住まえるようになるかもわかんないからな。

長泥地区に掲げられた防災用住宅地図

平成 27 年 9 月の大雨により道路が寸断された

散り散りに避難した住民をつなぐ区報

平成 27 年 4 月、白鳥神社では今年も春の例祭が執り行われた

平成 27 年 5 月、山津見神社に新しい鳥居が寄進、建立された

原発事故直後の長泥

十文字でしゃべってると、白装束来るんだよね。こっちは普段着でいるんだよ。ホースを後ろのトランクから出して測ってるんだ、線量な。「なんなの、あんたらは、そんな服着て！」って言った時に、向こうの人は次の日から普通の作業服着て測ってた。

3月24日、長泥十文字で

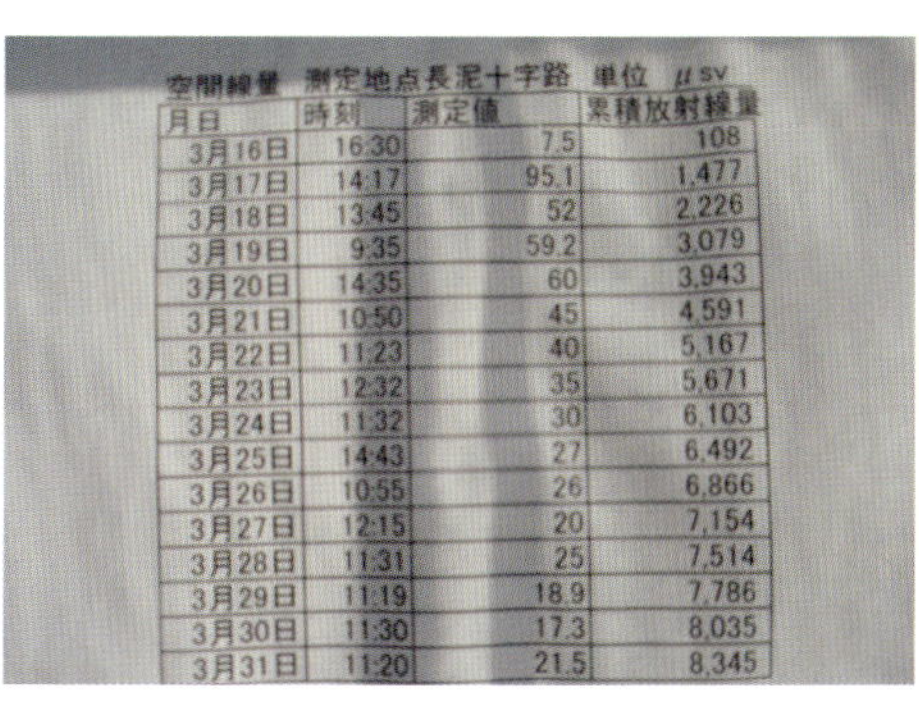

空間線量　測定地点長泥十字路　単位　μSV

月日	時刻	測定値	累積放射線量
3月16日	16:30	7.5	108
3月17日	14:17	95.1	1,477
3月18日	13:45	52	2,226
3月19日	9:35	59.2	3,079
3月20日	14:35	60	3,943
3月21日	10:50	45	4,591
3月22日	11:23	40	5,167
3月23日	12:32	35	5,671
3月24日	11:32	30	6,103
3月25日	14:43	27	6,492
3月26日	10:55	26	6,866
3月27日	12:15	20	7,154
3月28日	11:31	25	7,514
3月29日	11:19	18.9	7,786
3月30日	11:30	17.3	8,035
3月31日	11:20	21.5	8,345

十文字の掲示板に放射線量が
貼り出された

3月16日、南相馬市からの一時退避者のため、おにぎりを1200個握った

原発関係で避難してきた人がけっこういるっていうことで、ほれで、炊き出ししたほうがいいんじゃないかっていうことで、炊き出しをしてたんですけどね。自分のうちも、米なんかもいっぱいあったからね、農家だから。だから、米なんか持ち寄って。おむすび握って、持ってってって。そういうのをやってましたね。

3月19日、一時避難のため栃木県鹿沼市へ

急に、村が住民を集めて説明会やったの。「栃木県から受け入れしてもいいっていう通知が来て、十九、二十日に、避難のバス、出発しますから」っていうわけで。なんか、南相馬の人を自分の村に避難させて、自分らがこんど、別のとこに避難するっつう展開はおかしいよね。

事故後しばらくしてから、おら家《え》の娘、親子して飯舘サ避難しに来たの。「だめだ、いらんねえ」ってわけで。かまどで火焚いて、三升釜でご飯炊いて、一週間くれえ食《か》せたんだ。みんなも来てまんま煮て、長泥でなぁ、ごはん煮てよお。おにぎり作って炊き出しをしたなぁ。ほしたら「逃げろ」ってっちゃ言われて、自衛隊なんて来て。おらえの娘ら、一番放射能が強いとこに来たんだよな。

4月12日、自衛隊医療チームが住民の健康調査のため訪れる

4月6日、3区合同で計画的避難区域指定についての説明会があった

避難するって言っても、うちは身体障害者のおじいちゃんいるから、アパートも探しに行ってる暇ないのよ。役場に聞くと、「いやぁ、そこは順番なんで。子ども優先なんで」「一番最後かよ？老いてるから最後なんですか？」って言ったの。「悪いですけど自分で探してください」って言われたんだよ。「そんなこと言うんだったらおらは避難しねぇ！」「いや、それは困るんです」って。次に福祉協議会に頼んで。グループホームだのって探してもらって。じいちゃんだけ避難させて。

4月13日、長泥体育館にて東京電力による説明会があった。長泥、比曽、蕨平住民が集まった

4月14日、和牛部会長泥支部により今後の牛の飼育について話し合った

4月17日、長泥地区定例総会を一ヵ月遅れて開催した

4月19日、杉良太郎夫妻が慰問に訪れた

四月頃東京にたまたま遊びに行ったらば、東京の若い子が「なんであたしたち福島のせいでこんな節電とかしなくちゃいけないの？」って言ってたって。それ聞いてうちの娘、「ひとりだったから言えなかったけど、あと二、三人いたらば言い返してたよ！」って。「おまえらの電気だー！」って言ってやろうかと思ったって。「ただ福島は場所貸してただけだぞ」って。東京の子たちはそういうのわからないのね。

4月21日

4月3日

4月3日

4月21日、震災で落下した狛犬と灯籠修繕後に慰労会をした

平成 25 年 10 月、再建された灯籠には復興祈願が刻まれた

神社もあの地震で一部倒れたったんだ。あの灯籠も、ずっと下まで落ちてきたからな。ほんで、避難する前にやっぱり、神様、投げては行かれねぇから。みんなで、三日がかりでちゃんと直して。やっぱり、神様なんだから、なにやらかにやら、ちゃんとやることはやっぺ、ってわけで。ずいぶん苦労してやったんだ。

もうすぐ売りに出されるサユリとフジシゲ

牛を売るのに手間取って、避難はいちばん最後だった。仔牛が生まれたから、すぐには競りに持ってかれねぇわけだ。「一ヵ月おきなさい」って。いちばん悲しかったのは、牛、競りで売るっつうのが。赤ちゃんだから抱いてって置いてくるのね。そん時のことが、いちばん、こう、いまも、夜思い出すっつうんだかな。

5月15日と20日、相次いで仔牛が生まれた。そして間もなく、臨時競りで売られていった

わたしがね、いちばん泣いたのは、牛処分かな。仔牛二頭。こいつもね、血統が良くて。五日の子どもの日に、家畜商の人に牛つけに来てもらって。ほンとき、写真撮ったの。

5月19日、田中俊一氏を取り囲むマスコミ

モデル除染により母屋に近い杉を伐採した

伐採木は除染後放置された

田中俊一先生（現・原子力規制委員会委員長）の音頭取りで、屋敷の試験除染をやったんだ。家の周りの居久根《いぐね》は切り倒して。庭の松やシャクナゲは、剪定するだけだと言っときながら、ほとんどの枝を切って、次の年には全部枯れちまった。あれにはほんと頭きたな。悲しいのなんのって。

７月３日、視察に訪れた細野豪志内閣府特命担当大臣

住民たちは被災後も年３回の草刈りを続けた

文科省による放射線量測定ポイント。長泥十字路は No・33 とされた。

軒下の線量率は極めて高い

11月27日、飯坂温泉ホテル大鳥にて避難後1回目の長泥行政区の研修、懇親会が開かれた。1組の住民

2組の住民

3組の住民

4・5組の住民

平成 24 年 7 月 17 日午前 0 時。長泥地区は鍵のかかったゲートによって閉ざされた

最初、避難したときは、せいぜい二年、三年くらいだから、帰れるだろうって。ところが、ゲートがやられて。で、自由に出入りできなくなったんで、これはもう、帰って農業やったり住んでる場所じゃなくなったのかな。やっぱり、ムラから出なくちゃなんないのかなって思った。

II

故郷《ふるさと》の記憶

われわれ農家は自分のうちの馬を飼って育てていたわけ。それはなんでかというと、畑、田んぼのへりを作るためや、馬糞を使って堆肥を作ってね、だから馬はとても大切なのね。普通は一軒に一匹しか置けないの。お金がないから、馬を飼っておけないから。だから、

馬を大事にしたんですよ、昔の人は。
私が生まれた家にも馬は居たの。嫁いだ先にも居たけどね。金がなくて、求められない人は借りるのよ。旦那さまという人がいてね。そこから、馬、じゃあ二歳っ子でもいいで、三歳っ子でも貸してくださいと借りて、その代わり食わせなきゃいけない、借りたら。もしそれが妊娠して子どもを産んだら、その子どもを分けようということ、それが条件で、半分は旦那さまのものの、半分は飼っておいた人のものというふうなやり方でやっていたみたいですね。

藁をね、ボサボサっていちばん上に出る、細かい枝があるでしょ。それ、手ですぐって。あったかいの。わたしら、そういう藁布団《わらぶとん》に入って寝たんだものね。三ヵ月ぐらいすっと、藁、ペチャンとつぶれンだけんども、また秋になるまで我慢してンのよ。して、秋になったら、その布団の藁を取り出して、また新しい、ふかふかの藁を入れンのよ。

開墾てなぁ、山の土地、林野庁から買って、何もねぇ山をおこしたの。田んぼも畑もな、全部。ひどい山だった、石はあっぺしな。機械なんてねぇから、唐鍬《どんぐわ》でおこして、やったんです。

草刈り作業の合間に

早くから機械を導入した

田植えを終えて

曲田のわが家の牧草畑にて

飯樋幼稚園でのひとコマ

子供たちと豆落とし

猿の腰掛けの前で

学校から帰ってくると、家の手伝いで縄もじりをし、一束縄をなってから遊びに行くことが多かった。庭先で地面にわっかをひとつふたつと交互に描いて石を置いて遊んだり、他にパッタ（めんこ）、ビー玉、おはじき、チャック（お手玉）、独楽《こま》などあった。冬は雪が降ればソリ乗りをした。じょうぐちで、夕方になると水をまいて凍らせて滑ったが、危ないと親に叱られた。

大凧作りに挑戦

国道 399 号ロマンチックロード、長泥の峠で記念撮影

長泥峠の桜が咲けば、みんなで花見をした

宝財踊りっていうのは、関所だかなんだか破っときの様子だべ。ほんで、ほの棒振りっていうのは、本当は棒ではねぇんだど、槍なんだすけな。ほれ振り回して、殿様は一番後ろで、袋みてぇなのかぶって、按摩《あんま》の真似して通らせたっていうことなんだな。

白鳥神社の前で

昭和 31 年、正月の田植え踊り

平成 20 年の盆踊り

夜店に出す串こんにゃくつくり

盆踊りは、昔は、曲田《まがた》と長泥で二ヵ所やってました。櫓《やぐら》を移動したんだ。曲田さ運び、また長泥に運びっていうかたちで。縄で丸太を組んで。ほどいて、また持っていって組み立てる。いままでずっとやってきたんだ。いままで、つうか、震災前までは。

全部、無料だよ！

たくさんの子どもたちでにぎわった

平成 17 年、長泥芸能保存会で盆踊り太鼓の練習

田植え踊りを子どもらに教えた

婦人たちは笠踊りも習った

宝財踊りの面々

１組の稲場で宝財おどり披露

当時の踊り子たち

一本下駄の天狗

平成 10 年正月の田植え踊り

サーサド～!白鳥神社にて

田植え踊りはだいぶやったもんな。新築お祝いとか。厄流しとかで踊るんだ。いまやればできるんじゃねぇかと思うけんど、なかなかね。ふつう、他のところの田植え踊りは、こうやって、立ってやってるでしょ。長泥の田植え踊りっていうのは、腰を、グッと下げてやる。だから、一回やったら、もう、ハァ、三日、四日寝てるよ。

神楽は、頭被りと、あと、後ろ足。
お正月にやる獅子舞さ似てるよ。
鉦《かね》と太鼓と、唄と、五人くらいで
できるのよ。

平成 13 年遷宮祭りで田植え踊り披露

春の雪もすっかり溶け、神楽を披露した

一組主催の盆踊りにて。若きマドンナたち

宣伝カーを出して盆踊り開催をアピール

長泥青年祭を十年間開催（昭和51年）

狛犬を建立した白鳥神社

長泥には白鳥神社と山津見神社と、社がなく石碑をお祀りしている長泥十文字の神様がある。元々白鳥神社は長泥の氏神であったが、戦後になって、長泥では白鳥神社だけをお守りしようということになった。白鳥神社では、土地の開拓神日本武尊《ヤマトタケルノミコト》を祀った。日本武尊が亡くなったとき白鳥になって飛んで行くという説話がある。

平成 22 年、山津見神社の祠を修繕した

葬式の行列で持つ天蓋などの道具

花輪から六道から持って歩く。六道って、竹に、上に蝋燭を立てて。火葬場に行くとき、昔は案内役で蝋燭に火を点けて、こう、明かりを点していったものです。あとは、蓮華とか。金色の蓮華の花と白い銀色の花。それを持ってお墓に行く。先旗っていって、戒名を晒に書いて、それを竹に吊るして。そして、行列に参加してった。

米が、一反当たり三俵しか採れない時代だったから。山の木の葉っぱを堆肥《たいひ》にしてた。牛だの馬、飼って、馬の糞を、手で、こう、籠に上げて。田まで、背負ってったのよ。くさい臭いがベッタベッタの、背負わせらっちゃうんだよ。馬の糞だの、牛糞を、手でやンだから。昔は、フォークだとかそんなの、ないの。おらも、高校時代までやらせられた。

昭和30～40年頃、共同(結い)での田植え

脱穀の様子

収穫前のヤーコン畑

ヤーコンの作付け

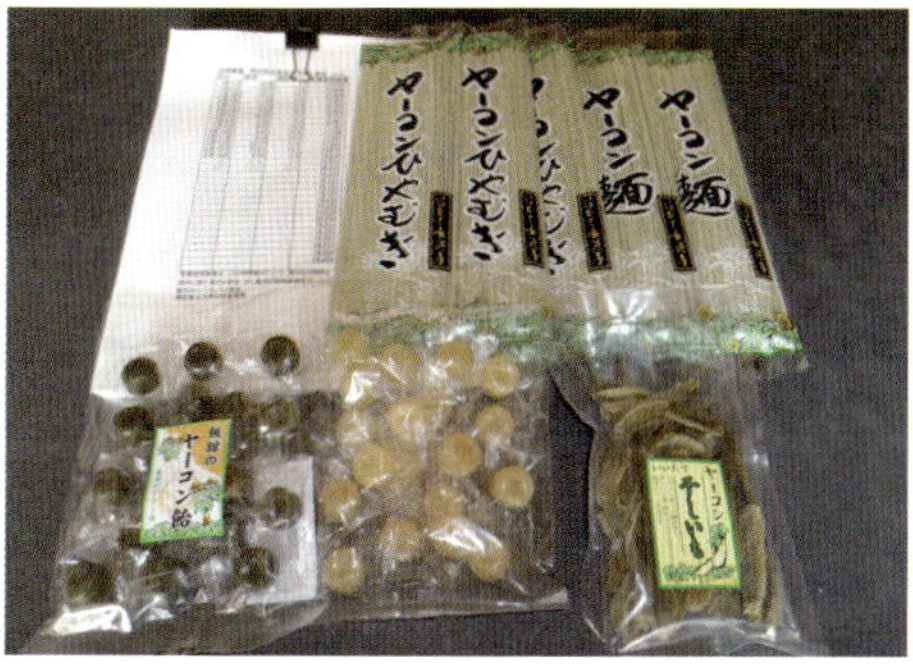

数々のヤーコン加工品

収穫したヤーコン芋

長泥ヤーコン会っつうのを作ってヤーコン栽培を始めたのよ。それを加工してうどんや飴、干し芋や焼酎を試作した。特に干し芋は甘くてうまく出来たんよ。さあ、売り出そうって時に原発事故さ。

減反水田での牧草刈り

イノシシ除けの電気柵

平成に入るとトラクターで畔塗りをした

畦の草刈りは大事な仕事

稲のはせ架けは長泥の秋の光景

大根畑。爽やかな風が吹き抜ける

小学校跡を利用した東北電解長泥工場にて

県の繁殖牛品評会でチャンピオンとなる

飯舘の山から石も取れたったからね。数えると飯舘村で十軒くらい。石は戦山でとって運んだ。青葉御影《あおばみかげ》の原石。鏨《たがね》を使ってトントンやっていた石屋は二、三軒あったが、本格的に、そうだね、動力を使った工場としてはうちが最初だったね。

石材工場の様子

戦山の石切り場

長泥小学校の思い出

先生と生徒たち

昭和26年、運動会で

小学校は今のコミュニティセンターの敷地にあった。先生の記憶は鮮明。男の先生だったんだけども、事故かなんかで怪我して顔に傷が残ってて、怖いイメージが強くて。入学式ンとき名前呼ばれて、呼ばれたら「ハイ」って言わねっからべし。それが俺の番に来て、呼ばれたんだけども、もう顔見たらハァ、なんか泣いて。付いて来てた妹が代わりに返事してくっちゃって。

長泥小学校校舎

長泥小学校校歌

「長小」の人文字を描いた

体育大会

村民体育大会は、走ったり、玉入れしたり、若い人から年寄りまで参加できる地元の運動会。最後に花形種目で、ちっちゃい子からお年寄りまで年代別のリレーがあって、毎年上位に入ってたんです。で、上位のチームがほとんど同じ部落になっちゃって、他の部落からいろいろなクレームがきて。

平成22年10月11日、飯舘村村民体育大会にて

縄もじり競争

長泥地区運動会の様子。たばこ吸い競争

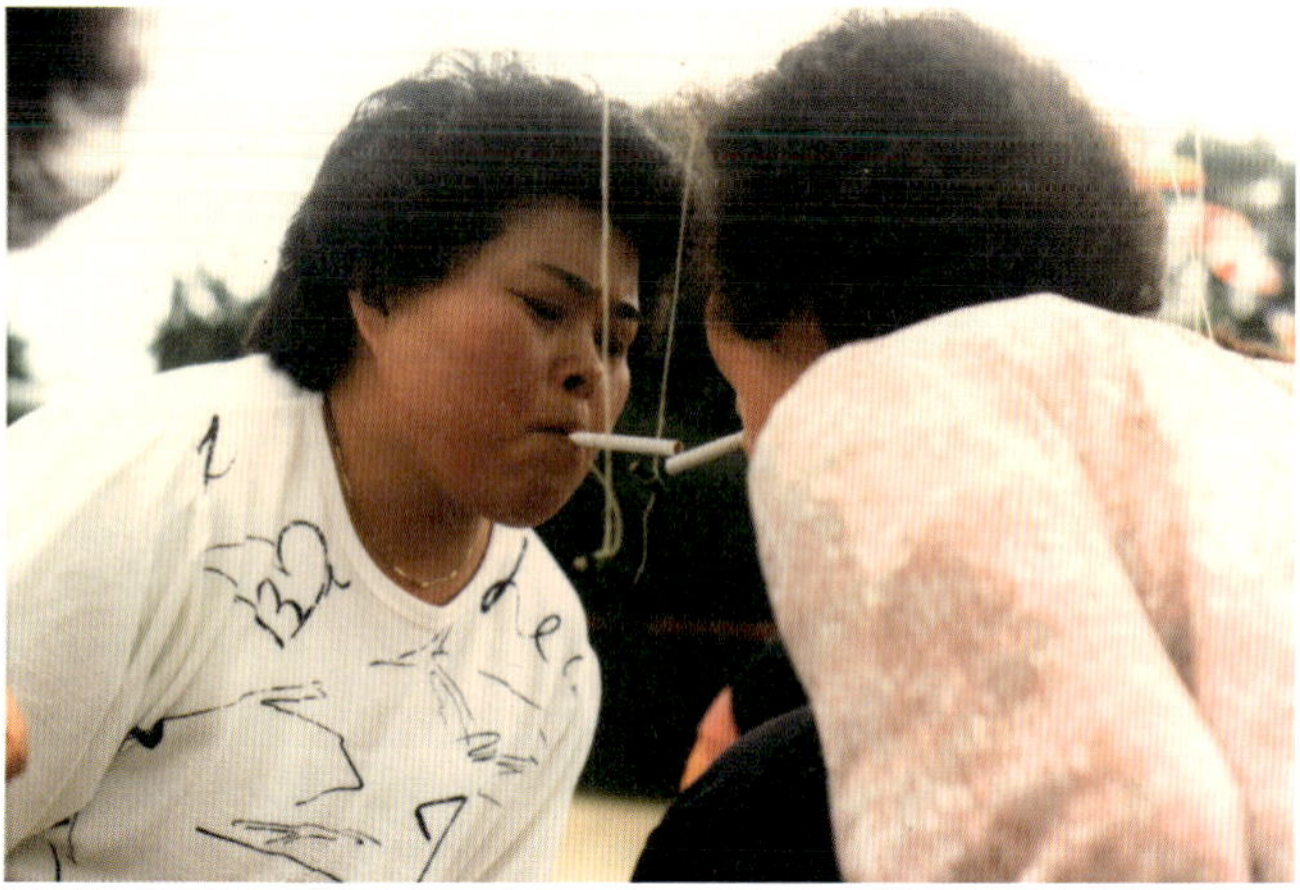

ビール早飲み競争

強かったのは、駅伝。長泥は、山道で鍛えてるからだと思う。あの山道で、学校往復してた、あの足腰の強さがあったのかなぁと思ってる。それと、駅伝大会前の一ヵ月間は、毎日、仕事が終わってから、夜七時ごろから練習をやったから。この間、沿道沿いの人たちには、バイクなどのライトで夜道を照らすなどの協力をしてもらった。

駅伝大会二連覇！

バレーボール大会優勝！

ソフトボールリーグ戦優勝！

スコップを手に奉仕作業に向かう

ヤーコン焼酎のお披露目会にて。食品開発メンバー

昔取った杵柄。藁の扱いはお手の物

村道下草刈りの様子

長泥花いっぱい運動を展開

あちこちに花壇を作り手入れしていた

平成21年12月、老人会、婦人会、子供育成会で交流会。ミニ門松を作りました

婦人会の会員は、長泥地区の全戸六十四歳までの婦人です。六十四歳以後は老人会に入ります。春の活動の中心は、地域の花の定植（マリーゴールド、サルビア等）や手入れ作業です。地区の女性が総出で行います。部落の花の定植は、婦人会だけでなく、子供育成会や老人会らが競って行います。

子どもを育む

育成会は子どもが小学校入ると入るの。中学三年まで。家族みんなで。子どもみんなして。同じ集落に住んでたって、そういうのがなければどこにどんな子どもがいるっていうのは知らなかった。子どもたち、若いお母さん来ても、育成会でよそから来たお嫁さんが来ても、子どもが大きくなって混ざって、やっとその人も、えづが（いつか）わかるようになるっていう感じ。そういうのがひとつひとつ積み重なって今のわたしたちみたくなるんだと思ったの。

PUMA

平成21年7月19日、長泥花いっぱい運動にて

平成20年1月13日、みんなでもちつき大会。あんころ、きなこ、納豆餅にして食べました

絵本を読む会にて

勉強会もやりました

手作りのクリスマスケーキはおいしかったよ

一人暮らしのお年寄りにも届けました

卒業生を送る会では、長〜いのり巻きをつくりました

長のり巻には米6升、板のり 100 枚使いました

比曽川の生き物

子供育成会で、夏休みに比曽川で魚をとって、遊びながら魚の名前を覚えたりとかやってたんです。で、そういう生物に詳しい、専門の先生に頼んで、一回来て一緒にやったときに「川真珠貝がいるよ」って言って。通称カダケっていう一年に何ミリも育たない貴重な生き物がいるっていうことで、これは大事にしたほうがいいよって言われたんです。

慎重に慎重に！

トウキョウダルマガエル

カワシンジュガイ

トウホクサンショウウオ

カワニナ

メダカ

何がとれたかな？

ホトケノドジョウ

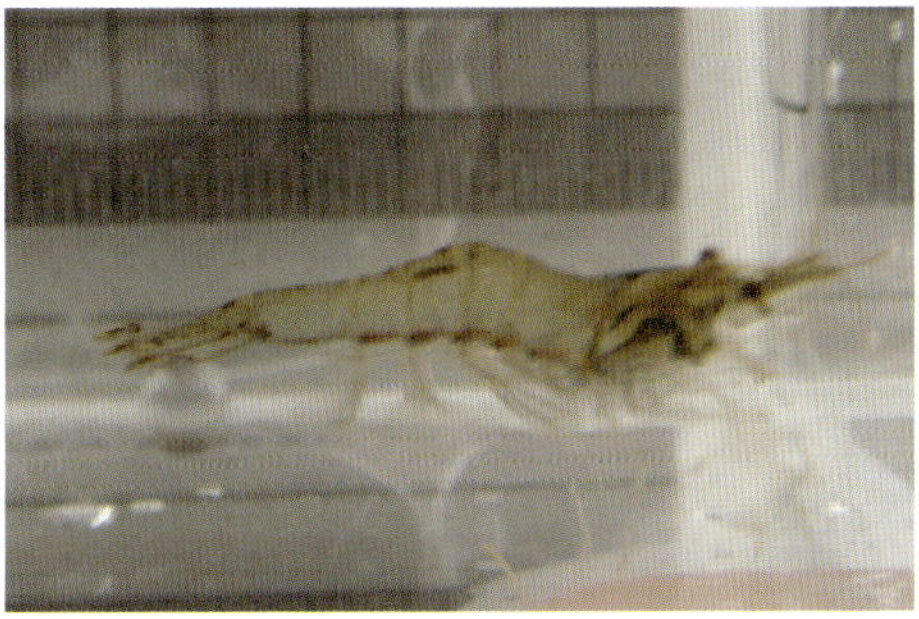

スジエビ

ドジョウ

ミズカマキリ

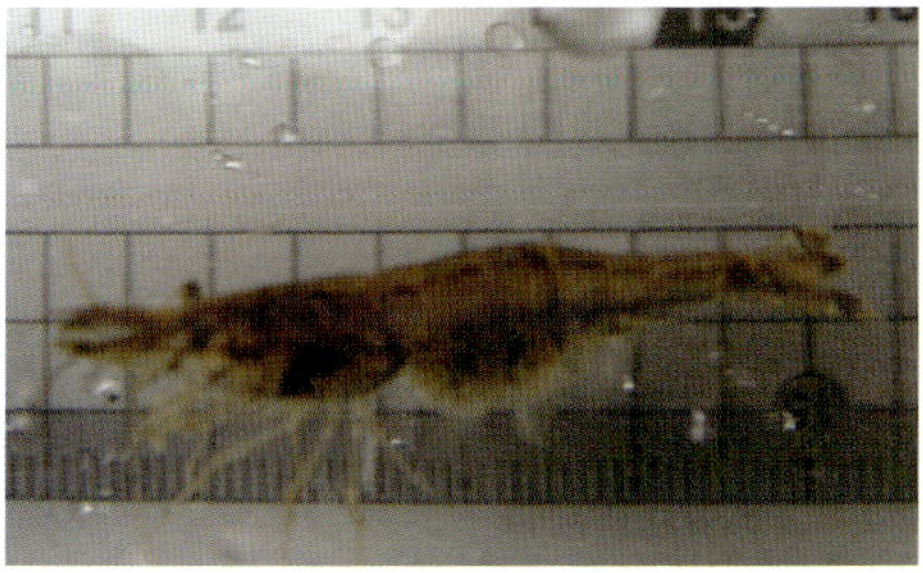

ヌカエビ

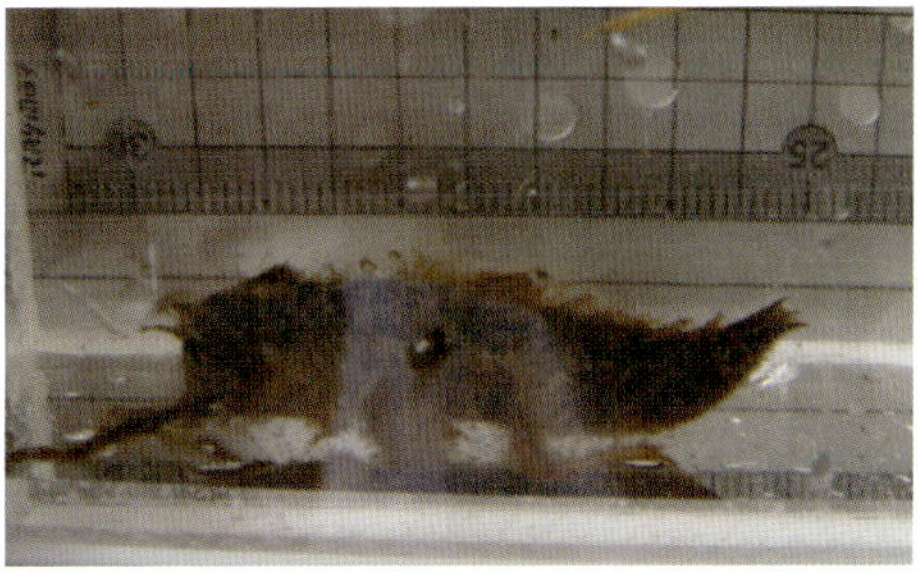

ヤゴ

捕まえたよ！

ヤマメ

タナゴ

エゾウグイ

ギバチ

アブラハヤ

マブナ

いきもの調査が終わって記念撮影（平成22年8月）

長泥に大石っていうでっかい石あるんですけども。比曽川のすぐ脇にある十字路から見えるとこ。今はちっちゃくしか見えませんけども、河川改修する前は、周りがほとんど下まで出てたんですよ。今、川がきれいにまっすぐになっちゃって、石の周りを埋めちゃったんですけども。昔、夏休み、川で水泳ぎして、石の下まで、こう、潜っていけたぐらいの大きい石だったんです。

曲田の大堰の落成

長泥が素晴らしかったのは、コミュニティの実体があったことだと思う。都会では、憧れとしてのコミュニティの名称はあっても、実体としてのコミュニティがなかなかない。長泥の人たちは、多分恵まれた環境やコミュニティが当たり前だったので、その恩恵を実際は感じていなかったと思う。離れてみてわかったことだな。

人力が主流の時代だった

馬を使って土はこび

集落内の火災には消防団が活躍（飯舘村提供）

災害によりため池の堰は見るも無残な姿に（飯舘村提供）

農道や用水路の整備

長泥は戦後の地域づくりを熱心にやってきたところなので、中山間事業の取組みなどは大変なものがある。国道399号の取組みなども、桜にしたってアジサイにしたって長泥地区全員の協力がないとできないことで、他の地区ではまねのできないような取組みをしてきた。

長泥集落の沿道に花々を植え、訪れる人を迎えた

比曽川の堰の手入れ

ひまわりの里運動を展開した

不法投棄の片付け

村道保全のため、枯損木を伐採

豊かな自然

この国道399の峠から海が見えンのよ。富岡へんなのかな。阿武隈山系のなかで、そういう峠から海が見える場所なんて、あんまりないもんね。原発が爆発したって長泥は関係ねぇと思ったもんなぁ。んじゃらあのまま来っちゃったんだ、気流が。雪降ったのが悪いんだ。

庭先の桜をライトアップした

クリタケ

イノハナ（香茸）はよく採れた

秋はキノコですね。桜の葉が色付き始めるとキノコができ始めるから、九月から十一月半ばころまでかな、本当の時期は。あたしも主人と一緒に歩いて採ってたの。仕事にはしてないけど、都会の人が来るとそういうのが、自然のものを珍しがるから、お土産にあげたり、あと、味ご飯にして作ってあげたりとかしてね。

長泥の緑豊富なところに、ポツンとうちがあったところに住んでたから、田植え終わったらば、蛙の鳴き声が聞こえるじゃないですか。ゲコゲコゲコゲコ、蛙の合唱とかね。そういうのがいかったね。田んぼがあったり、畑があったりとかね。

第二部

聞き書きでたどる長泥

一組（開墾《かいこん》）

長泥で育ち暮らして、仮設住まいは狭かった〔平成27年6月8・29日聞き取り〕

庄司　正彦　昭和32年生まれ（一組）

長泥小学校の思い出──体育の授業は山菜採り

小学校は、長泥小学校。もう分校じゃなくて正式に長泥小学校になってた。一、二年は今のふれあい館だったけど。三年生からは、今のコミュニティセンターに行った。俺の同級生は十三人、一クラス。先生の記憶は鮮明。入学式のときには、男の先生だったんだけども、事故かなんかで怪我して傷が残ってて、怖いイメージが強くて。入学式ンとき名前呼ばれて、呼ばれたら「ハイ」って言わねっからべし。それが俺の番に来て、呼ばれたんだけども、もう顔見たらハア、なんか泣いて。付いて来てた妹が代わりに返事してくっちゃって。

一年の頃はちょっと、なかなか馴染むまであれだったけど、学校は楽しかったよ。後は、体育の時間っつうと、季節の旬のもの、蕨とかゼンマイとか、秋はきのこ採りとか。これが体育の授業だった。みんな家では間に合うぐらいあっから、持って帰る人はいねがった。「先生、食べてー」ってあげた。あのころの先生って教員住宅ってあったから、山菜なんかは何が食べれっかも、やっぱり、遠くから来てる先生だからわかんね。村の人から教わったり、おすそ分けもらったりとかしてやってたんでねぇ。

先生は校長、教頭、全部で九人か十人はいたんでねぇ。あと、用務員。男女半々ぐらいだったね。俺は、女の先生の方がいいなあーつって、この先生に今度、担任になってもらいたいなぁ、とかって、なんか憧れてたね。案外先生も若かった。

一、二年のときは、三浦先生って、俺を出産のとき、金具で引っ張ってくっちた先生が担任で。その先生が厳しい先生で。旦那さんが軍人だったから。先生はもう亡くなったけども。うちの母親よりももっと年輩だから、たぶん大正生まれの人。かなり老けて見えたったから。怖い先生だった。目が怖くて。いじめたりとかではないんだけっども、雰囲気が怖い。根は優しいんだけど。

三、四年は、川村先生って、草野出身の先生で、その先生は酒好きで、家に来てよくうちの親父と酒飲みしてたな。学年はじめで担任が替わっと、家庭訪問ってやっと、子どもの数が少ねぇから、先生はあの人は誰々の親でっつのハァ、把握してっから、「おめえの父ちゃん、酒好きだったなあ、今日いンからって言っといて」なんて言うの。なんつうの、子どもの親と友達付き合いなの。今は、問題になんでねぇの。

五年は女の先生で、若かった。その先生は、菅野商店の向かいっ側に、今で言う借り上げ住宅みたいな感じのとこに住んでて。独身だったから、よく学校帰り、四、五人で、「遊びにおいで」なんつうから、行った記憶がある。ビスケットかなんかくっちゃから、それを目当てに行く人もいるし。まだ結婚前で、一年か二年あとぐらいに比曽にいた先生と結婚した。結婚しても出産してまた戻ってきた。六年は男の先生だった。

俺は勉強は好きだったから、一位か二位か。女の子一人、頭いいやつで、その子と競争してた。

家の仕事——葉タバコ栽培、養蚕

俺が小学校の頃になっと、葉タバコ生産が始まって、そのタバコ編みって、選別。タバコの葉っぱを、縄に吊るし柿みたいにして挟んで干すわけ。それを、編んだやつを外して今度、取る手伝いはした覚えある。あの頃みんな、タバコなら長泥の土地に合うちって。土地が痩せてっから。

あと養蚕。家ん中で普通に、棚を作って。丸い竹で編んだ入れ物に幼虫の卵みてぇなのを入れて。毎日桑を食わせて、虫が糸出すまで面倒見て。その蚕を、その巣に入れる仕事ってやったことある。こういう四角のやつに。なんつうの、段ボールてか型紙で、このくらいのマスでずーっと、一枚百個ぐらいあんのかな、そこに幼虫を入れてくわけ。好き勝手な所で作らせたらダメ、一つのマスに一匹でないとダメ。〔繭が〕丸くないと、選別機って機械通んねくなっちゃうから。それは、うちのばあちゃんがやってたの。

父親は、どっかで飲んで、遅い頃帰って来て暴れんの。炭焼き仲間で、今日はこっち、じゃあ今度はこっち、じゃあ今日はおら家《え》とかって、こう、持ち集まって。鶏、ウサギとか、蛇も食べた。イノシシは、高級だけっども、その頃はあんまし、いねがったね。食べたのは小学生のときだな、何人かで囲炉裏囲んで。肉って、なんか、ごちそうだなぁと思って。そういう肉あっと、うどんとかそば打《ぶ》って。

うちのばあちゃんは、そばぶちとかうどんぶち、こういうときは担当だから。そばっつっても、団子みてぇな。細く切ってんだけど、茹で上げっともう、うどんみてくなっちゃう、団子っつか。そば粉が十割だから。なんか、あの頃の時代のほうが、良《い》かったような気ぃすんね。

飯樋中学へ進学、夢は北海道で農業

中学は飯樋中学校。通学バスが村から出てた。朝七時二十分に行く。バス停は三ヵ所あって。十文字もあるし、曲田《まがた》と、一組のほうにもあって、そこに集まって。乗り遅れたことは、あるっていうか、運転手が、あれ、今日来てねぇなーってバックミラー見ながら走っから、後ろ追っかけてると停まってくれる。乗り遅れても、飯舘初代村長の高橋市平さんていう人は車持ってて、毎日その役場にかかんねっかなんねっから、最後の頼みはそこサ行けば乗せてもらえンなぁって。三人ぐらいで、車出る前に歩っていくと後ろから来て、「なんだ、学校遅っちゃのかあ」なんて、何回か乗せてもらったことある。

中学生の頃は、俺、北海道に行きたかったの。北海道って、なんか外国みたいなイメージ持っててハァ、山の方に行って牛飼いかなんかやってみでぇなぁと思ってた。長泥はなーんか、こせえってか、田んぼも小っちぇべし。すべて手作業だから。北海道の農業見っと、機械だし、外国の、ヨーロッパかなんかのイメージで、うん。

農業高校から就職――車、バンドと青春真っ只中

高校は、相馬農業高等学校飯舘分校ってあって。俺、「高校は、親父死んでいねぇがら、いい」っつって断ったんだけども、生活保護の民生委員やってた人が高橋市平さんの息子で、「もったいねぇから、奨学金つのあんだから、それ借りれ。申請してやっから、行ったらいんでねか」って。まぁ、行きたくもねがったんだけっど。その頃、高校って、裕福な家とかしか行ってねぇ時代だったから。

長泥の中学は俺ら、A、B、C、三クラスあって、一クラス三十二、三人。俺らの時代は、高校に行ったのは三分の一ぐらいだったんじゃねぇかな。後継者の長男は、だいたい農業高校行った。大学に進みてぇ人は、福島とか川俣とかの高校。下宿とかバス通学とかで。飯樋中学校のスクールバスに一緒に乗り合わせて行けんの。バス券買って。小中はタダ。

高校はバイクも乗れたし、大人になった気がして楽しかった。バイクはもらったの。うちのばあちゃんの実家が津島で、「もう乗んねくなったから、これ、家で乗んならかまわねぇべ」っつって。

高校卒業して、長泥に弱電工場あって、そこに春休みから勤めて、九月ごろ退職したの。七月ごろ車買って、妹の同級生たち乗せて、原町のほう行って。その中に高校行かなくって、原町に就職して、調理師かなんかでやってて、「俺が原町詳しいから、俺サ運転させろ」って言うから、五人乗りサ六人乗って、走ってったけっど、そいつ、免許持ってない奴で。そしたら、川に落っこっちまったの。川っていうか、狭い、車一台くらいの幅のあれなんだけども。落っこって、怪我して、車はパアだべし。俺は助手席にい

て、この額のへん、フロントガラスでがちゃがちゃになって、血だらけ。結局、一ヵ月ぐらい入院したったのかなあ。

結局、自分で退職したの。免許停止くって車運転できねえんだから。俺と同級の奴も後から東京から戻ってきて、同じ弱電サ行ったから、しばらくはその車に乗っけられっちで行ってたんだけっども。本社に製品を運ぶ運送もやってたから、結局、仕事は車が必要だったから。

それから川俣町の山木屋っていうとこに、ピストン関係の部品作る工場あったの。うちのいとこに紹介されて、一年くらい行ったね。その頃、俺、ロックバンドやってて。ベンチャーズとかああいう。俺はドラムをやってたの。昔、出稼ぎが多くて、ドラムやってた人が大谷石の採掘に行ってて、しばらく来ねかったの。で、「代わりに、おまえ、ドラムやれ」って、いとこに言われっち、始まったの。まぁ穴埋めだったんだけっど。結局、最後までやってたけど、十年ぐらい。で、クリスマス頃ってダンスパーティで、バック演奏するわけ。で、会社の社長に「明日、バンド演奏あっから、俺行かねぇとダンスパーティになんねぇから、午後から休ませてください」って言ったの。俺はOKもらったんだと思って、午後から早退して行ったら、次の日呼ばれて、「仕事が大事なんだか、バンドが大事なんだか」って言われて。奥さんが「庄司くん、一言謝れば戻られっど」つうんちゃ、「いや、俺は前日に言ったし、そんなの認めらンにんでは、俺はやっていかんに」って、一年ぐれぇで辞めた。けっこう景気いい会社で、沖縄旅行なんか連れてってもらったんだけっども、いやこれは自由きかねぇなぁと思ったから、ここも辞めちゃった。

型枠工として出稼ぎ労働／福島第二原発の建設工事に携わる

その頃は、毛嫌いしねぇかぎりは、仕事はあった。その頃、第二原発の建設工事が始まった頃で、そこ辞めて原発に行ったね、鉄筋職。二十歳から二十二まで二年くらい行ったな、俺、たぶん。

その頃は、ゼネコンがあって、南相馬に下請けがあって、その下請けから直接。けっこう、給料よかったね。あの当時で普通、一般の土木だと日給五千〜六千円だった。四千〜五千円かな。で、原発に行くと、まぁ鉄筋屋ったって初めては何もできないけど、行げばハアもう職人として扱われっから。で、そこらへんの屑拾いとか片付けばっかやっても八千円。で、ある程度仕事覚えると今度、請負作業なんかさせられて、基本給と請負金額って封筒二重になって。すげえなぁ、東京単価は、って思ったら、「下請けでは、この三倍もらってんだぞ」って。だから、その当時って、人夫出しで、あのへんの地元の人たちが二十四、五人乗りのバス買って、ピンハネだけで食ってる会社いっぱいできた。

農業は、稲作は田植えすれば、あとは秋まで水管理だけだから。あと、うちのお袋はハウスで野菜作りしてたの。ほうれん草とか。だから、日中は〔いなくても〕影響ねぇ。ただ、夜帰ってくっと、残業させられんの。間に合わねぇときは、「ほうれん草の選別サ手伝え」とか。でも、帰ってくるときには、たいがいバスん中で一時間くれぇ飲んで来るから、「もう酔っ払ったしハア、今日は駄目だなー」とかつって、こういうのが多かったけど。片っぽは夜中の十二時ごろまでやってたんだろうけっちど。

放射能怖いなんて感覚はなかった。もう安全神話で。東京単価で働けるし。あの頃、原子力発電とはこういうシステムですよって、原子力発電所はこうなってるんですって、展覧つうか、ほういう施設があって、そこに行って見学なんかして、「ああ、すごいなあー」って見てたぐれぇだから。「絶対大丈夫です」っつう、ほんでずーっと通ってたからね。まぁ津波さえなければ助かったんだけっど。いま思えば、俺も加担したったんだな。建設に行っちまって。

結婚、夫婦三組で土木会社を営む

結婚は二十三。その頃は、埼玉に行ってた人が、親が亡くなって長泥に戻ってきて、型枠やってたの。腕いい人で。結局、うちのいとこが「あいつ一人で今は大変だそうだから、一ヵ月ぐらい応援さ行け」なんて。で、最終的には、その型枠工事に、長期間。ずーと、震災前ぐらいまで行ってたでねっかな。結婚したのが昭和五十四年だから、ちょうど景気のいい時代だったから、安定してて。恋愛結婚、だね、一応。長泥の青年会ってあって、そこに智江子が、あれは別な会社に行ってたんだけども、なんかで辞めて戻ってきて出入りしてて、うちの弱電会社にも来てた。一こ下だし、学校も一緒、同じ高校まで行ってたの。

震災十年ぐらい前から、トルコキキョウ栽培が長泥でも盛んになってきて、おまえもやってみねぇかって誘われて。うちのおっかぁがやりてぇつうから、じゃあ勉強しながらちょっとやってみっかつって始まって。野菜ハウスがあったから、それを野菜終わった後、交代交代に使うわけ、何棟かあったから。だから十年ぐらいやったな。トルコキキョウは収穫時期が七月末から十月頃までなんだけど、朝採りして、日中水に浸して。で、夜帰って、選花、選別。日中は働き行ってるから、典型的な兼業農家。うちのも仕事してた。

平成元年あたりから、義兄弟《きょうだい》で「長泥開発」っていう土木会社始まったの。高橋幸吉さんを代表者にして、俺が型枠担当で、あともう一人、うちの姉ちゃんの旦那が、重機オペレーター。三人で共同請けで、プラス奥さん。夫婦三組の六人グループで、バブルはじけるあたりまでやってた、三、四年。だからその間は、前いた会社は菅野建業っていう型枠屋なんだけども、一回脱皮して。景気良《い》かったね、あのころは。請負だから。けど結局、大きい仕事がだんだん減ってきて。

地面が波打って／箪笥の上の仏壇が落っこちて

3・11の地震のとき、俺は、自分ちの、トルコキキョウを植えるためのハウスの中。揺れるどこじゃなくて、立ってられねかった。地面が波打ってる感じに感じたもの。うちのほうの土地って、みんな、表面はそうは見えねぇけっど、下は石積んだようなとこだから。だから、地割れとかはしねぇんだけど、揺れはすごかったなぁ。もう、古いうちなんか潰れてっと思ったし。うちの女房はちょうど原町の直売所（イオンショッピングセンター）に出荷に行ってて、その帰り、車で帰ってくる途中に、すごい、ハンドル取られると思ったら、やっぱり、みんな車止まってて。走れねかったつってた。

地震の後は停電。ケータイもハァ、混線状態っつうの。つながんない。あの地震だから、相当、あちこち、うちとか壊れてるんでねぇかなと思ったけども。飯舘は倒壊したっつう家は、ねかったから。テレビは二日後だったかな。電気が通って。ただ、俺、ラジオは聞いてたから、いや、すごいことになってんなと。

うちの子どもたちは水素爆発したっつうことで、情報はなんか持ってたみてぇだな。俺はあんまり気にしねかったけんど。気にしねぇで普通に、そのころだと、俺、生椎茸やってたから、椎茸採って、農協に出荷して。

五月末に飯坂温泉の「赤川屋」へ／八月中旬に「松川仮設」へ

避難するのが遅くなったのは、うちにも、やっぱり、繁殖牛がいたから。親牛二頭に仔牛二頭いたったの。それを出荷するまでは避難できなかった。避難するために、特別に飯舘専用の競《せ》り市を開きますっつうわけで、その第一回目が五月の中旬ごろだったか。頭数かなりいたので、一回で消化できなくて。で、二回目まで置かれた人は、たぶん六月過ぎだったんだ。俺は、五月中旬か。

三月いっぱいぐらいは、みんな、避難場所ある人は、一時、避難してた。一週間とか二週間ぐらい。「もう大丈夫ですから。説明会ありますから」つうわけでみんな戻ってきた。親戚ンとこにも一週間、二週間ぐらいならなんとかいられるけど、それ以上はもう、気ぃ遣って、いれねぇって。いつまでいンのかなぁっていうふうに思われるし。ただ寝泊まりだけでしょ。けっきょく、みんな、一週間からそのぐらいで戻ってきたんじゃないの。気ぃ遣って、「生きた心地しねぇ」って。

で、そのあとに、長崎大学の先生が来て、「安心講話」したから、みんな安心しちゃったんでねぇの。山下俊一先生と一緒に来たの、誰だっけ。あ、四月六日は、高村昇先生だ。話、聞いて、そんなにたいしたことねぇのかって思った。まぁ、三十キロ圏外だし。蕨平《わらびだいら》が三十キロ圏内に入ってたから、そこの人は「三十キロ圏内の人は屋内退避ですよ」って言われて。「あとは、普段通りの生活でいいし。ヨウ素は、一週間だか八日でもう、おしっこと一緒に体外に出っちゃうから、ぜんぜん影響ないし」っつう。うんと安心させられたから。じゃあ、大丈夫なんだわっって。「三十キロ圏外でよかったなぁ」なんて言ってたんだけど。でも、三月二十日過ぎころから、線量を測りに来た。毎日来てたのね。白装束で、防護服着て。たまたま、長泥の十文字で出会って、「何、調べてんですか?」って聞いたんだけども。まぁ、外人も乗ってたからかなんか、窓も五センチくらいしか開けなくて。線量の数字は区長の良友さんかなんか聞いて、「いま、どのくらいあンの?」九〇なんぼのころかな、高いときで。でも、その人たち、車から降りてこなくて。「そんなに危険でねぇんだったら、わがらも降りてきて、一緒に話、すっぺ」みたいなこと言ってたの。あっちは、かなり危険だっつうのは感じてて、降りてこなかったし。ただ測定したら、パッと、国道三九九号線で津島のほうに行っちゃったの。

あの、水からセシウムかなんか検出されたっていって、水の配給があったのね、三月二十日ころ。飯樋とかで使ってる水道水に検出されたからっって。うちのほうは水道ってねぇから、井戸水とか引き水だけど。水は飲んでダメだから、しばらくはペットボトルを配給すると。ひとり、とりあえず、二リットル入りを三本か四本だったかな。飲み水専用として。口んなかにいれるのと、あと、ご飯炊いたりするのは、それを使ってくださいって。手洗いとかは大丈夫だからっって。さすがに、俺も危機感増したね。そのとき長泥の役員やってて、そういう支援の配給、部落内にしてたし。若い人もいねぇとこ、けっこうあっから。

たしかに第一回目の水素爆発したときの朝、顔がピリピリしてたもの。自分では飲み過ぎで、むくみっぽくなってるのかなぁと思って。隣の鴫原清三《きよみ》さんとこへ行って、「肌、ピリピリしねぇか?」っつったの。「表へ出たとき。なんか、チクチクつうか、ピリピリすんだよな」。「たぶん、放射能のせいなんでねぇか」って。しゃべってみっと、けっこう、そういう症状の人、多くて。その日の朝、なんか、空気が違ってたな、いつもより。清三さんも椎茸つくってて一緒に出荷してたから、よく行ったり来たりしてて。あのときの空気は、なんか怪しかった。「酒、飲みすぎだべぇ」なんて。「いや、おまえだけでねぇようだぞ」って。でも普通に、野菜出荷したり椎茸出荷したり。野菜は、あのころだと、小松菜つくって、農協に出荷してた。で、南相馬のほうから飯舘に二千人ぐらいが避難してきたのね。南相馬から飯舘に来るぶんの燃料はみんな持ってて。で、そっから先、川俣とか福島に行けるぶんの燃料はねぇから、とりあえず飯舘まで避難してきて。そこで、燃料をどっからか調達して、ちゃんとした避難所に向かう予定だったんだ。で、食料とかも足んなくなったからつって、十六、十七、十八日だ、三日間、炊き出しやったの。「各行政区で、米を集めて、炊き出しをお願いします」つう、村からの連絡が来たんで。長泥からも、放射能の強いおにぎり、六百個ずつ、三日《みっか》、千八百個。いま思えば、放射能を食わせっちまったな、と。急に、村が大字三行政区、比曽、長泥、蕨平の住民を集めて説明会やったの。「栃木県から受入れしてもいいっていう通知が来て、十九、二十日に、避難のバス、出発しますから」っていうわけで。あ、長泥は十七日の夜だ、説明会あったの。十五、十六、十七って、各区ずつ集めて、栃木避難の説明会があったわけだ。なんか、南相馬の人を自分の村に避難させて、自分らがこんど、別のとこに避難するっつう展開はおかしいよね。

　飯坂温泉の「赤川屋」に行ったときは五月三十一日。赤川屋には八十日間。八月の中旬ごろまで。

ストレスフルな仮設暮らし

「仮設に引っ越せますよぉ」ってなったので、「赤川屋」から福島市松川の仮設に。うちは四人で。長男と七十八歳の母親と、家内と俺。３Ｋに四人。狭い。台所と玄関が一緒だから、あそこがうんと狭くて。いちばん広いところが八畳で、あと六畳、六畳なんだけども。八畳は、みんなで飯食ったりするところ。

これを片付けて、俺ら夫婦が寝る場所で。そんなの、二年もやってくと、疲れてきて。ちょうどそのころ、不動産屋の販売が始まって。「どうする？」っつって。「いつまでもここにいられねぇんでねぇの」って。二〇一三年の九月に〔福島市の〕庭坂へ来た。

仮設はぜんぶ飯舘の人で、同じ行政区の人を近くにつうか、ある程度まとめて。そういうに村で配慮してくれた。第二仮設は世帯数は百六だっぺかな。で、二百十人ぐらいだったような気がする。松川第一仮設も飯舘の人。なんぼかあっちが多かったのかも。仮設は、家族の人数に応じて２Ｋとか３Ｋとか振り分け。狭かった。うちは家族四人でもでっかいのばっかりいたから、余計狭く感じる。荷物も、ある程度のもの運び込んできたから。寝ッとこと食うとこと一緒だし。そこさ集中的に荷物は使いがってねぇやつは置いとくから。まぁ、どこでも手ぇ届くから便利っつうことはあったけど。

隣同士の声や音、俺らはあんまり気にしねぇんだけど、隣の人たちが神経質なんだべな。やっぱし、足音とか。うちでねくても、三軒隣の音だって聞こえッから。しょうがない、「テレビ、イヤホン付けて聞くからいい」っつったら、家内が「じゃ、おれ、聞こえねぇべ」なんて。ほんなささいなことで喧嘩始まって。三部屋しかねぇから、うちのお袋一部屋と、息子一部屋と、しょうがねぇ、夫婦だからあとの一部屋をダイニングと兼用で。いやぁ、片っぽうは、いびきはすごいし。そんでも、慣れたったかなんだか、二年ぐらいいたから。長泥でも一緒の部屋に寝ていたけど、なんだか避難したからか、余計ひどくなったな、いびきが。

震災前も、晩酌は普通に。眠くなるまで飲んでた。たしかに、震災してから、余計増えた。やっぱし、日中仕事ねぇから。長泥にいたときは、飲むのは夜だけだけっど。もう、こっち来ッと、避難してからは、見守り隊の日だけ抜くだけで。お昼でもだんだん慣れてきて、人目も気にしねくなって、ぐッと一杯やってたような気がする。焼酎。

仮設暮らしを始めて一回、こう、プクッと太ったり、グッと痩せたりの繰り返しがあったから。これは、身体、ぼっ壊れっちまうな、なんて思いながら。うちにいッときは、いま時期だと、田んぼの土手草、草刈りしたり、ほれを集めて牛に食《か》せなくゃなんねぇ。その繰り返しだから。

お袋は仮設にいる。ときどき友達がお茶飲みにきたりとか、やってるみたい。けっきょく、あのまわり、長泥の人、五、六軒あつまってるし。近くにもいたったから。いま、長泥だけじゃなくて、けっこう、あそこ自体が、ひとっつのコミュニティになってっから。けっきょく、仮設がなくなんねぇうちは、あっちにいたいっつうから。して、ある人も、「ここにいれるうちは、庭坂に連れてくな」って言うってから、「そんじゃあ、面倒みてくんちぇ」って頼んでる。俺、今年の四月までは松川第二仮設住宅自治会の会計やってたから、月二回ぐれぇ行ってたんだけども。最近は、電話。あと、用事あると連絡寄こすから、たまに行って顔を出してくっけど。

だから、逆に、うちにいて孤立しているよりは、仮設にいれば、たとえば、いっつも出てくる時間なのに、戸を開かねぇとかすっと、「生きてんだか、死んでんだかぁ?」なんて声掛けしてもらえるから、お互いに。孤立して、ポツッとして、認知症にかかるよりはいいかな、と思って。毎日、歩き運動とか。うちのお袋って、グランドゴルフもやるの。四月ころから雪降るまでやってる。グランドゴルフ場が第一仮設のほうにあって、交替交替で使ってる。それに、最近、なんか、卓球始まったらしくて、談話室で。ほんな腰曲がって卓球できんのか。こうやって、台から首だすくれぇしか背丈がねぇんだけど。こっちに来る近いころは、はぁ、朝食の時間帯も夜の食事の時間帯も、なんかズレてきて、うちのお袋は一人で食べてたり。だから、案外、そのなかでも核家族っぽいような生活になってきたような気ぃする。

家を買うのは、みんなで話し合って決めた。帰還困難区域の長泥には、五年分を一括で払いますよって決まって、そのカネ、五年分だから一人六百万。六百万で五人家族だから三千万。まぁ、みんな株主になった気でもって、今回、こいつでこのうちを買いましょうっていう承諾をとって。お袋の部屋も用意したけど、あそこの仮設にいられるうちは、いたい、っていう希望をもってて。だから、お盆と正月とお彼岸、年に四回ぐらいここに来て泊まるぐらいで。あとは、「おれ帰るわ、はぁ、仮設さ」って。あっちの仮設住宅が自分のうちと錯覚してンの。

長泥は自分の代では無理だと思ってる

最初のころは長泥のうちを見に行ったり、草刈りには戻ってた。俺も、去年の三月までは「見守り隊」に行ってたから。三日に一回は巡回してたから。でも、辞めて一年過ぎたあと行ってみっと、あのへんの柳の木とか、ちょこっと見ないあいだにこんだけだから、すごいなと思って。あれ、たまたま、あそこが川沿いで、柳の種が飛んできて、発芽するにいい場所だったんでねぇの。最初二年くらいは、そんなに感じなかったんだよ。柳、でたなぁってという程度。三年目になったら、すごい。だから、村長に、あれは、環境省でも、東電でも、環境維持管理してもらうしかねぇな、つって。俺らが元気なうちは、まぁ、管理はする人がすッかもしんねぇけんども、最終的には、三十年とか長い年月のあいだには、もう、子どもたちは、帰ンねぇわけだし、管理なんかできねぇから、と。村長は「そういう専門業者を頼んで管理してもらうような方向で考えています」って言ってっけんども。口約束だから、俺はね、口先だけのその場逃れでねぇかと思ってってっけども。

長泥に帰れるようになれば帰りたいと思うけど、自分の代は無理だと思ってる。子どもや孫の代もこっちの便利いいとこで生活してっから、もう、その気にはなれねぇんでないの。別荘ぐらいだらいいかもしんねぇけんども。あれから四年以上経ってっけども、いまでさえ、四年間、一回も帰ったことないっていう人もいるし。まぁ、長泥はいま十五歳以下は立ち入り禁止だから。お墓参りとかも。ただ、区長の承諾をもらえば大丈夫ですと。最終責任は区長になってんだけど。「なんかあったら、俺の責任だから」って、区長は引き受けてっけんちょ、「いままでほんとに何もねかったけど、いちおうなんかあったら、責任取ンなんねぇぞ」つったんだけんど。取れねぇべ。だって、村でも取れねぇから、区長に課して。ぜんぶ、村で責任取ンのもやだし。

帰れたら帰ったほうがいいと言ってても、やっぱり、あんまり現実的な話ではない、と思う。どこに住んでっかは、いま、個人情報問題で教えねぇ人もいるし、ハア。役場は知ってても、教えてくれねぇし。

まぁ、これをきっかけに、めんどくせぇ付き合いすッことねぇなっていう人もいるし。なんか都会的で。俺らは、ぎゃくに、さみしいと思うんだけども。だから、毎年一回、飯坂の「擦上亭《すりかみてい》大鳥」っていう旅館でやってる、ああいう親睦会、懇親会に参加する人は、やっぱし、まだ繋がっていたいっていうか。まぁ、先のあんまし長くねぇ人は、とくに、ああいう行事でみんなの顔を見たいなつうのがあるみてぇだね。やっぱり、あれは、続けていく必要があると思う。〔今年も〕十月十八日にやるけど、今年で五回目かな。

ここに生活して二年になって、やっと落ち着いてきたけども、これから踏み出す人は、また時間がかかっと思うね。まぁ、都会生活好きな人は、隣関係ねくってもいいかもしんねぇけども、俺はやっぱり田舎衆だから、ダメだもんな。隣が、すぐ、歩く　歩ぐれぇしかないとこに、塀があったりすっと、圧迫感が感じて。

＊　＊　＊

牛と花の専業農家として長泥の人間でいたい

〔平成27年6月8日聞き取り〕

鴫原《しぎはら》フカノ　大正5年生まれ（一組）
清三《きよみ》　昭和29年生まれ（一組）

二十一で嫁に来て、炭焼き、野良仕事、出産、夫の出征

フカノ　生まれたのは飯樋の町。二十一の春に結婚した。披露宴はやるよ。おら、やってもらったもの。みんな呼んで。料理人こさえて。頭、結って。島田だべ。結ってもらったの。晩方だい。ほして、送ってきた人、帰ってけば、夜の八時か九時だべ。終われば野良仕事だなぁ。なかなか、仕事できねぇから、汗流して、息つく暇もねく、それでくっついて歩ったんだわい。おらは昭和十一年に嫁には行ったけんども、翌年の昭和十二年にはほっから出たから、すぐに山さ入って、炭焼きして一年暮らしてよ。炭焼きが一番《いっぱん》の収入源だったべな。うちは、馬を置いて。馬で、付けてあるったの。ほして、自分《ずぶん》がこんど、昭和十三年に娘をなしたの。ほの次の年おとうさんが応召で行っちまったの。戦争だな。できた娘が二つだが、ほれ置いて、行ったわけなの。

夫は南支の厦門《アモイ》あたりに、十六年のあたりまでいたんだな。ほうして、陸戦隊になって、南方さ行ったの。そして、終戦までおりました。やっと帰って来たのな。中隊長に「死んではなんねぇど」って言われちゃったって。普通の人らだと、自分で鉄砲、ここへガンとやったり、海さ入ったりして、ほうして死んだ人がいたって。「死んではなんねぇど。死んではなんねぇど」って、中隊長はゆいゆいしたって言った。「うちさ帰られんだから」って。

青年会は俺らが六人から盛り立てた

清三　青年会は、盛んになったのが、俺らが十八ころからだ。はじめは六人くらいでやってたの。長泥の曲田《まがた》ってあって、青年会で盆踊りをやるわけ。そうすると、櫓《やぐら》を運ぶのには、櫓は固定式で、組み立てでねかったから、それをたがえて持っていくのに、最低六人いないと、持っていかれねぇ。それで、こんどは、かならず、絆を決めて、六人なら六人で、もう、遅れたら罰金で。そこらは、飲んべえの付き合いで、かたまってました。だから、十分遅れたらつまみとか、三十分以上は酒一升とか、そうやってかならず来ることで、その絆でまとまってきたかな。そうして、その六人でやってて。こんど、なんでもかんでも、活動、週に一回、土曜日だら、飲み会でもいいからやっぺ、ってやってて。そうやってやってるうちに、一人入り、二人入りして。そのうち、こんど、女のひとが入るようになってきて。ほして、長泥で青年祭なんてやるようになったのが、最初のきっかけなんだな。

だから、飯舘で、青年祭って、大きくやってっけっども、長泥でも青年祭ってやった。次の世代も、けっこう、いたものな。おっかさんと俺が結婚してからも、けっこう頑張ってたな。十年くれぇは続いた。十年じゃきかねぇ、二十年までいったか。長泥の青年会は女のひともいっから、青年会の本会っていうのか飯舘村の青年会でも、誘いたいわけだ。「交歓会やっぺ」なんて、交歓会やったりなんだりして。そして、あっちからこっちから来たり、こっちから行ったりして。飯舘村のなかでの交際で、お嫁さんをもらった人は多いな。そういう付き合いのなかで。

田植え踊りの復活

清三　俺ら青年のときは、いろいろやったかンなぁ。ひとりではできねぇこと。前の先輩たちもできねくて、俺らになってから、いまの区長さんもいッけど、俺らになってから、神楽やる、田植ぇ踊りやる。三十年も四十年ものあいだやってねぇのに、ほいづをやっぺってやったのが、俺らの時代の青年。高橋正人さんていう家で、新築すっときに、昔の田植え踊りの道具があったわけよ。昔の瓦の家だったから。「田植え踊りの道具があンだけっども、おめぇら、田植え踊りやらねぇか」ってなったわけよ。「もし、いンでこったら、処分すんだ。どうすんだ?」ったから、「いやぁ、俺の案では、いちおう、預かっておくべ」って、青年で預かったのよ。で、預かったついでに、できっかわからねぇけど、太鼓叩きの段取り進めっかとなって、ほしたら、高橋喜勝《よしかつ》つぁんていうんだけンども、曲田台なんだけど。ほの人が田植え踊り知ってて。この人とあと、四、五人いたけんども、この人がいちばん知ってる人で、この人に教《おせ》ぇられて、田植え踊り、復活したの。俺は道化の役をした。道化は道化でも、いちばん冗談っぽいほう。軍配もってやるほう。前の人ふたりは、真面目にやって。軍配もつ人は、なんせ、一言、笑わせたり。調子とってくれたり。喜勝さんていう人がいま、八十なんぼの人がやってたんだ。でも、ずいぶん若いときの話のようだ。「火箸でぶん殴りぶん殴り、それじゃダメなんだ、なんて怒られてやったんだ」っていうんだから。新築お祝いとか。厄流しとかで踊るんだ。要するに、「鳴原清三君の新築のお祝いにあがりました」って断って、ほうして始まるの。いまやればできるんじゃねぇかと思うけんど、なかなかね。ふつう、他のところの田植え踊りは、こうやって、立ってやってるでしょ。長泥の田植え踊りっていうのは、腰を、グッと下げてやる。だから、一回やったら、もう、ハァ、三日四日寝てるよ。

震災後競りにだすのに仔牛を抱いて

清三　俺は、牛と、花で、やってきたから。もう、約三十年だなぁ、ハァ。花をやっては、二十二、三年ぐらい。花屋で経営してたよ。俺はもう、専業農家で。牛を飼って、花をやって。

原発事故のあと牛は十九頭売った、仔牛まで入れてね。地震のとき俺は、ちょうど、ハウスの中で、トラクターでうないかたしてた。終わって、ハウスの戸を閉めた時点での地震だった。これは普通の地震でないなと思ったから、トラクターに乗って、うちさ戻ってきた。あの地震はすごい、バイブレーターに乗っかったような感じで、ダッダダダーッ。なんせ、バァッと、上さ、あがったの。ハウスも、どこもなんともなかった。うちも、なんでもない。壁さ、ヒビもなんにも入んねぇ。地盤がしっかりしてた。

最終的に、いちばん最後まで残ったのが、俺と区長だべよ。牛を売るのに手間取って。うち、仔牛できたわけよ。仔牛が生まれたから、すぐには競りに持ってかれねぇわけだ。「一ヵ月おきなさい」って。みんなは避難したけども、区長とふたり、あすこさ、一ヵ月いた。だから、いちばん放射能にあたったのは、俺と区長とふたり。いちばん悲しかったのは、牛、競りで売るっつうのが。赤ちゃんだから。一ヵ月すぎに、親牛に付いてくわけないんだから。抱いてって。競りするのに、そこに親牛は行くんだけんども、仔牛は付いていかねぇでしょ。だから、抱いてって、置いてくるのね。それを、なんとか、誰かでも取ってもらいてぇっていうのがあったから。殺処分するよりいいと思って。だから、あそこで、仔牛抱いてって、やったのが、やっぱり、いちばん、こう、いまも、夜思い出すっつうんだかな。

牛だって、ひとつの親から四代、五代目まで、俺は追っかけたから。いちばん最初のこの雄から、その仔を取って、仔を取って、仔を取って。そのええ仔から、また種付けしてもらって仔を取る。だから、カネで買える問題でねぇんだよな。そういうの、あっさり、カネで「はい、百万だ」「はい、五十万だから」ってやってるだけで。飯舘村って、ほれで、こう成り立ってきたとこなのな。なんにもできねいけんど、やっぱり、牛では最高だってわけで、いちばん、この村で盛り上がってるってんだか、福島県でも飯舘村は盛り上がって、チームワークがいいっていうのがね。みんなが安定して生活できて、なんの心配もなく、いい暮らしできるようになった時点だったのね。だから、じっさい、こうやって避難してきて、いい家建てて入ったって、隣近所知ってる人がいるわけでねぇし、声かけたって、「おはようございます」ぐらい言うだけでな。やっぱり、長泥にいれば、隣まで歩いていったって、「おい、きょうは、一杯飲みさ行こう」なんて言うと、「おお」つってね。そうやって、いろんな話をしたりできたけども。最終的には、俺は戻っていって。長泥のうちに行って、泊まるだけでも泊まっていられればなぁって。

付き合いのないのがさみしい

清三　長泥を離れたのは二〇一一年六月の末。二十八日。とりあえず、福島市笹谷《ささや》っていうところへ。借り上げ。２ＤＫさ、夫婦と、娘と、おばあちゃんと四人で暮らしたの。だから、狭いのは狭かったけども。その借り上げは、俺は花屋やってたんで、花屋の部長さんが知ってる人で、その人が貸家のアパートを持ってるっていうのがわかってて。電話やって、「もし空いてるとこあっか？」つったら、「ある。空けとくから」って言われて。ここに三年か、六年の十月まで。

友達っつうんだか、いちばんは、飲んでゆっくり話しできる、そういうのがほしいんだよね、やっぱり。酒は強いほうだけども、こっちかわでは、避難する前からすると、半分まで飲まない。前は、庄司とふたりで飲んでても、次の日、頭痛くなるくらい飲んでた。こっちかわでは、もう、次の日には酔いも覚めてる。やっぱり、酒のつまみって、話でしょ。話がなくて、ひとりで飲んだって、そんなものうまいわけないし。

やっぱり、近所付き合いっていうのがないのがさみしい。「おう、きょうは飲むか」なんて、隣の家に歩って行って、飲んで。ここは回覧板もって、「回覧持ってきました」なんてのは、やってんけども。余計なことは話せねぇからね。

フカノ　話し相手も誰もいない。人の顔も見られねぇもの。まったく、ここらへんの人の顔を見たことねぇ。自分も出ねぇべさ、あっちも出てこねぇからな。だから、こうやって、見てっけんども、ひとっつも顔を見たことねぇ。どんな人、いンだかわかんねぇ。長泥ではひょこひょこっと跳ねていくと、「お茶飲むべぇ」なんて、ハア、お茶飲まれんだけんども。

清三　仕事、ぶんなげたって、お茶のほうさ、出すからな。

フカノ　年寄りの人たちなんて、畑やってたって、「こんなのあとでええから」なんて、お茶飲んでな。

清三　やっぱり、和がねぇ、つうんだかな。田舎は田舎のよさがあるんだ。人との付き合い。世の中なんて、やっぱり、人の付き合いだもんな。

長泥は猿が群れになって

清三　最初は、村長も「二年くらいで帰れる」って言ってたから。まぁ、二年でないにしたって、五年以内には戻れるのかっていう頭でいたのね。だから、長泥のうちへ行っても、うちは、俺はきれいにしてる。まわりもきれいにしてあるし。うちのなかも、行ったときはガラッと開けてるから、だから、床、畳も荒れてない。鼠でダメだとか、そんなことなってない。猫が三匹いるんですよ、飼ってる猫が。うちの家内が三日に一回、見守り隊のときに行って、食《か》せて。あと、俺がたまに行ったときに、食《か》せて。だから、行ぐと、やっぱり、足のまわりさ集まって来て。でも、うちのなかさ入れる猫でないの。うちんなかさは、猫入っていかないの。牛小屋におる。ただ、天井裏とか、そういうとこは歩く。だから、鼠が育っていない。

猪は出ます。でも、やっぱり、まわり、草を刈ってやってるから、そんなに出ない。俺、避難する前から、草はきれいにしてるほうだから。あと、いちばん困ったのは、猿なんですよ。猿がいて、去年、三年目かな、柿、うちのはものすごい柿なんだ。それに来て、ダメなの。それで、一回、うわっかた切ってくれたんだけど、でも、まだ今年も花が咲いてたから、どうなることか。雨樋あるでしょ。あの雨樋に猿が登って歩くんだよ。たまげたね。あの雨樋、猿が登るんだから。だから、屋根が下がったり。あと、なんせ、いちばんいいのは、道路。いま誰もいないから、道路を歩くんだよな、猿が。猿も頭いいんだな。道路歩いてるんだから。猿は群れになってる。四十頭くらいはいる。ひとつの群れで、そのくれぇだから。おそらく、長泥では四つか五つの群れになってる。あと、いまいるのは、猪はなんでいるっつうと、いま、ほかでみんな除染してるでしょう。長泥だけ除染しないでしょ。だから、余計に、前よりいるのかなと。前も、親が四つくれぇ並んで、子っこを見ながら歩いてるのをざらに見たけんども。こうやって近づいて行ったって、四、五メーターでは逃げねぇでいるからな。なにしに来たんだ、っていう感じだ、逆にね。

福島でトルコキキョウのハウスを再開

清三　除染もなにもしてねぇし。もう、いまの状態では、戻っても、っていう考えはあっけども。ただ、別荘みたいな考えだよね、ハァ。やっぱり、福島市の人間には、なんだか、なりたくなくて。お母さんの心は飯舘村でしょうから。ここは、仮の宿でいいんだから。最後に考えると、歴史と同じで、やっぱり、俺らの子ども、孫と曾孫《ひこ》たちが、長泥っていうのはどういうところだったんだ、そこを残しておけばな。放射能だって、除染は、最終的はするんだと思うから。したらば、別荘にしておいてもいいのかな、って。

戻れれば、俺は、あと十年で七十だから。だから、十年くらいで、行って泊まるっくらいできればなって。やっぱり、田舎育ちは、町では住んだような気がしない。まぁ、ここは、横に国道はあるし、ここの本屋さんとかなんて、夜も、二十四時間やってっからな。気分的には、やっぱり、嫌なんだ。飲んべでのほうがいいから。アッハハハハ。

仕事はやってます。笹谷のほうに避難してるときに、飯舘村役場に行って、「農業に対して、復興のために、国からの補助、何かねぇか」って。もう、牛売ってから避難して、ほの秋に、役場さ行って、話し始まったのね。そしたら、たまたま、相馬市のほうで、復興のためにトラクター、九十馬力だかなんか、百台とか復興で入れたなんて話があったのね。で、村のほうさお願いしたら、村のほうでも、「なんとかできるようだ」っつって。で、復興の事業で、ハウスを。トルコキキョウを作ってます。トルコキキョウでは賞も、農林水産大臣賞、とってます。だから、もう、ぼちぼち、売る花も。こっちかわだと、あったかいから、一年中できる。長泥のほうは、冬場はできないのね。最初、一年目は勉強だと思ってやったんだけど。田んぼのほうが、土を改良するには、簡単に早いのな。畑を変えるよりも。田んぼはきまってっから。それに肥料をぶっ込めばいいことだから。畑だと、どうしても、地力がないから、つくるの大変だ。でも、三年くらいかかるかと思ったら、もう、いまは、けっこう、いいものができる。だけど、規模が全然。もう以前の三分の一、四分の一もやってないから。だから、俺ひとりで間に合ってっから。忙しいとき、一日か二日ね、手伝ってもらう。あと、出荷のときは、一ヵ月くらいは大忙しだけど。あとは、自分ひとりで行って、手入れしたり、野菜つくったりしてる。家からは車で十五分。六キロくらい。

いちおう、次男が跡を継ぐ。花つくりの仕事は、やりたいっていうんだけど、土地買ってまでは、やんねぇよって。俺らは、ばあちゃんらが残した土地があっから、農業やったけど、ここさ来て、あらたに土地買ってまでっていうのは、考えたほうがいいんじゃないかって。けして、楽な商売じゃないから。苦労はする。でも、人に仕えるよりは、俺は自分でやったほうがいいと思って、俺はやったけどな。苦労しねぇと、できねぇっつうんだか。農業なんて、簡単に、植えればなるとか、植えれば食えるものでないから。それだけの技術がないと、それだけのものはできないからな。

やっぱり、長泥は自然の物に恵まれていた

清三　阿武隈山系でも、飯舘っつうのは、いいとこなんだよな。絶壁の山でねぇし。牛飼ったりするのには、最高のとこ。あの、土も……。飯舘っていうのは、作物つくるのには、いいとこなんだ。俺、たまげたの。こっちへ来て、畑借りて、ジャガイモつくったんだけど、ジャガイモつくったら、ふつうだったら、うちらのほうでは手で掘っていける。それが、こっちだと、スコップで両方から掘って起こさねぇと、ジャガイモを掘れないんだ。たまげたね。こりゃあ、すごいとこだなと思って。うちらは、もう、鍬でサッサッサッと、こうやって、あとは手でほぐすようにやるんだけどね。いいところなんだ。こうやって、離れてみると、つくづく、よかったなって、わかる。やっぱり、こうやってよそに住んでみなきゃわかんねぇな。

長泥にいたときは朝起きるの、だいたい四時半には起きるからな、俺は。もう、牛は啼《な》くし、やることやらなきゃならない。朝七時前までに、男の仕事、やることはぜんぶやって。勤め先から帰ってくれば、やっぱり、仕事で疲れてるから、もう、やんないがな。いまは七時半くらいまで寝てる。都会人になっちゃった。でも、こんど、花とれるようになっと、五時ころ起きなきゃならない。花は朝切りしないと、持ちが悪い。太陽さんと競争っくらいで行かないと。やっぱり、日中切ったのと、朝切ったのでは、持ち、花持ちが違うんだ。元気がいいのを切るのと、元気が悪いのを切るのでは、やっぱり、その差があって。全然。

フカノ　震災起きる前はなんぼか野菜つくりやってた。自家野菜よ。うちで食べンのだけ。ニンニクと

か、菜っ葉とか、ほんなもんだばい。

清三　だいたい、野菜なんてのは、自給自足でな。飯舘村って、けっこう、自然物もあっからなぁ、山のものとか。俺ら、いまっころほしいのは、山椒の新芽。あれ、ちょっと湯を掛けて、醤油つけて食うけど、お酒飲むにはもってこいなんだな。

✺　✺　✺

長泥の山の恵みに囲まれて〔平成27年7月18日聞き取り〕

伊藤やいこ　昭和23年生まれ（一組）

家族の生い立ちと夫の山仕事

芳夫さん（夫）は、自分の生まれたとこから〔親の開拓した土地に〕新しく身上《しんしょう》を構えた。生まれたところは長泥の十文字。本家は伊藤幸雄です。オリンピックの年、昭和三十九年に家を建てる。その頃私はずっと静岡に住んでいた。芳夫さんのひい婆ちゃんが津島から長泥に嫁いでいて、早く言えば親戚になってたのね。知ってるところだから知らないところに行くより良いと勧められ、昭和四十三年に結婚。はじめはいやだからと言ったんだけど、余計なこと言わないで黙って仕事してればいいんだからと親に言われて。土地なくて、腰掛けで家賃払って都会でアパート暮らししてるよりかずっといいんだからって言われて。長女が四十四年に生まれた。子どもは四人。長女は、事故の前は週末になると帰って来ていました。長男は結婚して四人で暮らしてます。今は福島市の渡利の公務員住宅に避難して入っています。次男は群馬の富士重工に入ったんだけど、その時に倒れて……。原発事故の前から長泥に同居してました。次女は小高に嫁ぎました。夫は南相馬市役所の職員。

長泥では勤めて石屋やってたから、山の切り出し。山で寸法落として仕上げってね、専門にやってたから。比曽に石切り場あっからね。比曽の前は郡山でやってたから、石の切り出しがなくなったら次移るとこ予定してやってたから。御影工業っていう会社で、郡山に行く途中の三春っていうか船引にある会社。長泥と比曽の境の石切り場。長くとるのは質のいい石ってないから、それを求めて次から次へと。あと、営林署から買ったりしてね。そっちこっち移って歩いて、自宅から通ってたの。農業は主にね、私がやってたの。まわりも山だし石切りもしてたから芳夫さんは山に詳しい。一年中山歩いてたからね、どこに何があるかってことや、とってきたものの種類にも詳しい。キノコも山菜でもなんでも。

春は山菜、秋はキノコ三昧

山菜は、二月末頃フキノトウから始まって、そしてそのあとはキノメ（コシアブラ）、そしてタラノメ、いっぱい採って。そしてうちの弟もそんなことやってっから、「姉ちゃん、採ってきたの少し分けて」って言われて、「分けるも何にもない、きょうだいだからあげるよ」って、パックに詰めて道の駅に出したのね。あとこんどはフキだね。そしてミズ（フキのようになるこまい葉っぱがついている）、茎から葉っぱを落としちゃって、刻んで油揚げなど何かを入れて炒めてしても、いくら煮ても、佃煮にするんだけど、チャキチャキチャキって歯ごたえがあって、なんかフキとはまた違うのね。タラノメが一番採れるのはやっぱ四月半ば。年寄りの人も自然に採ってたから、だれでも採ってかまわない。なんでも浜の人の方が早くて、土地の人が採る前に入って採っちゃうの。小さいのまで採っちゃうから、うちらは小さいの、あと五、六日おけば、まあ一人前になるかと思って。浜の人、土地の人が知らないうち、暗いうち入るから。白鳥神社の裏山で採ってた。

秋はキノコですね。サクラシメジ、〔本〕シメジ、シシタケ、あと千本シメジ、アミタケ、ロクショハツタケ。あとは遅くなるとシロモタシだね。桜の葉が色付き始めるとキノコができ始めるから、九月から十一月半ばころまでかな、本当の時期は。あたしも一緒に歩いて採ってたの。仕事にはしてないけど、中村さんだの都会の人が来ると、そういう自然のものを珍しがるから、お土産にあげたり、あと、味ご飯にして作ってあげたりとかして……。

津島の直売所に持っていくと、浪江の人たちが来て待ってて、すぐなくなっちゃう。シシタケだったらやっぱりパックに詰めたやつで、街とちがって安く売るから一パック三百五十円くらいの値段だから、一回に三十から三十五パックくらい。アミタケは漬けておいて、直売所に入っている人が十キロほしいって言ったらそのまま加工したものを十キロ袋に入れて。アミタケは漬けて保存しといて、あとで小分けにするのよ。そうやってやったのね。十キロ採るのに三日間くらいかかりますよ。そして洗って、茹でて、それを今度きれいに水洗いをして、それをよく水を切ったうえで塩を多めにまぶして、そして保存しておくから。低温倉庫に入れて。十キロで相場は三万くらいするんだけど、あたしは一万円でやってやったんだ。ちょっとしたお小遣い程度で、今度行ったらお肉買ってこようって感じかな。

中村さんとの出会い

あのね、中村さんとは、春先、比曽川を渡って田んぼに行くとき、不動産屋と家探しに来てて、いつも見たことない人だなって、「こんにちは」って声かけて親しくなったのね。今度二回目くらいに来たとき「この前はどうも」なんて、「お茶どうですか」って誘われたの。奥さんと二人、土地を求めたとこの草刈りに来てたの。その時に顔見知りになって。「忙しいとこ、いいですよー」って言ったりして。いやー、中村さんも働く人だからね。で、休み休みに来て、草を刈ったり掃除をしたり、野菜を植えたりして。あと二日くらいいたら帰るんだよって言うから、何かをお土産にあげようと思って、時期のもの渡してたの。

いっつも奥さんと一緒で。〔移住者としては〕長泥では一番早いんでないかな。長泥の行事にも、中村さんは一所懸命ね。でも山に行くってことはやんなかったですよ。畑なんかやってて、「これは食べられますか？」って聞かれたりして、「これは食べられますよー」「はー、そーですか」。

育ったとこで自然に暮らしたい

川俣にある東電の相談所に話を聞きに行って、少し話が進んだんだけど、やっぱり長泥には帰れないっていうから。線量が高くて、私らの歳では無理（帰還が間に合わない）かなって自分なりに考えてるんですよね。これは第二の新転地を求めて住んだ方がいいんじゃないかなって、家族ではそういう話してるんです。原町あたりに買いたいんですけど、土地が高いんですよね。その話もしてきたんですよ。なかなか求めようと思っても高くて、どうにもなんないような状態なんですよ。土地買っただけで家になんないで終わりそうですもんね。まあここ（仮設住宅）だってそろそろ終わりになるからね。やっぱり、隣からの雑音の聞こえないところで暮らしたいと思って。

一ヵ月に一回ずつ、飯舘の広報が入るんだけど、飯舘はフキでもなんでも、キノコも山菜だのそういうものは全面禁止ってなってるからね。タケノコでもなんでもね。ゆったりしたとこ、あたしらだけなら行けるんだけど、息子がそういう状態だから、あんまり時間かかんないで病院に行けるとこに行きたいと思ってもいるしね。八十や九十過ぎの村の人は、「もうこの歳だから何食べたって大丈夫だから」って言う。「なあに今まで通り、山のものでもなんでもあるものは採って。木の実でもなんでも」。いやー、味が変わるよ。〔事故から〕二年くらい経ってたね。夏に花ミョウガ採って、よく洗って刻んで、噛んで見たらヒリヒリするのね。あー、やっぱりね、こういう時、普通の時と違って、こういうふうにわかるんだわって。うちに行くとね、なんか喉イライラしたり、頭がポワァーンってなったりして、それはわかるのね。晴れてる時行くから余計なのかな。畑どうなってるか歩くから。早く帰ろうって八木沢を下って大原あたりに来ると、クラクラが自然となくなるの。だからそういうふうにものがわかりますよ。

ほんとに帰れるもんだら、本当に帰りたいですよ。自然のとこで育って、自然で暮らしてたから。〔原発が〕爆発する前は、寒くなると自前のコレ（どぶろく）をやってね。売ってるやつみたいに薬臭くないでしょ。飲み口がいいから、そんなことしてままごとして飲んでたけど。ここ（仮設住宅）はつながってるからつくれないのよ。匂いも何もいっちゃうから。話したいことは、本当に帰りたいですね。自然に暮らしたいっていうの、育ったとこで自然に暮らしたいですね。

＊　＊　＊

私達の第二の人生の舞台　飯舘村長泥

〔平成27年12月10日寄稿〕

中村　敦　昭和15年生まれ（一組）
月江　昭和22年生まれ（一組）

どのように長泥に移り住んだのか

私達は平成五年に長泥に来ました。その三年前頃から仕事の合間に、栃木・岩手・福島と探し歩いていましたが、なかなか気に入る物件がない中、東京銀座プランタンデパート前のカントリーハウス不動産のウィンドウに、飯舘村長泥の物件が出ていたのを妻が見つけ、案内ビラを何枚ももらって来ました。早速中継ぎの双葉郡大熊の三瓶不動産に連絡を取り、現地を見せてもらい、良い土地であると感じていました。家の前に広がる山、田畑、池、川もあり、素晴らしい土地であり、家も一ヵ所に全てまとまってあり、このような土地は今まで見たことがありませんでした。

二回目に来た時でした、伊藤芳夫さんが歩いて来て、私としては運命的な出会いでした。家の敷地に人る道路との境界にある、リッサの可憐な花や茱萸《ぐみ》の木の話、そして大事な土地の話等聞かせてくれました。若い頃から農業が好きで憧れていた私は、夢中になって伊藤さんの話を聞きました。一緒に来ていた三瓶不動産の中継ぎで鴫原良友さんの父上・母上と初めて会い、持ち主の高橋さんに話をして頂き、決めて頂きました。

朽ち果てて廃墟になっていた茅葺屋根の本屋、瓦葺が二棟と牛小屋一棟、物置便所一棟。私は建設業を営む建築家として、百年ぐらい経ているこの廃墟の本屋を改築し、現状を出来る限り復元した姿を活かして、寒さ対策に壁・床下の断熱、外回り二重窓にして住まえるようにし、東京から通っていました。私五十三歳、妻月江四十六歳でした。天井が高く木造の家に住まえる等、なかなか贅沢な気分でした。

工事中は鴫原良友さんの父上には毎日のように来て頂き、手伝ってくれ感謝しています。良友さんには長泥中連れ歩いて案内してもらい、また春先、山の上にある金華山のお祝いや、お盆祭りも最初に連れていってもらい、皆さんに紹介してくれました。

自然の恵みとの出会い

平成五年に三瓶不動産に頼んで設置した井戸は、川の土手近くなので水が濁り使用不可となったので、平成十九年、鴫原良友さんに頼んで、良友さんの意見で山の中腹に深く井戸を掘り、砕石層を厚く取り、きれいで美味しい水が出ました。井戸掘り工事に携わって頂いた方、またご近所の方々と共にこまやかにお祝いをさせて頂きました。

その折、ちょうど秋口でしたので、北側の窓から外を見ると、桑の木に大きな白いキノコを見つけました。しかもたくさん出ていたので、恐る恐る触ってみました。本物のキノコでした。早速伊藤さんに見てもらったところ、桑の木を切ったりすると良く出るキノコであり、食べると大変美味であるとの話で、早速焼いてみました。まず伊藤さんが食べ、その次に私が食べました。美味しかったので皆さんで食べました。次の年も次の年も食べていました。また入り口にあるリッサの木の下にもナメコ状のキノコが密生しており、伊藤さんに聞いたらこれも食べられ美味であるとのこと。早速採って来てたべました。伊藤さんによく南蛮、しし唐、夕顔の苗を頂き、植えていたら、夕顔が大きくなり過ぎて収穫の折り重くて、妻と二人で運んだこともありました。お隣の志賀さん、杉下さんにいつも農業を教えてもらっていました。春先の南瓜の霜対策等教えてもらい、また苗焼けの処置等もお願いしていました。

長泥では、春にはタラノメ、ワラビ、フキ、ヨモギの新芽、山ウド、夏にはタケノコ、アケビ、秋にはミョウガ、クリまたは山グリ、キノコ等、自然のままを収穫していました。特にフキは香りも良く一年中あり、いつも食べていました。

長泥での農業では、いろいろ多種多様な野菜を作り研究をしていました。失敗が多かったのですが、ハタ芋（里芋）と南瓜、ジャガイモは大成功であり毎年作っていました。特に、ハタ芋は大きく美味で大変な評判でした。毎年リンゴ、柿等、果物の苗木を多数植えましたが根付かず、キュウイとブルーベリーと梅だけが根付き、今でもたわわに実をつけています。また、薬木として、目薬の木も二本植え付け、いつも枝を取り削って、くまざさの新芽やよもぎの新芽を混ぜ、煎じてお茶にして飲んでいました。この目薬の木のお茶は特別で、私にとっては疲れ取りや、体調を整える最高の薬でした。

妻は福島に昔から伝わる、カラムシという麻種の雑草を家の敷地内で見つけました。五～一〇センチメートルの丈で、一年で枯れてしまいます。この五～一〇センチメートルの草を集めてまとめ植えし、五年掛かりで群生にすることに成功しました。丈は一・八メートルに育ち、刈り取り、カラムシ糸を作り三～四年間溜めて草木染にし、手織り機にて反物状のタペストリーを作り、自分達の展覧会にも出品していました。カラムシ織を多くの人々に知ってもらい、広めたかったのだと思います。

今でも畑の片隅にカラムシは雑草のように丈が三〇センチメートルぐらいになって枯れ残っています。草刈りで刈り取るには忍び難く、そのままにしておきました。

震災後のこと

福島は地震が多く、家の改修工事中にも地震が度々あった他、地震を何回も経験しているため、長泥への進入路は山道が多く崖崩れ等により道路封鎖になり物資の搬入が遅れてしまうのではないかとの思いで、食料、医薬品また薪及び寝具十四組、電気毛布等の備蓄にはいつも心掛けていました。〔3・11で〕これが役に立つ時が来たなと思ったほどでした。鴫原良友さんに連絡が取れたので、家の内外の状態を見て頂き、また村の状況も聞くことが出来たのです。他から避難して来た被災者の方々がいるとの話を聞いて、大変なことになっている様子を想像しました。家には暖炉ストーブがあるし薪もあるので、食事の心配も十日位は大丈夫だとの思いで、幼児のいる家族、年寄りの方、三家族が入れないかと考え段取りをしました。鴫原良友さんに連絡をしてその旨話したところ、放射能が来てそれどころではなく、村の方達も皆避難しなければならないとのこと。私はすぐにロシアのチェルノブイリ原発事故を思い、大変なことになった、私の将来も人生もこの事故で狂ってしまうと情けない気持ちになりました。

事故後、長泥の集まり、説明会、会議、懇親会には全て出席しています。村の皆に会い元気な顔を見て話をするのが、今は唯一の楽しみです。前日は眠れないほどです。自宅の一時立ち入りも何回にも及んでいます。この前日も全く眠れません。やはり長泥の家に行くのは嬉しい反面、放射能が高濃度（玄関脇の樋下七・〇マイクロシーベルトぐらいある）のため、滞在時間四時間と承知はしていますが、なかなか帰れないのが現状です。夜は飯野や松川の宿に泊まりますが、やはり悔しくて疲れているのに眠れません。

平成二十四年十一月七日〜九日、一時帰宅した時、ジャガイモの芽が出ていました。次の年の植え付け用にいつも同じところに埋めてあった種芋の芽が、貧弱でつる状になっていました。屋根下で日も当たらないのに、しかも十一月なのに掘ってみたら、ぶよぶよの種芋が出てきました。掘り出して畑に植えてみましたが、芽がでていた種芋は貧弱で、つる状の芋をまたそっと元に戻して、土を掛けペットボトルの水を掛けました。この種芋は絶対にジャガイモになることはないが、何故かその強さが何とも言えない気がして、込み上がるものがありました。妻が、暗くなるしガードマンが帰ってしまうから早く出ようと呼んでいましたが、私がなかなか車に乗らないので、妻も何かを感じて黙っていました。

✺ ✺ ✺

❦ 退職後長泥へ——東京都で災害対策を担当〔平成26年8月17日聞き取り〕

石井 俊一 昭和24年生まれ（一組）

生い立ちと長泥に移住するまでの経緯

私は、昭和二十四年三月秋田県で生まれ、現在六十五歳。両親ともに根っからの秋田県人。小学校四年（十歳）の時に、土木技師の父親の転勤に伴い、東京都世田谷区に引っ越した。その後、自宅から自転車で通学した大学で土木を学んだ。

大学卒業後、東京都に就職。親類の世話で、同じ秋田県生まれの家内と結婚。家族は一男二女の子どもと家内と私の五人で、東京都調布市に自宅がある。東京都職員時代の内の十年間は三宅島を皮切りに、大島の噴火などの他、災害復旧事業の仕事に、残りを道路の維持管理などに携わる。大島と神津島に家族を連れて三年ずつ他、計十年の離島の生活も体験。

退職後は田舎暮らしをしたいと、定年の四、五年前から移住地を探した。夫婦の生まれ故郷の秋田に戻ることも考えたが、結局インターネットで情報を得た長泥のロケーション（散村的環境）が気に入り、不動産屋を通して一・四ヘクタールの土地を購入。その時点では住民との接触はなかった。

移住者の目に映った長泥

平成二十年七月十五日に退職し、最初は長泥と調布で半々くらい、家を建ててから被災するまでは長泥に四分の三くらいの割合で生活していた。長泥の土地の地目が農地と山林であったので、山林に家を建て始めたが規制などがあり、地元の人の支援と役場の理解によりなんとか建てることができた。移住するにあたり、ご近所三、四軒に挨拶回りをして最初に出会ったのは、お隣の菅野利正さん。最初は言葉がわからないので、にこにこしているしかない。長泥には飲み屋がないので、隣の鴫原清三さんが白菜の漬物と一升瓶を持って家に来てくれたりしたこともあった。

現在でも言葉が半分くらいしかわからない。そういうわけで、被災前の二年間は聞いて学ぶのではなく、見て学んだ。集落の集まりなどで住民と同じように作業をやって、徐々にコミュニティの仲間に入れてもらった。一組の人は顔と名前が一致するが、他の組の人は、役員を除き顔はわかるが名前が分からない人がほとんど。ところが、相手は自分のことを知っていることが多い。東京では名前と肩書きを先に知ってからその人とつき合いを始めることがほとんどだが、長泥では集落の集まりを通して人となりはわかるが名前が分からないという方が多い。私にはそのような社会の方が向いている感じがする。

東京都の職員時代は、離島をはじめとする地域コミュニティから見ると、自分は地域の自立を支援するというよりも、公共投資を持ってきてくれる役人としてしか見てもらえなかった。課長になって三宅島に赴任した時に、主税局出身の上司の支所長から、金を持ってきて島の振興を図るという発想以外で地域振興を考えてくれないと困るといわれたが、現実の離島地域では公共投資によってはじめて島の経済が成り立っていた。それに比べ、長泥では自立するという住民の迫力が違っていた。自分らできっちりやっていこうとする長泥（飯舘）の姿勢は、離島の地域社会に慣れ親しんだ自分とって新鮮だった。

被災後の長泥と私

長泥では被災者の立場になったが、根っから住みついている住民とは異なり、被災しても自分の生活が成り立っていかないわけではなかったが、かなりの喪失感があった。ましてや地元の人の喪失感は推し量ることもできないくらい大きなものだろうと思った。

都の職員時代はコミュニティを事業の地元対策のテクニックとして見ていたが、そういう見方では長泥で何を喪失したのかわからなかった。そこで少しコミュニティというものを実体として学びたいと思い始め、社会学関係の本などを改めて読み始めた。すると被災した時には何を喪失したかはわからなかったが、最近整理できてきた。一般的に、社会は地縁的・血縁的・友愛的な共同体から、機能的利益社会に進化するという説がある。一方で高田保馬さんという経済学者は、人間関係を築ける人数には限界があるという説を唱えている。例えば会社関係など利益社会にどっぷり拘束されていると、ほとんど地域社会での人間関係など築くことが難しいが、地域社会に六、七割軸足を置いていると利益社会とのバランスがとれるのではないか。

そういう意味で、長泥のようなコミュニティは、人間として安心して生活できる場なのではないかと思うようになった。特に、草刈りとかの共同作業で一緒に汗を流すことによって、何かあった時に汗を流しあえるという安心感が得られる。利益社会では原則的に人間関係に貸し借りなどないわけで、そういう意味で長泥はいいし、少なくとも私にとって住みやすい社会だと思った。それと東京の家は幹線道路に面していて音楽を聴く気にならないが、長泥に来ると音楽を聞きたいと思った。

また、人間関係には横の関係と共に、縦の関係、親子関係や先祖との関係もあって、長泥の人たちは親の代の苦労を見ているだろうから、自分の代でふるさとを諦めることに迷いがあるというのが実際だと思う。そういう意味で長泥の記録を残すということは大事だと思う。記録があるのとないのとでは全然話が違う。

「青ヶ島還住記」のこと

東京都の八丈島のまだ先に、青ヶ島という海底火山の頂上だけが海の上に出たような島がある。江戸時代の天明の大噴火（一七八五年）で、当時の住民三百二十七人の半数弱が亡くなり、残る全員が八丈島などに逃れた。その後何回も帰還を試みては失敗を繰り返し、約四十年後に一部の住民の子孫が帰還を果たし、現在の島民の先祖になった。青ヶ島の話は小説家の井伏鱒二も書いているし、民俗学者の柳田國男も「青ヶ島還住記」に書いているし、子ども向けの本にもなっている。これは、当時の八丈島へ流罪となった旗本の近藤富蔵という人が聞き書きした記録が元になっている。一度行ったことがあるが、今でも雨水をためて生活しているような厳しい環境だが、もともとの住民以外にもそこが良いという若い人も住んでいた。東京都の離島で青ヶ島の次に交通不便な御蔵島を、一年担当したことがあった。島には二十八軒衆というのがあって、要するにそれしか生活できない環境なので、二十八軒を越えた住民は島を出ていかなければならないという掟がつい最近まであったという。いまでは、イルカウォッチングなどで観光客を集めている。このように仕事でいろいろな環境に立ち会え、恵まれた人生だったと思っている。人間がある土地に住むということ、住み続けたいと思うことの意味を考えさせられた。

帰還困難区域が解除されたら一人でも長泥に戻る

長泥も何人戻るかわからないが、土地やコミュニティをどのように維持していくのか、なんらかのしくみが必要だと思う。もし長泥に帰還してもいいということになったら、自分は一人でも帰るつもりだ。なぜ安全でもないところに帰るのかといった批判もあると思う。でもやっぱり長泥は良いところだと思う。下衆《げす》の譬《たと》えだが、二十代の一番きれいな時にかみさんをもらい、六十になったからといって離縁するわけにはいかない。たとえ放射能で汚染されたからといって、昔の美しい長泥を知っている自分にとってそれを見捨てるという考えは耐えられない。

これまで人生を経験してきた中で、被災前の三年間の長泥の環境や人とのつき合いの思い出は強烈なものがあった。国が住んではいけないと言っている以上は無理して住もうとは思わないが、最終的に帰ってもいいということになれば、自分が納得するためにも長泥に帰る。長泥が素晴らしかったのは、コミュニティの実体があったことだと思う。実利社会となった東京では、憧れとしてのコミュニティの名称はあっても、実体としてのコミュニティがなかなかない。

二組・三組

女たちの長泥——戦前世代

〔平成27年7月19日聞き取り〕

菅野《かんの》ツメヨ　昭和6年生まれ（二組）
菅野キシノ　昭和9年生まれ（二組）
高橋　初子　昭和17年生まれ（三組）

子どものころの思い出

ツメヨ　長泥の生まれではなく、津島から来ました。山木屋と津島の境くらいだ。村で、農家のほうが多いね。やっぱし苦労しましたよ、小さい時から。きょうだいは十一人です。男混ぜっと、わたしは上から四人目。下の子守り、いっぱいしました。母親は子育てはできねかった。やる暇がながったんだよな、いろいろ仕事があって。農家やってたからな。子守りはお姉ちゃんの役だな、だいたい。蚕もやったし、タバコもやったし。炭焼きもしました。なーんでもやった。なんにもかにもな、お賄いまでしたから、いろいろ仕事いっぱいしたがらね。親も大変だったけっどもな。食べ物もねがったしな。ほんじゃがら、わたしは小っちゃこいんです。

学校は尋常小学校。高等科は行きません、六年までしか歩きません（＝通わなかった）。学校は四キロくらい離れた、津島の町サあったの。テクテク歩ってな。でもバスはあったんだよ、川俣から浪江サな。んだがら、雨降ったとか雪降った時だけは、バスで通った。

キシノ　長泥の生まれだ。きょうだいは九人、上から三番目。生活はやっぱり同じでねぇの。食べる物はねかったべし、仕事はしなんねぇし、何食ってこんな育ったんだべつったの。子守りはしたな。うちは農家。菅野俊夫が本家。ほこで生まれたの。嫁入り先は新宅だな、早く言うとな。わたしらは全部開墾。先祖はどっから来たって言えば、津島の方から来て、ここサ住んだんだな。萱山《かやま》つったが、萱の野原がいっぱいあったんだ。初代は明治の時代かなんかに来てんだよなぁ、年寄りじいちゃんはなぁ。いま本家、俊夫で四代目だもの。学校は長泥の学校だ、分校サ。でも四年生くらいまで歩ったら、あと毎日ひも編んだり縄もじったりとかって、家の仕事を手伝った。

ツメヨ　ほうやって、手数増やすったりな。炭焼いたり、山の仕事したりなんだりしてな。

キシノ　高等科のある飯樋っていうとこサ行がねながったからな。小学校六年までは長泥に小学校あったが。

初子　生まれは長泥。菅野貞夫の家で生まれて、ほんで高橋一《はじめ》の家に嫁に行ったの。五人きょうだい。一番上だがら、学校サ全然歩かないの。小学校もあんまり歩かない。一人おんぶして一人連れて歩って行っても、先生に「戻れ」って言わっち。連れて来てはだめだって。で、ハア、帰されっちゃ。中学校も歩かねぇ。入学はしたんだけども。川俣のおばちゃんの本もらって、三ヵ月くらい歩ったかなぁ……。長泥がら飯樋まで、歩ったんだよ、昔。炭焼きしてたから、父ちゃんと母ちゃんが。炭焼きは大っきくなってから手伝ったの。体ちっちゃいから、炭を三俵しょわせられち、ひっくりけぇって転んでなぁ、忘れらんねぇよ。十五キロだもの、一俵。三俵は無理だ。それから後は、「二俵ずつしょえ」なんて言われっちった。

　母ちゃんは、毎日縄もじって、炭入れるひも編みしてたの。父っちゃん山サ行って、萱刈ってきて、台で編んだんだ。手でこうやって。長ーく編むんだけんっど、こう、炭、四角にして入れっから。おら家《え》のばあちゃん毎日二十枚ずつ編んで、ほして十枚売っと八十円で、醤油一升買っちゃるの。ばあちゃんの本家では、ほうやって、醤油汁ばっかり食わせられっち。なんせ貧乏な家サ生まれたから。生まれた家で暮らしはちーがうちがう、全然。二つン時、おれ、戦争で父ちゃん亡くなったから。あとの父ちゃんが五歳の時来たわけよ。ほって、きょうだいが五人になったの。だから苦労はしたわよな。

ツメヨ　みんな苦労したんだ、昔はな。

それぞれの嫁ぎ方

ツメヨ　結婚は、来たくねがったが、よごさっちゃった（よこされちゃった）んです。親の言うこと聞いて来ました。親の言うこと聞かなンねがったからな。今と違うからな。結婚する相手の顔はわかってました。みんなしてな、集まって、その時に顔見せたの、相手に言わねぇで。嫁入りは山ン中だがらよ、歩ってくんのが大変なんだったよ、山越え、ふた山も。行列なんて作りようがねぇ、山道を来たんだもの。ほんとに山だもの。風呂敷しょって来たんです、最初はな。貧乏だったから、白無垢《しろむく》着たりなんかしねぇで、普通の支度して来たんだ。ほで、ほの後、箪笥《たんす》作ってもらって、おら家《え》の旦那と友達と二人でしょって来た、箪笥。山越えて。大変だったよ。本当にな、しょってきたんだから。その箪笥は今もあるわ。披露宴はやっぱし、少し集まってな、飲んだり食ったりして。酒はどぶろくだがら、なんぼでもあった。今と違うから。もっと昔はな、餅みてぇなの、粉で作って、搗《つ》いて、色付けでな。

初子　鯛だの松だの、こう入れ物サ入れてね。練り餅っていった。亀と鶴と、鯛と松と、きれいに作ったんだよ。結婚式に作ってもらったけど。

ツメヨ　嫁に来ても暮らしはひどかったです、開墾だから。開墾てなぁ、山の土地、林野庁から買って、何もねぇ山をおこしたの。田んぼも畑もな、全部。ひどい山だった、石はあっぺしな。機械なんてねぇから、唐鍬《トングワ》でおこして、やったんです。みんなひときりあのころは、ああやってやったったからなぁ、戦争終わったころな。

初子　手でおこしたんだ、昔。あとは四本耕《しほんこう》で田んぼおこしたんだ。

ツメヨ　朝早く暗いうちからから起きてな。開墾しているうちは収穫ねぇがら大変なんだったよ。どうやって暮らしたんだべな、炭焼きだのしてだ。ほんで開墾で取ったものは、金の代わりに、土地の代金に、出さなんねがった。

初子　こっちは米もらいサ行ったんだ、今食う米ねくて。ジャガイモ食ったり。

ツメヨ　すごかった、ほんとにな、あのころ思い出すわ、やっぱり。

キシノ　本家のほうは昔から田んぼ畑やって、うちで食べるくれぇはあったんだべなぁ。新宅に行った頃はハァ、ずっと良くなってたもんな。おら新宅に出たころは、まぁ、食べ物はあったしなぁ。

ツメヨ　おらときは食べ物もねくて、カボチャでもサツマイモでも、ご飯サ入れて食ったからなぁ。

初子　結婚は、昔の村長さん、高橋市平さんの家に、一年奉公に行ったの、十九歳のとき。ほしたらほの母ちゃんに認められて、「一生懸命働くやつだから、新宅サ嫁にもらいてぇ」って言われて、ほして行ったわけ、嫁に。夫の顔は青年会で活動してたから、わかってはいたの。でも別に好きだの嫌いだのはねぇかった。昭和三十六年の十二月に嫁に行って、翌年の一月に結婚式やったの。雪あっときなぁー、着物着て、角隠しやって、嫁入り行列で、ようやっと歩ったの、道路。行列だった。嫁さまみてぇになって、歩ったんだ。箪笥も一つ買ってもらってな。披露宴もちゃんとやったよ。お膳作って。八畳間三つだか、だあっと間仕切りを抜いて、そこでやったの。ほしたら午前二時ころ皿洗いだ、エプロンかけて。みんなほれ、酒飲んで騒いでっから、かたっぽから片づけて洗い方やって。寝たのは四時ころだわハァ。みんなお客さんと一緒ハァ。新婚旅行なんてねがった。結婚てこういうもんだろうと。やっぱり。昔だから。

ひとりで出産、子育て（ツメヨ）／母子センターで出産（初子）

ツメヨ　子どもは三人いたんだが、一人は亡くなったの。生まれっ時に。昭和三十年の三月二十九日だっけかな。産婆さんに来てもらわねぇで、ひとりで。ひとりで生《な》したのよ。あのころは産婆さんなんては、飯樋まで行かねっかいねがったからな、頼まねぇで、うちでばっかし。家に誰もいねぇべした。旦那だけだべ。じゃから、大変だったよ。夫には少しは手伝ってもらったけどな。腹痛くなるまで働いたよぉ、うん。働き始めたのは二十一日後だっけか。でも実際にはほんなには休んではいらんねかったわな、やっぱし。ご飯炊いた。炊事洗濯。昔は雑巾かけしたからな。おっぱいはいっぱい出ました。今日おら家《え》の曾孫《ひこ》来たのな。したらたんと出ねぇんだって。今の人たちは出ねぇんでねぇのかな。どういうわけ、食べ物のせいかな。昔はろくなもの食わねぇでなぁ、おっぱいだけはなぁ、心配することねがったべなぁ。子育ては自分でやりました、おばあさんがいねぇがら、苦労して。子守りしながらやってたんだ、仕事。じゃがら可哀想だったよ。眠った時なんてのは、おんぶするひもあるわな、あれをさ、こういうとこ、柵や柱サつないで、ほうやって、働いた。なんぼだって、自分たちが働かねッか誰もいないから。人頼むほどお金はねぇべしな。お金も、働いたって安かったからな、あのころは。

初子　子どもは三人。三人とも母乳で育って。母乳も余ってました。最初の子は二十一でできた。そん時ちょうど、上の息子できっとき、初めて、飯樋ってとこに母子センターってできたの。初めてそこサ行って、〔出産〕できたの。産婆さん三人くらいいたんだよ。助産婦さんていうんだかなぁ。ご飯炊く人もいたの、ちゃんと。センターはベッドの上だったな。仰向けになって出産した。

ツメヨ　わたしはこうやって座ってだよ。

初子　おら家《え》のばあちゃん（＝母親）らは、こうやって、足こう立てて、立て膝のかっこうで、こうやって背中に布団を当てて、寄りかかって、生《な》してたんだ。おら家《え》のばあちゃん生す時、見ッたんだけっど。

ツメヨ　昔はみんなほうだよな。

初子　だってどうしようもねぇんだもの。ほうやって生《な》すしかねがったの。こっちとツメヨさんの時とは、やっぱ違うよな。

ツメヨ　十二歳も違って。食べ物まで違ってたわい。

初子　二番目は、ちょうど田植えの時期で、田な、「なんぼでも植えでぐれー」って言われて、だからできるまでハァ、働いったの。おっきい腹して手で植えでったんだ。ほうしたらハァ、なんだって腹痛くて出てきそうで、やーっと車で行ったんだけッど。三人目は十一月、稲刈りの時期だったから、だいじょぶだったけど。子育てはおばあちゃんがやっちんだけっども。わたしは外の仕事ばっかりで。ご飯食い上がったとき、膝の上サ子どもこう置いて、乳飲ませながらご飯食べて。で、すぐまた靴履いて出てったの。だから自分では育てない。

ツメヨ　ばあちゃんじいちゃんいた人たちは良《い》がったの。

女たちの楽しみ

初子　青年会の集まりはあったな。入って、映画館《えいが》サ連れて行ってもらったり。長泥ではやんねぇから、飯樋っていう所サ行った。青年会に入ってたのは二年くらいだなあ。結婚するまで。

ツメヨ　青年会なんて、ありません。どっちかつうと、山近かったから、ワラビ取りだとかウド取りだとか、ゼンマイ。ほういうこっつぁは、あるったけんども。学校サ行ってきてからな、友達とな。

初子　コプタ講はみんな行ったな。わたしたちもやったよ。女の人らで、餅ついて食べたり、いっぱい何か作って。何回だったべな、春と秋の二回くらいだな。コプタ講は「安産の神さまだから」女の人。嫁さまでもいいし母ちゃんでもいいしばあちゃんでもいいし、女だったら。

ツメヨ　小っちゃい子は入んねぇな。やっぱし結婚してから。

初子　三班は三班でやる。二班は二班でなぁ。餅ついて、食べったんだよ。やっぱ楽しみがあったんだ。

ツメヨ　楽しみだった。旦那は出稼ぎは少し。行くのは冬場だな、だいたいは。通ったんじゃねの、なんぼか泊まってきたべした、友達とな。金欲しくて行ったんだわ、あのころはな。長泥では金取りねぇがら。やっぱしなんぼでも農機具は欲しくなるしな、次から次へとな。

初子　出稼ぎはなんぼか行った、黒部ダムさ。ほいで、コンクリって粉みんな流して、投げっちゃう（＝捨てる）んだって、海サ。で、もったいねぇがらって、もらってぐんだって言って、夜よなかに大型トラックで持って来たんだ。夜来て、朝方帰ってくんの。泊まんねって。で、蚕さまやったとこと、トラクター入れとくとこ、みんなコンクリにしたの。トラックで持って来た、みんなして分けたんだ。

ツメヨ　こっち開墾サ来てからは、蚕はやんない。うちでいるうちはやったな。だいたい農業だな。他には乳牛やりました、三頭。世話は大変だよ、やっぱしな。その頃は畑もろくな畑ねがったから、草もねかったしな。山サ行って刈ってきてな。おら時代は手搾《しぼ》りだった。ほんで牛乳を出荷するとこがすぐ、道路っぱただったから、出すのは楽だったな。

初子　乳牛やった、二十年。嫁に来た時は馬いたの。蚕さまもやった、長く。ばあちゃん亡くなってから二年くれぇやった。

ツメヨ　んだ、あのころはみんないたんだもんな。バコかき、やらせられっちた。鼻取りな。

初子　私も上《かみ》の家でやらせられっちった。バコ。馬で鼻取り。いやぁ、できなくて怒らっちゃった。いろいろやったべな。

暮らしが楽になったと思ったら

ツメヨ　暮らしが楽になったと思ったのはやっぱし、避難ちょっと前だな。「ああ、いいなぁ」と思ったった。息子があと継いで、仮枠大工やってんの、福島で。息子は埼玉で修業やってきたの。ほいでやっぱし、「うちはいいから」ってうちサ帰って来たの。ほいで今度、仮枠、やっとこ世話してもらってな。嫁さんもらって、孫も生まれました。苦労した甲斐があってよくなったと思ったんだ。ちっといくなったと思ってたら、こういうわけだべ。

初子　暮らしはどのへんでよくなったべなぁ。こうなる前だ、やっぱりな。息子があと継いで、やっと娘が嫁に行っちゃって。娘の孫だから曾孫《ひこ》だ、曾孫《ひこ》、二人できた。今、神奈川にいんだけど。

ツメヨ　おら家《え》でも、曾孫《ひこ》いますよ。七人になった。子守は、孫はやりました。曾孫《ひこ》は今住まいが離れっちから、こうやってな。今日来てったんだ。三人でな。地震になった時は、うちの牛小屋から出てきたとこだったの。んだから、地震はわかったけっども、こんなにおっきな地震だとは思わなかったの、外サ出ったから。電気も来なくなった。だけんちも、うちではほれ、発電機あったから、暗くなくていがった。じゃから、ご飯も煮らっちさ。テレビも、ついたような気するな。津波は覚えてねぇ。

初子　震災のときはうちン中にいたの、ひとりで。ほうしてガタガタなってきたからびっくりして、戸開けて出てったの。家の前に太い、松の木あんだよ。昔のばっちゃん植えったの。木がハァ、こう（＝縦揺れ）なんだもの。こう（＝横揺れ）なんでねぇんだもの。ほこサ行ってハァ、「うわぁ〜おっかない〜」って、ほいつつかまって泣いてた。ひとりだったから。いや、おっかねかったなぁー。

ツメヨ　おらもひとりだった。

初子　家を飛び出たもの、あぶねぇと思ったから。外へ逃げればなんとかなったなって。電気も三日くれぇつかねかったの。で、しばらく過ぎてから、こんど娘が原町から、ふた大婦に、息子と、七人で、みんなして避難しに来たの。「だめだ、いらんねぇ」ってわけで。ほうして今度、でっかいかまどで火焚いて、三升釜でご飯炊いて、食《か》せたんだ、毎日。一週間くれぇだがら大変だったよ。みんなして九人だもん。

ツメヨ　みんな飯舘サ来てまんま煮て。長泥でなぁ、ごはん煮てよぉ。おにぎり作って炊き出しをしたなぁ。あれ何日やったべ。二日三日やったどなぁ。

初子　やったなぁ。

ツメヨ　なぁ。ほしたら一番悪いとこでよぉ、ご飯なんて炊いて。

初子　一番ひどいとこにさ、来たんだよ、おら家《え》の娘ら、親子して。

ツメヨ　悪いとこサ来てんだもんなぁ、はれなぁ。

初子　長泥がこうなるとは思わなかったな、住めないってこと、わかんなかった。

避難——仮設住宅でばあちゃんたちが肩寄せ合って

ツメヨ　おら家《え》でも、よっぽど長く、長泥にいたどぉ。おれはよぉ、おら家《え》の嫁さまのおばさまが、飯坂にいんのな。だから飯坂サ行ったの、二週間。ほで、家サ戻って来たらば、こんど茨城のきょうだいから電話が来たの、「来《こ》う」って。ほで、一ヵ月行って来たの。ほの後なぁ、赤湯温泉サ行ってよぉ。あそこサ行った時はなぁ、食べ物はよかったど、旅館だったから。五月の二十五日に行って、七月の三十日までいた。避難するのに決断て別にねぇが、おら家《え》の嫁さまのおばさまが親だから、力っつぁん（高橋力授さん）のな。力っつぁんとキクヨさんとが、「じゃあ、ツメヨさんのことも連れてこう」って言ったんだって。ほで連れてがれっち。いがったぁ、もう、ほんと見晴らしのいいとこでよ。いやぁ、いろいろいっぱいあったなぁ。最初動いた時はね、そんなに長くなくて帰れると思ったよねぇ。うん。こだんだとこまでな、来んななんと思わなかった。

仮設に来たのは次の年の歳取りに来たんだったなぁ。三年になるか。はじめは福島サ、家族で行ったの。息子と嫁と、おら家《え》の孫と、わたしと。四人していた。息子たちといたのは一年だな。

息子の家行ぐと、一人になっちまうべ。昼間はおっかさんは事務やってるし、お父さんも仕事だから。隣近所、つきあいはしたけっども。ほんじゃから、ここサは長泥の人いっからって、おら家《え》の息子が役場サ行って、ここサよこしてもらった。やっぱししんみりしたとこよりは、こっちのほうがなぁ。みんな知ってて、自由だからなぁ。

仮設の暮らしはなんと言ったらいいかわがんねぇなぁ。やっぱし、なぁ。慣れは慣れたけっどもよぉ、せーまい。いちばん上のおら家《え》の孫、新しい家作ったのな。で「泊まっちゃ来《こ》」って言わっちゃから、行って泊まったら、流しだって便所だって風呂だってなぁ、まさかほんに、広くてせーいせいとする。うん、気持ちが違うな。でもずっとそっちに暮らすわけにもいかない。孫はやっぱしな、女だから。

初子　わたしは五月の二十五日に長泥を出てったの。息子夫婦とはずっと一緒だったよ。息子に送ってもらって、ここサ来たのが八月の十日。したら、キシノさんたちいたんだもん、びっくりしたわよ、なぁ。息子は岡部のアパートにいるんだ。長泥サ行くときは、迎えサ来んの。ほんとは仮設に一緒に住みたかったんだが、やっぱり若いもんだから「いやだ」って。で、岡部の、借り上げアパートに行った。

ツメヨ　長泥ばっかしこんなにひどいなんては、なぁ、思わねがったもんなぁ。

初子　なあー、なんで長泥だけって思うよ。

＊　＊　＊

乳牛はおらが持って来たんが始まりだったんだ

〔平成27年7月18日聞き取り〕

高野　幸治　昭和8年生まれ（二組）

婿に行くのが嫌で北海道へ酪農修行

酪農、おらが始まりなんだよな。して、北海道て考えは最初はなかったんだけどな。〔高等小学校一年通った後、家で農業を手伝ってて〕俺が十八か、隣のばあちゃんが俺のこと婿にくれっていうんだよ。俺より一級下なんだ、その女な。体もいいしな、器量だってまあまあだべ。だけんど、やなもんはやなんだな。婿に行くの嫌で、今度北海道募集したんで、飯舘村の時代だ。北海道まで行けば、そんな女との話はないと思って。親父の印鑑わかってっから、黙って実印をよ、かっぱらってな、役場で助役までやった小林ってな叔父、その人がやってんだ。俺、北海道行くからなって言ったら、親父びっくりして。小林のおんちゃんに話して、日にちまで決めてきたって言ったんだ。何人かいたんだ、大舘の方からも二人、津島からも二人。川俣の電車な、川俣まで電車きてたから。

北海道の八雲町一年いて、まず俺は苦労はした。おらは小遣いなんぞもらわなかった。四十二〔歳〕の旦那な、あと三十八のおっかぁ、あと爺ちゃんは六十二、婆ちゃんが五十八かな。子どもはいなかったんだ。俺行った家は市岡てんだよな。市岡さんのそば通っと、いやぁうんまい匂いすっと。みんな言うんだよ、いや食いもんがうんまいだって。食いもんは良かった、北海道ではな。馬鈴薯は食う。牛乳は飲んだわい。

全部馬だかんな、やんの。初めてだわ、馬さで仕事。二頭引きだ。仕事は苦にしなかったが、ただ大きいから。畑だって、向こうの端わかんないんだからな。棒さして、立ててくんだから。そいつめがけて行くんだわ。馬引っ張らせて。畝たてたってハァ、筋付けるんだ、馬鈴薯だって。一切何でもやった。

そんでおらは乳牛。やる人がいないからな。手で搾んだ。搾んのが六頭かな、あと搾っことねぇ跡継ぎや仔がいっから、らくに十頭はいた。行った仲間では、まず一番苦労したのは俺だな。厳しぐどうのこうのではないんだが、一切何でもかんでもやんだから。やる人いないんだから。だから俺、乳搾ってっと、〔町へ〕行くべぇて、一緒に行った二人な、来んだけど。おらまたこれからなんだ、乳搾んの。手伝えってよ、搾らせて。ほで、一緒に行ったんださ。たまーにな。

一年働いて、〔もらったのは〕ホルスタインの仔牛一頭なんだから。〔生まれて三ヵ月の仔牛が大きくなるのを待って〕みんなより一ヵ月多くいたんだ。牛は今とおんなじで貨車。貨車ひとつだ、いっしょに乗ってきた。寝起きしていっしょに来たんだわい。

牛を連れて婿入りして一年で出戻り

北海道から帰って来たべ、して十ヵ月。まだ婿騒ぎなんだ。津島ってとこなんだな、別な人。見たことも何にも。二十歳にはなった。親にはおら苦労かけたくないって、婿に行くことになったの、俺。行ったんだ、津島つーとこ。そして、牛置いて行かんないかんな、牛持って行ったんだ。あの頃歩きだかんな。津島さ婿に行って、一年くらいいたかな。して、今の国道三九九。道路作んの仕事して。

今度、婿に行ったのはいいが、いやーとても。仕事なんて何やったって負けなかったんだ。だがな、一番はここの家は子どもいないんだ。そして、姉さまだの子もらって。おらそんなことわかんなかったからな。姿もいいし器量もいいつーの、十分なんだが。いやー、ダメなんだな、朝起きっと親子喧嘩なんだ。こんなとこいられねぇと思って、牛は置いてかれねぇだし。どうすっぺって。夕方あまり遅くなんねぇころ、牛引っ張って途中まで来た時もあったんだなー。何回かやった。だけどもな、おらの牛、種付けしてハァ、孕んでたんだ。牛と一緒に行ぐにはいげない。

あと、どうすっとと思ってな、冬暇だから、今でも蓑なんてものあっぺ。蓑づくり、藁で。こいつ俺三つ作ったんだ、俵もらってきてな。なるたけいい長い藁で作ったんだな。朝、親たちの前通ってよ、蓑三つ着て、寒い中逃げてきたんだ。かっこ悪くて、やー、泣いたもんな。津島には一年半。牛は、女っこな、メスができたらやる。オスだらば、どうしようもない。で、仔牛をあげて、北海道から持ってきた牛はとりかえした。乳はすごい出るしな。いい牛があった。こっちで牛ずっとやってたんだ。

牛を飼いながら資格を取って、兼業で人工受精や原発工事請負

〔長泥では〕元はほとんど馬だったから。乳牛は、おらが持って来たんが始まりだったんだ。獣医さんがな、一人なんだ。「高野さんやってくんないか、俺一人じゃどうにもなんないんだ」って言われて。で、〔家畜人工受精師の〕免許とんないとな。福島の荒井な、あそこさいって三晩泊ったな。いやー、おらは眠る暇ないくらいだったぞ。牛の牛乳さ出さないとな。種付けもしないとだべ。そうすとこんだ、精液採

ってたんだ。たいへんなんだ。顕微鏡で検査もしないとなんだ。ばあちゃん（妻）もよくやったよ。牛乳もあの頃は、冬は背負《しょ》ってたんもんなあ。夏は、最初は自転車だった。あとバイク買ってな、運んだんだ。津島まで持ってったんだ。あとは飯桶までな。乳搾んないとなんないからな、苦労したんだ、あん頃は。
だけど、金とんねぇとダメだかんな、出稼ぎもやったぞ。建築の仕事。あとは鉄道。レールを直したりな。建築は一級（型枠一級技能士）も取ったから。だから従業員も使《つか》ってな。仕事は一生懸命やった。今の原発、一号から四号まであっぺ。あの一号は、地下からやったんだ。一般の建物とちがって、図面の番号でも名前でもまるっきり違うのな。いやー苦労したわい。あとほら、八時には朝礼ってな、体操やっぺ。体操は一段高いとこでな。そこで仕事の内容や仕事の場所説明して。牛もやってた。〔仕事から〕帰ってきたの知って、帰ってくっと啼《な》くつうか、牛小屋へ呼ばるんだ。俺は乳牛やめて、和牛は三〜四年はやってやめちゃった。

✻　✻　✻

長泥の「サロン」、高橋商店を営む

〔平成27年6月7日聞き取り〕

高橋　力授　昭和7年生まれ（三組）
キクヨ　昭和10年生まれ（三組）

「下《しも》の家《え》」に生まれる

力授　生まれは長泥。古《ふる》学校あって、ここの下に、家あんだわい。源之助ッつのが俺の親。祖父、初代は力之助ッつんだ。おらあ、新宅の方だから、わが出たんだけッども。きょうだいは九人。長男は戦死、兵隊行って。二番目の兄も行った。二番目はおなご、三番目もおなご、四番目もおなごだ。おなご三人だよ。そのほかは全部六人男。俺は五男坊だって。生まれたころは長泥は十三軒しかながっだ。お墓が十三しかねぇって。おら家《え》から下《しも》は、家がねがったんだがら。本家が、十三軒のうちの一軒。下の家《え》っつのが、おらの生まれた家。田んぼ畑で食ってだんだがら、山と。炭焼きして。あと何にもねぇんだがら。炭焼いたり売ったりして、家サ手伝って、まんまくって学校サ通ってたんだ、みな。

学校の思い出

力授 小学校は長泥にはこの時代はねぇ、蕨平にあった。一里半もある。一時間、二時間はかかるわ、歩ったらな。何十年も前の話。十三軒つう大昔。

キクヨ むかーし、むかしだ。

力授 俺が行く時は、小学校はもう隣だわい。昔は山学校だわ。中学校なったらこっち、飯樋サ行ってたの。じんべいわらじ、わが作って、歩ったんだわい。もぉ朝早いわよ、やっぱり、二時間くれぇかかるから。だがら大変だど、おらの時代は。話にならん。今の人たちはな、バスで歩ったり、車で学校サ歩けんだ。

キクヨ おらん時は歩ったんだ。あの通りにこういう、休む椅子あったっつって、今もはっきり覚えてる。あそこで休んで通った。靴だのズックねぇがら、父ちゃんにわらじ作ってもらって歩ったんだ。

力授 あとこう、靴の形につぐる。雪降ったどぎに草履で歩かんねわい。こういう時代。だがら、頭良すぎて困んだわい、まったく(笑)。

キクヨ 卒業式には、飯樋の学校まで行ったんだわな。なんでかんで雪降って。

力授 小学校はこっちでやったんだわい。高い所のグラウンド。あそこで盆踊りでも何でもやったんだわい。七日盆からやっただ、いろいろ。子どものころの楽しみなぁ、何にも、あぁ、忘れっちった。

キクヨ　忘れだな。福島サ避難してきて、全部忘れだ。長泥にいた時ンことは、な。

結婚して十文字に店を出す

力授　店は結婚してがらだな。昭和二十八年だ。十文字からちょっと下《しも》。学校の入《はい》り口だ。長泥で酒、醤油、塩、雑貨。あどは、ガソリン、油だ。なんでも売ってだから。駄菓子も学用品も全部。売んねぇものはなんにもねぇ。野菜も売ったわいよ。

キクヨ　米はやってねぇな。

力授　炭もやってねぇ。買ったけんどな。沖島のほうから炭焼きの人が、炭をしょってくっから、物々交換。昔は掛け売りで、月の最後に集金。集金は歩ったりまわったりスたし。飯舘村ばかりでねぇよ、双葉郡まで集金したから。なんだかんだで、払わん奴《やつ》は払わねぇしなあ。もらわねぇ分もあった、ずいぶん。あっちがら買いサも来た。商品〔の仕入れ〕は卸屋来っから。酒はな、一回か二回か買いに行ったけどな。あとはみな、来て、注文取っていって持ってくんだわ。ほういう時代。

キクヨ　若い人が来て、お酒飲みながらいた。長泥には店屋って一軒しかないから。

力授　昔は、ンだー、酒飲む。炭しょって、酒飲みに来んだわさ、双葉郡から。炭の分飲んでな。

キクヨ　店は放射能になった時、やめてきた。避難すっ時。

大工と店、夫婦が両輪となって

力授　俺は職人だったがら。大工。店も一緒にやってだ。

キクヨ　わたしが店を担当。

力授　大工は棟梁だわい。弟子行って習ってきて。弟子もいたし、職人たち頼んでやってたんだわい。大工の修業は学校終わって、炭焼き二年くれぇやってからだなぁ。飯樋の親戚の家に一年、修業に行って。

弟子になったら大変だわい。掃除から何から、みな雑巾がけスなきゃねんだど。とんでもねぇ話だ。好きだったがら、長泥サ帰ってきて、最初から独立だべさわよ、わがうち建てたりして。東京まで行ってたべしさ。今でも長泥で、わが建てた家あるなぁ。壊さねぇで。

キクヨ　ネズミ一匹入んねぇよ。みんなはネズミ入る、ネズミ入るって言うけど。

力授　しっかりしてるよ。布団なんか三十組くれぇ、おら家《ぇ》の二階にあるで。お客様用。昔はみんな、二階使ってたんだ。

キクヨ　村の人たつ、泊まりサ来っとき。

力授　炭焼きの山は自分の山でねぇんだ、営林署の山、みんな、炭焼くだけずつ買うんだわい。山ほしい人はくじ引きしてな。炭焼き窯は買った山の所に自分で作んだわい。窯作りは親ゆずりだわい、ずっど。通いでやってた。ほいづ商売で、米だのなんだの、買って食ってだ。雪雨関係ねぇんだ。雪降ったがらって休んでいたら、まんま食わんなくなっちまうわ。ほいづ金、取ってあれすんだもん。何にもねぇんだもん、会社もなんもねぇんだがら。泊まる小屋も作るんだ、別に。自分で飯も炊いて。ほうして、やってだ人たつもいるわいな、専門に。みな出稼ぎサ来て、炭焼きしてたんだ。炭は馬サつけて川俣サ売りサ行く。昔からしたら今は天皇陛下よりえらいわい（笑）。

キクヨ　うちにいればいいんだもん。

力授　何にも困んねぇべさ。食いてぇもん食ってなぁ、今は。ほんとに。

原発事故で生活が一変――「ひどい〝罰〟だ」

力授　この近くには長泥の人いんだが、行がねぇ。みんなてんでんバラバラだ。長泥の一年に一回の集まりにも出ねぇ。年寄りは歩くのもなんもなんねぇわい。やっと家ン中歩ってるんだ。

キクヨ　福島って、二ヵ月に一回医者サ来るったけ。ほいづ、全然福島ってわかんねぇの、病院がどこにあんだか。んだがら、一回なんだかぽーっとしちゃったよ。

力授　気温はここは暑い。福島はな。東京より暑いもんな。また、たまげたとこだ（笑）。

キクヨ　長泥にいっときはなぁ、雪降ったなんつったらな、なんでかんで掃かななんねかった。〔ガソリン〕スタンドあっから、六時までに雪掃きしなきゃなんねぇ、自動車入ってくるから。後ろの畑サ行ぐとな、採ってきてなぁ。買わねだって食っていらッちゃから。こっち来てからは、全部買わなきゃ。買い物は、娘に連れてってもらわないと。買ってくるっつうことができねかったなぁ。

力授　よく二人で野郎《やろ》めら育てて、学校出して。

キクヨ　学校出してなぁ。自分はあんまり学校出ねぇから。今は女だって高校くれぇ出ねぇど。

力授　この年になってまさかこんな、いやぁ、たまげだ。

キクヨ　ひどい罰だ。一生懸命若いうち働いて、歳とったら楽できっと思ったら、一番ひどい。

※高橋力授さんは、平成27年12月9日にお亡くなりになられました。ご冥福をお祈りいたします。

震災後長泥で脳溢血で倒れて

〔平成27年7月19日聞き取り〕

伊藤　幸雄　昭和12年生まれ（二組）
ヒロ　昭和15年生まれ（二組）

子どものころから笛吹き

幸雄　うちのきょうだいは数多《あまた》、たんと九人。お姉ちゃん二人、俺三番目で長男。家はここで、農業やってたんだ。四反五畝《たんせ》だかあったんだ、田。畑もおんなじくらいだ。インゲン作ってたんだ。農協サ出してたの。ほして表彰、何回もうけてる。農業の他に炭焼きとかいろいろやったよ。小学校は分校だった。中学は飯樋まで歩って行ったの。スクールバスはねぇ、おらん時は。遠いからハァ、弁当なんて途中で食うからねぇわ。山で食ってぐから。ほして履くもの、こういう靴ねぇから、じんべいわらじだったの。わがで夜作って、ほうして履いたの。かえって温《ぬく》いど、靴よりは。わらで作ってっから。でも濡らすとダメだ、ひゃっこくて。子どもの時の思い出は、盆踊りだな。（写真を示して）これ、盆踊りの時に笛吹いてる。長泥小学校の運動場、おら家《え》の畑の脇だったからな。家のそばでやってたがら、なんだかんだで行がっちゃの。そばサ練習場があったから、ほこサ夕方行って、わがで覚えた。小学校五、六年からやってたの。

ヒロ　神楽でも何でも、笛吹きが専門だなぁ。宝財《ほうさい》踊りでもなんでも。

幸雄　宝財踊りは後［から］やったの。青年になってから。蕨平に、高橋ナミ子さんの父親を頼んで、教えてもらった。二〇〇七年に、初めてやったんだもん。昔からはねぇんだ。ほうして俺が蕨平の人に笛を習ったの。笛吹き以外はみんな女だ。ほれ、顔真っ黒に染めて。

ヒロ　お祭りのときあげたりな。あと飯樋の方の芸能祭だの敬老会だの、そういう時にやったのな。

幸雄　ここ（＝脳溢血）、やる前なんだ。笛はみんなやったんだ。んだが、手がわかんなくなったからできねぇもの。

ヒロ　脳溢血で倒れたから。ほんとに避難前に。二〇一一年六月八日だな。七日に見守り隊サ行ったんだから。ほして家サ帰って来て、朝方なったんだから。

幸雄　んだ。こっち来っときよ。こっつぁ右半身、自由になんねぇ。半分わかんねぇんだ。ほれまでは、笛吹きとかほういうのね、あったけっども、今は全然やらんねぇ。

ヒロ　手だの足だのはきかねけど、口はきくから（笑）。

幸雄　俺が田植え踊りを始めたのは、中学校終わってからだ。戦争が終わってから。おれは早乙女。兄《あんに》い、太ってうまいかったもんなぁ。おなご役だった。青年ときあったんだ。昔やったんだ。

ヒロ　飯樋あたりだって、おらも小っちゃいころやってたどぉ。

幸雄　ほして、泊まりでずっとやってたんだ。頼まんにぇときは、ほかの家でやったの。「おら家《え》では狭いから、頼む」ってやったの。みんなしてぐるっとまわってな。

ヒロ　酒まで飲んでやるってんだもの、その家には泊まりだ（笑）。

幸雄　泊まるとこは、飲んで。でも本気だった、踊るの。

大型免許で石取りの仕事

ヒロ　わたしは子守させらってっからハァ、学校サなんか六年で終わったんだハァ。卒業してから北海道の方サ行ったりまわったりして、金取りサ歩っていったったからさ。

幸雄　俺も北海道は一、二年は行って来た。歳はなんぼだなぁ、結婚する前。牛《べこ》の乳搾《しぼ》りの仕事をしてきた。戻ってきてこっちで乳牛はやんねぇ。ここ（＝長泥）は、働くとこがあったから。北海道から戻ってきて、大型自動車やってた。雇い主に「大型免許取んねっか、手当はつかねぇ」って言われて、ほうして免許取ってんだ。飯樋あたり、山をこう、平らにして、木切ったり。全部俺がやったんだ。

ヒロ　石屋の運転手をずーっとやったから。比曽山サ来て、その石を長泥から運ぶ。

幸雄　運転するだけでなくて、石割からノミやきから、全部やったわい。ほうして、みんなの道具作りまで全部やってたんだ。国道三九九号線作りは長泥の人たちが出したんだ。おらも出たんだ、道路づくりに。昭和三十六年ころ、学校終わってから。一日なんぼって金もらって、五百円だか六百円で。ほして津島までこう、道路を作って行った。ブル（＝ブルトーザー）はあった。原町の業者が来ったんだ。ずっと働きに出てたけど、うちでは兼業でずっと農業をやってた。バッパいたからな、ばあちゃん、母親な。

地震発生――買ったばかりのテレビを守って

幸雄 〔震災の日には〕うちにいたんだ。俺一人だもん。テレビ買ったばっかりで、ほんじゃらテレビつかんでハァ。テレビが倒れるとまずいから。茶箪笥の中身がひっくりがえってもかまわねぇんだから。

ヒロ 〔夫が〕あんまり体が調子悪いもんだから、うちサ毎日いたから。おれも、〝までい〟の仕事サ行ってたから、みんな仕事でいねかったから。うちに帰って来てみたらハァ、茶箪笥の湯呑、コップだの、みんな飛び出てハァ、ひっくり返ったりしてたから。風呂の燃料のタンクはひん曲がってるしハァ、どうしたらいいかわかんねぇな。〔夫は〕こうやってテレビつかんでた。

幸雄 テレビにしがみついてたんでねぐて、テレビを守ったの。福島からでかいテレビ買ってたんだ、わがで行って。うちがつぶれたって、テレビだもんさ（笑）。なんでか、全部落ちんのもかまわねぇって、テレビを守った。でも、テレビは停電になったから消えちまって、世の中で何が起こってるか、わかんねかった。

ヒロ なにがなんだか、わかんねかった、ほんとになぁ。どうなったんだかなぁ。爆発したっつのは、孫こと送り迎えして浪江サ行ったらハァ、こんど、道路通らんにかったんだ、みんないっぱいで。ほして戻って来たんだ。あの時みんな、爆発した音が聞こえたって言ったよな。

幸雄 車ではこんど、帰ってこないんだ。車、ほれ浪江からこう上がってくる、来るのも何にもなんねんだ。ひどい目あった、あん時は。

ヒロ ガソリンねくて。どこサも行ったら来らんねぇべしなぁ。

幸雄が発病、長泥を離れる

ヒロ 避難は、おら家《え》ではどこサも行がねぇ。うちにいて、六月八日の朝、〔夫が〕ひっくりがえった。ほして八日の朝、病院サ行ったんだから。周りもどんどんいなくなってんだけっど、孫のこと考えっとホレ、親いねぇがら、やっぱり心配して。孫は赤ん坊のときから育てたから、親の代わりになって。おっきいの孫はホレ、草野サ勤めに行ってってから、良《い》かったんだけど、小っちゃいの心配でやっぱり。一人で置かんにゃえから。

〔夫が〕部屋隣で、「足だの手、利かなくなった」って、六月七日の夜中の一時ごろに言うの。ほんじゃあ足利かねぇんじゃ、ちょんぎったろうかって（笑）、おれ言ってそばサ行ったのよ。ほん時は、口きいったんだったけども。頭だべから、こんど救急車呼ばって。ほして、日赤病院サ連れて行って、ほしてハァ、頭も切んなんねぇのかなと思ったら、頭は切んねいだっていいなった言われちって。手術しないで、あそこでだいぶん良《い》くなって。ほして日赤病院サ三ヵ月いて、こんどこっち（＝吾妻病院）は三ヵ月だ。来てリハビリした。合計で六ヵ月、ずーっと病院にいたから、ここ（仮設住宅）サ来たのは十一月だっけか。だからみんなより、一番後から来たの、ここサは。

幸雄　そのへんの記憶ってのはわかんねぇ。全然わかんねぇ。

ヒロ　おれはほんじゃから、ほの日赤病院サ毎日通ったんだ。競馬場の、騎手の宿舎。避難所になってたとこサ行ってたわよ。日赤サ行ってる時は、ほこサいて、今度吾妻病院サ来るようになってからはホレ、今の正人んとこサ泊まって、あそこから通ったの、毎日。大変だったつんだかなんだかハァ（笑）。戦争でも起きたようだったな。女っ手いねぇから、娘いねぇから、おれは何するも一人だからなぁ。じゃがら二回嫁になったぐらい苦労はした、やっぱり。孫の親がどっちか片親いてくれればいいんだけッど、どっちもいないべ。じゃから仕事から帰って来て、飯の支度して、孫たちに食わせられっち。夜泣きすんの車サ乗せてあるったりして、全部、世話したからな。だからこんなんなったから余計ハァ、心配したんだべハァ。どうやったらいいかわかんなくなってハァ。暮らしが楽になったことなんてねぇな、全然。ほれ、〔夫は〕胃潰瘍だなんて、医者サばーっかり通って、入退院の繰り返しだったから。（夫の傷を見ながら）腹切ったのは、またなんぼ？　十年にはなんねぇなぁ。十二指腸潰瘍で。若い時うんっと酒飲んだからハァ（笑）。自分で、ほのせいとは言わねぇが、ほのせいだね、やっぱり。

幸雄　んだべ。一升ぐれぇ飲んだから。

ヒロ　なんぼ飲んだかわかんねぇわよ。タバコも。ほの腹切ってからはタバコもハァ、酒も全然飲まねぇ。この腹を切るまでも、ずーっと病院サ通ったから。

今後——安定剤飲んでも眠れない

ヒロ　長泥から出るときは、帰られっと思ってた、やっぱりな。二年か三年いれば、なんぼあれだって帰られっと思ってたど、やっぱりな。

幸雄　脳溢血で倒れっと、時間が止まったみたいになんだ。わかんねぇ。相談なんては言わんねぇもん。

ヒロ　おれも全然用足しのようなのはやってねかったから、じいちゃんまかせだったからハァ、大事なことはおれもわかんねぇから。んじゃから、役場も農協も何もどこがどうだか全然わかんねかった。

幸雄　んだ、農協とかほういうのは全部俺やってたから。

ヒロ　聞くと、途中でなんだかハァ、「忘れた」「わかんねぇ」なんて言うんだよ。

ここは２ＤＫだ。これ、こっちは台所だ。ここすぐトイレだし、ほしてご飯食う時もここで食わせたんでは歩かなくなっからっつうわけで、杖ついて、ここサ二、二歩だけど、ここサ椅子買って歩かせてるから。これがリハビリになっと思って。ここは木造だから、うんと寒いの、冬は。病院でずーっとエアコンで温度調節したとこにいてきたから、寒いだの暑いの、うんとこういうのサ敏感になってハァ。

幸雄　寒いのより暑いのが大変。寒いのは、なんぼだっていい。

ヒロ　だから今だって戸閉めて真っ暗にしてこうやって、毛布かぶってほうやってんだどハァ。この明るい所がいやなんだな。

幸雄　あんまり明るいところはダメだ。

ヒロ　ここの仮設、来年の三月までか。〔他の所と〕一緒になってるの？　長泥は抜いてか？　なにやっても長泥は抜きだから。

幸雄　なるようになるしかねぇの。いやほんとに。

ヒロ　なるようになるしかねぇけっぢも（笑）、やっぱり夜なんか眠らんねぇや、これ。いろいろ考えっとな。なんぼ安定剤飲んだって。やっぱり、いろいろ考えるとハァ。長泥に戻れるよって言われても、戻らにぇわ。戻らえっとは思わねぇ。自分ひとりだら行ぐ気すっけども、夫を連れてったって……。

幸雄　やっぱり病院が近くないと、もう無理だべさ。一ヵ月に一回通院だ。

✺

✺

✺

蕨平から伝わった神楽・田植え踊り・宝財踊り

〔平成27年6月29日聞き取り〕

高橋ナミ子　昭和17年生まれ（三組）

同席者＝鳴原良友

蕨平から十九歳で嫁入り

ナミ子　嫁入りしたころは、蕨平と長泥では、暮らしは大体似てたんでねぇか。そん頃は何にもない、自転車もない時代なんだがら。スて、鳴原良友さんの母親の実家（鳴原一二三宅）で、おっきい車持ってたんだ。炭や木材を運ぶためのトラック。大字三区（比曽・長泥・蕨平）では、車は、ほこ一軒しかなかったみたいだよ。わたしは長泥に嫁に来《く》っとき、裾模様《すそもよう》のある江戸褄《えどづま》を着て、角隠《つのかく》しやって。昭和三十五、六年頃は、そういう支度だった。今のような、振袖なんては着なかった。そのトラックにタンスとかなんとかつけて（積んで）。わたしは中サ乗せられだけどよ、外（荷台）は嫁添いとかなんとか五、六人が乗った。家から家サ行ったんだ、式場なんてないから。付き添いの人は帰りは歩ったんだとハァ。昔はどぶろくって家で作ってたお酒飲んでたでしょう。だからみんな酔ってっから、帰りは歩ってったみたいだ。長泥から蕨平まで、一時間かかれば行ぐんでないかなぁ。嫁ぎ先では、農業やってた。炭焼きとか。わだしが蕨平から長泥に嫁いだ家は、お金持ちだったの。みんな山に行って炭焼くべした。それを買って、運賃取りやってたみたいなんだよな。先々代の高橋源之助がやってたの。鴫原一二三さんとこも、ほんなふうにやってたな。

良友　ナミちゃん嫁いだとこが「下《しも》の家《え》」と言って、長泥では一番古い方なのな。ほっから下は家《うち》がなかったって、おらは聞かせられちたんだよ。それで〔祖父が〕村長した高橋繁文《としふみ》の家が一番、「上《かみ》の家《え》」だったの。

ナミ子　ほして、今の区長さんの母親の実家サ、鴫原一二三さんの親が、うちから嫁に行ったわけよ。だら、おら家《え》では一番の本家になってるわけ。昔は身上《しんしょう》いたましくて、娘や息子を他人サ、やらんようなことばやって、いとこ同士だの、はとこ同士で結婚した。今は東京だなんだってみな就職してぐけども、昔はほういうことながったから、ほういう縁組になってたんだと思うよ。結婚相手は親が決めんだから。わたしの結婚相手も親が決めたんだ。昭和三十五年の四月十四日だがら。忘れもしねぇ。ご祝儀の日に頭結《ゆ》って着物着て来たら、初めて婿様の顔見んだから。したらなんだかハァ、ヤンだく（＝いやに）なってなハァ。「おら行がねどハァ、かあちゃん」つったら、「今ころになって、行がねかっちゃねぇべさ」って言われた。今度父ちゃんがでんばて、言ってやんけなぁ。「行がねっど言ってもご祝儀してんのに、行がねっちゃねぇべ」。初めてなんだもの、ヤンだべさな。なんぼなんだって顔も見たことないし、しゃべったこどもねんだどぉ。いやいやぁ、そのことを今、子どもたちに教えっと、「よーぐ母ちゃん来たとなあー」って言われんだ。長泥と蕨平と離れてたでしょ。昔なんか自転車もないんだがら、歩かないべぇ。ンだがら、他の部落まで行ぐなんてぇはしなかった。

出稼ぎか高校進学か――どちらも叶わず

ナミ子　中学校には歩ったよ、蕨平にあったんだから。でも、高校サなんて行がなかった。昭和三十年代はじめころ、季節労務者って、四月から十月か十一月ごろまでいて、四万か五万円もらえっかもらえにえんかのあれで、みんなはハァ、北海道の農家サ働きに行ったのよ、女でも男も。わたしも行きたかったんだげど、親がやらんにかったから。じゃあ津島に高校あるから試験受けさ行ぐべ、なんて、友達と二人で試験受けサ行ったわけよ。さびしい道行った、山の中、山道行ったんだ。して、二人で受けてきた。「当たったら（＝合格したら）行ぐべなぁ、歩ぐ（＝通う）べなぁ」なんて言いながら、二人で戻ってきたの。っだらホレ、後で合格の通知来たんだけど、怒られてなぁ。行がんにがったの。うちがあんまり豊がでながったからホレ、出す金もなかったんだんべぇ、今思うにはね。おれの友達は、北海道サ行ったんだ。して、今もって北海道サ、嫁ンなっている。高校も北海道もダメだと言われて、ほんじゃあ、残った人たちで静岡サ、ミカン採りに行ぐべ、となったの。したら、それさえやらんにぇがったの。うちにはきょうだいは五人いたの。女は四人《よったり》いんだわ。姉《あね》さま二人に、男一人と、わたしと、妹。姉さま達《たつ》は十九歳くらいで嫁に行っちゃったべ。で、男一人いるわけだ、うちに。わたしが外に行ぐと、ほの男が一人になっから、農家が大変だがら、やんないわけだ、どこサも。大した農家でもねぇんだがな。静岡サ行ってたら、こんなとこサ来ることはねがったな（笑）。

良友　北海道は、おらは行がねぇんだよ。おらの時代は、東京オリンピック始まった後だがら、東京の方サ行ったんだな、出稼ぎな。

ナミ子　そのころは、長泥も飯舘村全部、北海道や静岡に行ったんだど。東京サも何人かは行ったけど、大したは行がなかったんだな。

蕨平には鉱山があった

良友　電気なんて引かったのは、いつかわからない？

ナミ子　電気はねぇ、蕨平に発電所、わたしが小学校サ上がってから作ったんだ。水で滝みてぇに落つとこあったんだが、そこで、電気を起こした。それが、圧力がないがら、あんまり明るくないのよ。わたしらいるとこだけは明るいの。遠く離れたとこは、暗い。

長泥へは、こっぢがら引いたんだったべかなぁ、たぶんな。昔カンテラって、原町あだりがらガス買ってきて、うちでトロ吹きしてたがらな、父親。これは明るかったんだ。芯口がな、掃除しないと煤《すす》がついて出てこないのよ、火。だから毎日掃除して、ガス入れて使ってた。それは兄貴とかわたしとかの仕事だった。昔は原町から風兼《ふがね》サ来る途中の山ン中、高ノ倉鉱山っていうとこで、炭《たん》掘ってたのな。あのころは石炭が取れたんだべ。だがら景気いがったんだ。そこでは電気、原町から引いて、電気バンバン使ってたの。山ン中なんだけど、ヨードなんてな、お店もあったんだ、いっぱい。みんなそこで買って食べてだんだ。学校もあったんだがら。だがら映画はそっちの方さ見サ行ったんだ。わたしは小さいから、姉《あね》さまたちに、くっついて行ぐわけよ。おぶられおぶられな。ほして、ほのころ、炭をトロ（トロッコ）でずーっと原町まで運んで行ったの。坂道は馬に牽《ひ》っぱらせて、下りになっと馬を先にさせて。今はブレーキなんて言うけど、昔はデレッキなんて言ったんだよ。ほのブレーキ、やわいもんでは減っから、砲金《ほうきん》ていうな、減んないものなんだ、硬いものなんだよ。それをほのデレッキさ、くっつけて、ほいづひとっつでこう下《くだ》んだよ、山。原町まで。ずーっと下りになってぐんがら。昔はトロ道（＝トロッコの線路）が、長泥がら蕨平通って、今の野馬原、野馬追やったとこ。昔飛行場だったのな、そこまで、あったんだって。長泥側は上《かみ》の家《え》あたりまであったんだってよ。して、荷物を原町に送ってやってたんだがら。ほして今度帰りは、ヤミ米。原町の方は米作ってっから、夜、おら家《え》の父親はヤミ米探すんだ。見つかると捕まっから、ほのトロさ米つけて（＝積んで）、藁、上げて隠して。今度馬サ引っ張らせて、上ってくんの。だから、うちでは、米は不自由はしなかった。ほれを知ってっから、部落では「米を譲ってくれ」なんて来んのよな。この話は、嫁に来る前、学校の生徒のころのことだぁ。

長泥での暮らし――嫁姑関係で苦労

ナミ子　長泥では、だいたいはうちで作ったもの食ってた。店って一軒あったきりだから。おら家《え》の新宅（＝高橋商店）。おれ蕨平にいるころ、ほの力授って店サ、買い物サ来たこどあんだ。何か、手技《てわざ》するもの、毛糸とかを買った。ナイロンみてぇなので編みかた、あったの。こんなもの買えサ、十円か二十円たんがって歩ってくんだ。力授さんと親戚なっと思わなかったなぁ。

良友　蕨平から長泥までだいたい一里半だがら最低でも六キロ、また奥の方だから七キロ、八キロ、二里くらいはあったかもわがんねぇ。長泥の十文字まで。一時間半コースだったかんなぁ。

ナミ子　ほいで今度は、嫁に来てな、実家サ逃げでぐんだ。追っかけられっから、捕まっから、道路行がねぇでよ、山道行ぐんだ。子どもおぶってな。逃げた回数は数えきれないって（笑）。五、六回逃げてったんだわ。

旦那と喧嘩《けんか》とかではねぇんだ。昔の人ってかたいから、石けんなんては買ってもらえないの。ほんで自分でな、家から持って来たお金で石けん買うべ。すと、あたしらは子どもがいっから、おしめ洗わなんねぇべ。で、出しとぐと、〔姑は〕わたしの石けんばっか使うのよ。すと、今度わが使った石けんは、手拭いサ包んで、しまっちまうのよ。わたしに使わせねぇの。ここの家の仕事して、ほんなバカな真似してらんねぇわ、「小馬鹿くせぇ、いでらんねぇ」と思ってナ、行ぐんだハア。それに食う物も違ったんだ、昔は。嫁に食《か》すのは、いたましかったんだ。

神楽も田植え踊りも宝財踊りも、蕨平から伝わった

ナミ子　いづがら始まったかわかんないけど、田植え踊りとか宝財《ほうさい》踊りは、元々は蕨平から来たものなんだってよ。そして田植え踊りは、奴《やっこ》っていうのか、面かぶって。年回り、男だら四十二の厄年《やくどし》の家なんか、やってあるったみたいなことは言ったな。

神楽は、昔、うちに乞食が来たんだって、神楽の道具を持って。うちはお金持ちだったんだかなんだかな。「ほの神楽、売っていげ」となったんだって。ほのころで、五十両とか百両とかで買ったんだっけ。そして、買ったはいいけど、誰もほんな神楽のやり方はできないがら、白追《しろおい》ってとこに、習いに行ったみたいなんだよ。神楽って、一年に一回、旧正月の十四日は〃かせどり〃とかって言って、神楽持って、家うち、キヨメって言うんだかなんだがな。うちの旦那と舎弟と、二人で歩ってたのよ。おらがお嫁に来たころ、五十年くらい前には、この神楽がやってたんだっけ。

良友　縁起物だとか言わって、行先の家で餅だどかお金もらったって聞いたったがな、ご祝儀っていうんだか。宮城県だとか浜通りは多いんだよな、万歳《まんざい》やったり。

ナミ子　田植え踊りは、旧正月の十四日がら始まるんだよな。年祝いの家に頼まれて、夜中あるって踊ってたんでないの。して、その家でホラ、ごちそう作って、終わったら飲ませ食わせして。踊り手は紋付着て、早乙女《そうどめ》ってワな、笠かぶって、やったんだすけ。あと道化の軍配ってのは、竹の籠みたいので瓶のような格好に作ったもんだべ。紙貼ってきれいにして、振り回してやってたんでしょ。嫁入りした頃はやってたの。だがら、ほの前、昭和三十年ころはやってたんでねぇの、おそらく。わたしの旦那は、田植え踊りだのなんだのあっ時は、支度したりな、こう顔サ描いたりして、若い人たちに教えたみてぇだよ。

宝財《ほうさい》踊りは、わたしの父親が長泥に来て教えてったの。宝財踊りっていうのは、関所だかなんだか破ったときの様子だべ。蕨平では田植え踊りも宝財踊りも、男なんだけど、今度長泥で敬老会に宝財踊り持ってくべってことで、曲田っていう組の婦人会に教えたわけだったんだわ。わたしは実家にいるうちは、青年部でその宝財踊りの〃棒振り〃ってのをやってたの、一番先になって。ほんでほの棒振りっていうのは、本当は棒ではねぇんだど。槍なんだすけな。ほれ振り回して、殿様は一番後ろで、袋みてぇなのかぶって、按摩《あんま》の真似して通らせたっていうことなんだな。長泥に来てからは運動会でやったわな。練習はうちでしてたんだ、家がおっきいから。一間で十二畳半、座敷が十畳間だがら。

働き者だった夫

ナミ子　四軒も新宅を出してんだど、おれの家から。それだって、おら家《え》は一番貧乏。おらは家ももらわねぇんだ。みんなは昔、建ててもらった家もらったべ。土地もらって。新宅サ出た人は、福福なんだど。おれは家ももらわねぇで、わが造ったんだ。機械も買った。牛の草の機械も、全部。ほの代わり金も取った（稼いだ）。機械買うって、現金で買わねばなんない。家だっておれは現金で払ったからな。ほんな高いもんじゃねえけっど。人一倍働いたな、おれと旦那は。おらの旦那は仕事は早いし上手で。〃までい〃なんだ、ほの代わり。山サ行ぐと、木ィ切る鋸あるのな。昼休みっていうと、一山かげえから来んだ、「のこぎり研いでくれろ」なんて。おらの旦那に研いでもらいたくて。なんでもほのように上手だったもんな。旦那が亡くなったのは、平成二十一年の十月。一年忌の法事やって、間もなくこうなったんだがらなぁ。夫は、体は悪くながったんだ。仕事してたんだよ。

良友　トラクターの上でな、心筋梗塞。一緒にソフトやったりバレーやってだんだ、若い奴とおらぐらいと。亡くなったときは七十歳なった途端だべ。コロッと行ぐと思わねぇやなぁ。

ナミ子　七十四歳。心臓だったんだな。なんでそんな。たまげだ。急に死なっちは、おれこのまま狂っちまうのかなーと思って。なんだか狂っちまうようだった、まったぐ。

避難――娘や息子の家を転々と

ナミ子　大地震の日、わたしは自宅にいたんだ。家ン中の物なんかどうなったってかまわねぇがら、わがだけあれだなぁと思って、自宅の後ろ竹やぶだがら、竹やぶサ逃げで腰掛けった。揺れたって、家はどこもなんにもなってねぇど。どこも壊れでねぇど。電気はねぇし、水も出ねぇんだがら、ほんじゃガスで煮っぺしょうがねぇなぁ、なんて言って、外の水でご飯炊いで。暗いがら、家の前から車のエンジンかけで、ヘッドライトでまんま食ってたの。ほのころはまッだ、吹っ飛んできてねぇんだ、放射能は。ほれがら二、三日後だもの。役場からおら家《え》に嫁さん来て、「長泥サ放射能来たんだって」なんて言った。ほん時テレビまぁだつかねぇんだがら、いやまーッだくたまげだなぁ、放射能来たなんて、なに語ってんだべと思って聞いッたの、おれ。

ほして、それから雨降って、雨が夜、雪になっだがら、避難したのは十六日なんだな。二本松まで避難した、車で。わたしワゴン車持ってるもんだがら、布団だの米つけて（＝積んで）。して、「役場サ回ってくれろ」って嫁さんに言わっちゃがら回った。ほんで孫娘のランドセルだぁの、ワンピースだかドレスだか、何だかかんだか全部つけたんだから。ほして孫も乗せて、二本松まで行ったんだ。行ッけんども、下の娘の嫁ぎ先の家ではしゅうとがいるわけよ。行ってふた晩だけ泊まったが、いらんにぇえな。じゃあ、上の娘がいる横浜サ行ぐべとなった。ほたら明日の夕方四時ごろ出たぁな。

横浜サ着いだのは夜中の二時だか三時だった。横浜は十日くらいいたなあ。ほして、今度ぁ子どもたちハァ、ママの顔忘れたなんて始まったべ。ダメだハァ、男やづは夜になっと泣ぐんだよなあ、寂しいんだがなんだが。十日ぐらいで戻って来たんだぁ。ほして、今度嫁さんの実家サ置いてもらったの、孫ことだけどな。二枚橋（飯舘村の東部、川俣町との境辺り）だがら、なんぼか放射能が少ねぇんでねぇかって。わたしは長泥の家にいだけど、今度旦那の舎弟が、北海道から電話よこしたわ。「ひとりで姉ちゃんいねぇで、みんな行ぐどごサ行げよ」つうわけなんだ。

そんで飯舘の「やすらぎ」ていうとこサおれは行ったが。はじめは一人の部屋だったんだがハァ、そこに曲田の人たつ入ってきて、夫婦の人たつンとこサ、入れらっちゃべえ。なんぼなぁいったって夫婦の中サ、いらんねぇべしさ。ほんで、長泥の家に戻って来た。ほして、六月の一日か、九日だか六日だかに、村が確保した一次避難先のマウント磐梯サ行ったんだ。その前は、川俣サいたんだけど。旦那の甥っ子にアパートを借りてもらったの。いやなんだが、あそこせつなくていらんねぇんだ。地震よりひどいんだ。だからすっかり返して、ほうして今度はマウント磐梯サ行ったわけだ、飯舘の役場から連絡やってもらって。まったぐ。旦那でもいればなぁ、よっぽど気楽なのよぉ。いるものいねぇがら、何したらいいがわがんねぇべさ、これから先。ンな苦労したどぉ、この被災では、おれは。

あえて知り合いのいない仮設住宅へ

ナミ子　今住んでんのは、伊達の伏黒《ふしぐろ》っていうとこ。仮設住宅。そこに落ち着いたのは、二〇一一年の八月だ。今年で四年目だがら。「相馬サ行ぎたいから相馬にしてください」って役場に注文したわけだったの、わたしは。いつも商売で、相馬歩きしてたがら、原町、相馬はわがってっから。それがほの、部屋がねぇがらっていうわげになったべ。伊達しかねぇんだって言われて、伊達になったんだ。仮設の住人が顔なじみでな、来んだ。「いだかー」なんて。おれ家の脇サ車置ぐがら、「車あっから、いだなー」なんて来んだ、みんな。「寝たかハア」なんて、夜の八時ころ来んだな。「寝ねぇ」なんて言うと、「しゃべりサ来たんだ」「ゴンベクドキでもしてぐべなぁ」なんて来んだって。やっぱ、独りの人も多いから、「しゃべんねぇと、ぼけっからなぁ」なんて。ふふ。

長泥の家はこないだ行って来たんだよ。先祖の位牌《いはい》あっからな、たまに行って、線香あげてくるわよ。行ぐけど、掃除なんてして来ねぇ。したって仕方ねぇもんな。やっぱり四年も住んでないと、傷んだなぁ。戸を開けないから、カブレ（＝カビ）くさいもの。困るもんだなーあ。ほらハア、外の機械、イノシシにな、もぎられちゃった。あれは、草刈んねんどくと来ねぇんだよ。刈ったつたら来っからハア、掘って行ぐんだがら。田の土手になって持ち上がってるところ。

なんせダメだ。だって戦争当時《とうざ》よりひどいよ、このありさまは。戦争当時《とうざ》はフキ、ワラビだ、フキノトウだなんだのって、山の物でもなんでも食べられたべした。今はなんにも、採って食べるってことできないべした。ンだがら、月十万の金な、もらった場合なんだけど、ほの十万では、やっていげねぇよ。車の保険、家の保険だって払うべ。ほの他、燃料だ付き合いだ、葬式だご祝儀だ、法事だ。とーんでもねぇ、十万なんか三日でねぇど。ほんなごと言ったら、ほんとに。長泥の家にいたときは、米とか野菜はいっさい買わないですんだのに。今は野菜、伊達のものだって食ってねぇもの。放射能がいやなんだ。みんな除染もしないとこサ、作って。だがら、福島県の物は食わねぇって。水さえ買ってんだから。ンだら、他人の家サ行って、「お茶飲め」なんて言われるときは「おら、お茶はたくさんだよ、今我が家で飲んできた」って言う。新潟産の米だって、どこの米とブレンドしとっかわかんねぇ。

福島だって放射能が高いんだもんなぁ。伊達サ来た時は○・八マイクロシーベルトだった。今は○・三だな。福島だって○・三だべ。

良友　だら普通、年間一ミリシーベルトぐらいだなぁ。これが、ほれだって高いって言われれば高いって言われるわい。○・○台だがら、会津は。十倍とか二十倍って始まんのよ。飯舘なんてのは一ミリ、長泥は二から三ミリだもの。何百倍あんだがら、住むとこじゃないっていうの。

ナミ子　うん。だがら、「長泥サ行っても、長くいらんねぇんだ」ってこう言ったっけど。あの、川俣と飯舘の境ンとこ、花塚山。あそこサ働きに行ったんだった。一日一万円ずつもらってなぁ。あんな放射能がねぇとこ、なんで除染すんだべなぁ、なんておら言ってたの。だがら、誰もマスクなんかやってねぇんだ。して、ガードレール、水でバーっと洗うんだっけな。ほいづ雑巾でこう、拭いて、いだったの。だけどどっかの組で女の人怪我したから、「女の人はやめてもらうべ」なんて言われっち。いがったぁ。ひどがったんだよ、忙しくて。朝早いんだもの。川俣まで行ぐんだがら。そして今度、選果場サ働きに出たんだ、桃の選果場。ふた夏出たんだ。ンで、伊達の人たちが、商売でまわっていたからおれのこと知ってて。店屋さん行くと「あらー」なんて言われるけれど、おらは知らねぇんだ。みんなの顔は覚えてねぇべした。あっちでおれは一人だがらみんなから覚えられているけど。

✺　✺　✺

祖父は飯舘村初代村長だった

〔平成27年8月30日聞き取り〕

高橋　繁文《としふみ》　昭和24年生まれ（二組）

大きな農家の長男に生まれて／火事の記憶

あの、うちはね、昭和三十四年春に火災になっちまったんです。その前の、古い資料がおそらくあったと思う。子どもの頃、そんなのあったの見たことあッけど。〔当時は〕ぜんぜん興味ないんで。〔屋号が「上の家《かみえ》」だから〕「この上に、うちはなかった」っつう。戦後、開拓に入って来たんですよね、あそこは。うちは明治十六年だから、入植は。うーんと、宮城県の白石だな。〔刈田郡〕小原村。事業に失敗して、逃げて来たんじゃないかな。

〔火事になる前の〕昔のうちはね、二階建てなんです。いまも二階ですけど。その頃はおっきかったんだよね。池の上にうちがあって。床下に池があって。半分にこう曲がりあって、コの字にずうっと繋がってて。〔部屋が〕二階に四つ、五つ。まわりに廊下があって。ただ、十歳のころの記憶なんだよね。

そのころは、うちの農地は三町一反。ただ、そのころね、子どもたちがいっぱいいたんですよね。うん、イトコ、同居してたんですよ。ようするに、うちの親父の妹の旦那を、婿にもらってきて。そこに一緒にいて。われわれもそこで一緒に育った。子ども混ぜッと、三十人ぐらいはいたんだべ。きょうだいじゃなくて。その前かな、分家出していったのは。家系図見ると、そうなんだよね。よくあの、「分家出すと財産つぶれる」ちゅうンだけッど。つぶさねぇできたんだから。やっぱりもう、ある土地を分けてやるわけだから。うちは六軒出してッかンなぁ。だから、考えてみッと、苦労したんだなぁっていうかんじはする。俺にはできないね。

そのころ農家やってて……。なんか話聞いたときに、曾祖父《じいちゃん》、与市っつうんだけど、与市じいちゃんが、山の炭焼きやったりなんだりして。馬を買って、馬車で川俣までみんな運んだと。で、使用人の人たちが農業やったと。その記憶はあンだよな。うん。けっこう山もあるんで。その山を伐り出して、炭を焼いて。その炭を隣の川俣町まで運んだと。うちの親父さんは、若いころ戦争に行って、戻って来て。片手に弾が入ってッところをどうかっつって、身体が弱かったんですよ。お父さんのきょうだいはね、男三人、女六人だね。まぁ現在三人なんだよね。それであと、使用人雇って。それでやってた。

〔火災で家は〕丸焼けです。残ったの、唯一蔵だけ。〔母屋から〕離れてッからね。ちょうど馬の飼葉《かいば》切ってッとき、昔の発動機ってのは、エンジンかけると火が飛び出すんですよ。それ、藁に移っちゃって、火事になっちゃった。朝方、早かったんですよ。五時ごろかな。起きたとき、もうハァ燃えてたっていう。そのころ、居候みたいのいっぱいいたんですよ。その人がやった。使用人がうちの中に同居してて。三人くらい。十五からハタチくらい。男ばっかりです。

〔家が〕燃えちゃったんで。その前に、うちは、学校あったんだよね。うちの五十メートルぐらい離れたとこに作ったんだよね。〔資料を見て〕ここに書かってんの。「〔高橋家が〕敷地を寄付して、長泥小学校創立」って。建物建てたんですよ、うちのおじいちゃんが。「敷地は寄付して」って書かってンだけど。〔土地の名義は〕うちですね。そのころ、学校が下に移動したんだよ。〔だから元の分教場の校舎は〕空いてたんで、それを改築して、そこさ入った。学校だから、部屋数いっぱいあったんです。そこで二、三年。

市平じいちゃんの思い出

うちの祖父は市平《いちへい》なんだよな。うちが高校生のころ、〔昭和三十一年に〕合併するときの初代村長だから。合併のときはね、大舘の人たちが怒鳴りこんで来て、怖かったなっていう記憶があンだよ。ようするに、政見が合わないんだべ、意見が。

市平の親が与市。〔市平じいちゃんは〕温厚でなぁ。いじめられた記憶、怒られた記憶、ぜんぜんなし。そのぶん、ばあちゃんがうるさかったね。これはまた、うるさい。イシ〔ばあちゃん〕。

なんだか子どものときの記憶には、じいちゃんはね、「ご飯に麦を入れろ」ちゅうわけだね。「麦をいっぱい入れなさい、入れなさい」と。そうすると、おばさんの話だと、じいちゃんとこさ、みんな麦を集めて、入れて持ってくンだって。アハハハ。ご飯に麦入ってンですよね。だから、麦の多いとこを分けて持ってくの。そういうふうに持っていかないと、騒ぐんだって。ようするに、食べ物っていうのは大事だったんでしょう。お米はあんまり〔食べるなと〕。よくあの、「与市さまが炭を持って川俣に行くと……」。まぁみんな、そっちこっちもう、炭を持ってくるんだって、近くの人。炭を焼いて持ってって、川俣に卸すわけなんですが。「そのとき、おたくのじいちゃんは、おにぎり手に持ってって食べて行くんだ」と。みんなは食堂とかそういうとこに入って食べるのに。うーん、わりとケチっていうか。

言っちゃあ変だけど、郵便局もってきたのも、うちの〔市平〕じいちゃんだべ。あとあの、月電《つきでん》工業。弱電会社。もってきたのも、〔市平〕じいちゃんだべ。ようするに、出稼ぎ対策。若ぇ人たちが外に行かないようにと。みんなうちのじいちゃんが、もってきたんだよ。じいちゃんが村長終わって、やめッとき。郵便局、「長泥にもあってもいいんだ」つって。ほうして、もってきたんです。もってきて、自分がやるわけだったのが、こんどは、村長終わッと、森林組合の組合長。そっち、やだンねから、できねぇから。だからうちの姉に「やらせる」って聞いてたんだよね、郵便局。うちのねぇちゃんは「やンだ」つって。「どうすっぺ」つって、こんどほれ、いまの佐野寅治さんとこさ。うちのじいちゃんのいとこだから。

「百姓として先祖の残した土地を継げ」と

高校、飯舘のほう〔福島県立相馬農業高校飯舘分校〕。〔高校入学は〕昭和四十年かな。同級生、いなかったもんね、誰も。長泥〔の同級生〕二十三人で、わたしが一人。中学校終わっと、〔金の〕卵。みんなバラバラに東京だかどこだか行っちゃって。集団就職になって。〔同級生の〕次男三男はもう、普通の会社に〔就職〕。金の卵だから。かえってそのほうが良かったかも、いま考えると。まぁ実際こういうふうになんの、わかってればな。

そのころンなっと、だいたい、使用人もだんだん少なくなってる。なぜかっていうと、使用人はみんな「出稼ぎのほうがカネになる」っていうンで。うちはもう、小さいうちから「おまえは百姓だから」って言われちぇッから。「この跡を継いで。先祖が食ったり食わねえだり、食わねぇで残した土地なんだから、ちゃんとやんなさい」っつって、ばあちゃんがうるせかったから。もうアタマっからそういう、洗脳されてるっち。

高校卒業して。一回、出稼ぎしたことあンですよ。でも長男なんで、秋に行って春先に戻ると。それ二年くらいやったのかな。それが十八、十九、ハタチころだな。いや、歩きましたよ。静岡、東京、千葉。みんな行くんで、それに付いて行った。静岡は、宅地造成の石積みに行ったことがあって。丸こい石を積む。あのころで〔一日〕二千円もらった記憶があッけど。東京の地下鉄〔工事〕やったことあるし。飯場。雑魚寝ってやつね。最初のころは〔稼ぎを〕親父に出したんだけど。親父はほれ、もらった金額はみんな預貯金してたもんね、うちの名前で。

〔出稼ぎを二年でやめたのは〕うちは〝長男〟っていうアタマがあって。だんだん使用人もいなくなって、手もなくなってくる。それ、うちのお袋もねぇ、「そんなのダメだから」っつって。ようするに農家が大きいんで、〔自分が帰らないと〕成り立たないっちゅうか。それから福島に来たのかな。一回あの、そこにオイルシールの会社あンだよな。ベアリング作る会社なんです。それに入って。最初、出稼ぎで入ったんですよ。そしたらそのままこう、会社が「もうちっと、もうちっと」で一年、二年。

やっぱりお袋、どうしても農作業はたいへんなんだよね。比曽から〔嫁に〕来たんだけど、高橋家の農業を守ってきたのは、うちのお袋だと思ってるから。ようするに、使用人がいなくなっちゃって、だんだんお袋の仕事がきつくなって。子どものころ、記憶あンのは、お袋が田んぼさ行って、田の草取ってンのは……。まぁ使用人の一人か二人はいたんだけど。うちの親父さまは、田んぼさ入ンの、しなかったから。やっぱり、いまの高橋家を守ってきたのは、うちのお袋だと思ってッから。いま九十三歳。ちょっとボケてはいッけど。

長泥の若者でバンド結成

〔ブラックバードという〕バンドやったのは、二十四〔歳〕。高校のころはチャカチャカやって、ギターね。高校のときクラシック〔ギター〕始まって、ハタチでエレキにして。そのあいだブランクあンだな。最初三人でな〔始めた〕。そのころ、楽器買うカネもないっつうんで。「よし、ンじゃ、出稼ぎだ」っつって、出稼ぎやって資金は作った。作ったんだけど、こんど、楽器買えば簡単にできッと思ったんだな。これが、そうはいかねぇンだ。これで、こんど苦労すンですよ。楽譜の読み方も独学ですよ。まぁ、あのころは楽しかったなぁ、考えてみッと。

〔練習は〕一日おきだなぁ〔昼間は働いて、夜〕。〔練習場を探して〕そっちこっち歩ッたんだよ。「うるさい」って騒がれてな。ものすごい音するんだよね。いや、うまいンならいいんだが、下手だから、よけいにうるせぇんだね。ウフフフ。音だけは、いっちょまえに出てくッからな。

ダンスパーティもやったし。ダンパ。飯舘村の青年会になぁ、文化祭のやつもあってな、そこにも行ったし。津島とか山木屋にも行ったなぁ。蕨平にも行ったし、比曽にも行ったし。原町のなんだっぺ、原町体育館。ダンスなんつうのは、得意じゃないから。ウフフ。わりとバンドっていうのはなぁ、モテそうでモテないよなぁ、うん。当時流行りのベンチャーズ。うん。テケテケってやつ。あの時代なんです。何年やったべ。俺が三十〔歳〕ンときにやめたんだな。結婚して。やっぱりあの、バンドだと食っていけねぇから。アハハハ。うーん、まぁやればできたんだンな。

結婚後は農業ひとすじに

〔結婚したのは昭和〕五十五年。三十〔歳〕。親が探してくンのは、みんな断ったの。二十五、六までは、ほンな気、ぜんぜんなかったんだ。親っていうのは、わりと親戚関係〔で縁談をもってくる〕。まぁ昔は「財産どうのこうの」つって。うちのばあちゃんなんか、わりとかたいほうだからなぁ。いや、アタマにきてなかったけッど。〝なんで、そういうふうになんの？〟って。うん。——まぁ結果的にな、この家系図見ッと、与市の兄の子孫の、こっちのほうだけッども。俺、それと一緒になったんですよ。

〔農業は〕夏はいいのね。〔夏は〕米だな。そのころ牛がいて。お米ね、やって。いちばん大変だったのは、田の草取り。あれが大変だったね。最近、除草剤とかいろんなのが出てきて、楽にはなったけど。ほうしてよく言われたんだ、「上《かみ》の家《え》に嫁にやると、娘、かわいそうだ」つって。ようするに、夏のクソ暑いときはこんなして〔中腰で〕こうやッぺした。あれ見てッから、「上《かみ》の家《え》さは、嫁くれるな」と。春から秋までは、まだいいんです。仕事があって。こんど冬期間《とうきかん》、なくなっちゃうんだよね。そンで冬期間、なにを入れたらいいのかなぁ〔って考えて〕。ほンで、キノコ栽培して。シイタケ。だいたいノウハウは覚えたけど。でも冬期間、遊んでるわけじゃねぇから、まぁなんとかやってきたっていう。

そのころ、みんなねぇ、百姓しなくて、いろんな勤めに出て、兼業農家になって。減反調整でね。高校のとき、減反調整始まったからね。昭和四十五年。うちのお袋なに言うかっつったら、「こんなの一年二年だから。バンバン作れるようになッから、やれ」って。だけど、なンねかったな。いまだに減反調整で。〔米を作れない田んぼは〕草地です。牛を飼ってるんで。いろんな制度のなかで、考えッとよ、なぜ減反さしてまで、農地を国で守ろうと〔するのか〕。なにかあったときのために、農地を保存しといて、補助金くれて。ただ、日本の国は工業国なんだよな、農業国じゃないんです。っていうことは結局、日本は農業では食べていけねぇんだな。農業はほどほどに抑えながら、工業で。「ものつくり日本」つうのは、ここなんだよね。常に、そういうふうに。だからここまで発展したのかなってかんじはすッけど。

原発事故で生業も失った／先祖が残した土地だから除染してほしい

〔3・11〕ちょうどあンとき、川俣の銀行いて。すごい地震きたんです。〝これはすぐ、うちに戻んねっかなンない〟って、戻ったんです。ばあちゃんひとりだったから、うちにいたのが。すごかったよね、あのときは。うちは大丈夫だったです。なんにもない。〝さすが飯舘だなぁ〟と思った。自然災害に強い地区、つって。うん、もう、御影石で固まっちゃってて。飯舘で、うち潰れて、下ンなったって人、だれもいないもんな。あの、田んぼに「はせ小屋」つうの、あンじゃないですか。昔、はせを吊って、稲を掛けたっていう。ああいうやつだって、ちゃんと立ってんですから。ちょうど道路なんかの、土盛りして舗装してる、そういうとこがちょっと崩れたけど。あとはほとんど、なにもないよね。うちなんか全然なんともない。〝もし潰れてて、ばあちゃんが下になってたら、大変だな〟っていう、それだけだったです。なんともなかったですよ。うちのばあちゃん、ちょっとボケてっから。飯舘村ほど自然災害に強いところはないです。なにしたって大丈夫。ただ、放射能だけが弱かったな。

震災後のパトロールに出たんですよね、「見守り隊」の。いまだにやってッけど、まぁ三日に一回は。「自分の行政区は、自分の住民が行って、みなさい」と。うちっていうのがどういう家庭なンだか、わかッぺした。うちに、もし不審者がいれば、知らない人がいれば、「いや、この人、このうちいるはずがない」と。ようするに、住民はぜんぶ、わかッから。だから、そのほうがいい、つって。

〔借り上げ住宅に入ったとき自分、妻、母親、長男の〕四人ですよ。いちばん上の娘が仙台だったんです。

ほぅして、いちばん下〔の息子〕が、福島さ、部屋探してきて入ったと。長男坊だけが、うちらと一緒にいた。ところがアパートが狭いんで、いられないと。で、福島の瀬上地区ッつうのがあンですよ。そこさ、自分で探して。いちばん上、ＮＥＣ。二番目は日立なんとかっていう、機械。子どもたちは、そのまま仕事をしてる。まぁ、どっちかっていえば、俺は仕事をなくしたんですよ。アハハハ。

〔農業を継がせたいとか〕もう強制ができなかったね。いまの、ＴＰＰとか、計算すッと。〃こりゃあ日本の国は農業国じゃねぇな〃っていう。いまの農業政策っつうのが、もう、集団でまとめて、でかくやろうっつうなら、うちらみたいに田舎の、山ン中の農業っていうのは、どうやって生きていげンだろうなぁって。だって、みてみっと、みんな兼業農家なんだ。そうすると、そこで、米作りなんかやってて、ちょっと無理かなぁって。ただ、この年で投げらンねぇんだよな。そのときは六十一〔歳〕かな。考えてみッと、機械新しくして、乾燥機二台も入れて。一回も使わねぇで終わった。一台二百五十万〔円〕に、もう一台が二百万〔円〕ぐらい。うちはコンバインあっぺ。機械、なんだかんだあッかンなぁ。まぁ、いまは機械だかンな。三町くらいあったって、俺一人でじゅうぶん。

収入補償は、たとえば「一反歩あたり、米作るといくらの補償ありますよ」。それ、いちばん最初、五万七千円。これ、花になッと、ちがうんだよね。たとえばトルコキキョウとか、そういうふうになッと、一反歩二百八十万〔円〕だ。ものによって違うんですよ。その証明すンのは、農協で知ってッから。田んぼほど、カネになんなかった。ローンは払いましたよ。東電からカネをもらって、ほのカネをあっちへやったと。ただ機械だけが、そこにあると。結局そのまま一回も使わない。箱に入れとけば、保管は良かったなぁ。組み立てッちゃったもの。

〔田んぼの柳の木が高くなって〕十メートルあンじゃねぇか。あの道路から下が、だいたい三メートル五十ぐらいあッから。すごかったなぁ。〔なんかしようとは〕思わなかったねぇ。ぜんぜん思わなかった。除染くンだと思ってッから。ところが、なんにも来ない。いまだに、除染の案件はねぇもんなぁ、「何年にします」って。でも、あのままにしてはおかないでしょう。いやぁ、だって、やってもらわンにゃなぁ。われわれに「やンな」っつってンだから。飯樋地区とかそっちのほう見ッと、きれいになるもんね。線量が下がッか下がンねぇか、わかんねぇよ。まわりがきれいになる。やっぱり、うちもやってもらわないと。結果的にはどこまで下がッかわかんないよ、それも。わかんないンだけど、うちに帰ったとき、もう荒れ放題でしょう。あれ見ッと、がっかりしちゃうんだよ。とりあえず、先祖が食わねぇで残した土地だから、国と東電が悪いんだから。ほんな、「いつすッか、わかんねぇ」なんて言わないで、とりあえずやってください、と。常にそう思っています。

〔長泥に帰りたいと〕思ってますよ。これ〔家系図〕見たら、守ンにゃいかんわけです。だって、先祖がここで苦労したんだもの。六代目だからね、わたし。うちの子どもで七代目だから。まぁ、うちの周り、ずっと除染してもらって。〔今の家〕壊してもらって。わざわざこんどなぁ、茅葺屋根でも作って。行ってみたら、雨漏りしてるんですよね。屋根は抜けるし。うちの杉の木、伐ンねぇと、〔放射線量が〕下がンねぇもんなぁ。居久根《いぐね》の木ッつうんだよね。風よけなんだよね。幹まわりなんぼ、三メートル七十センチ。弁護士来て、測ったんだもん。巻き尺持って、ぐるっと回って。

運動不足とストレス／ひとりでもいつかは長泥に帰りたい

その、ターシャ〔・チューダー〕っていう、絵本作家。なんか、そういうの見ると、希望と夢は捨てないで。もともと、一人でいるちゅうことは苦になんないほうだから。女房子どもはこっちにいても、あのうち壊して、線量下げて、うん。土をこう、十五センチぐらい取るんですよ。野菜作って。自由にハァ、のんびりするほかねぇかなっていう。

うちのやつは「帰んない」っつってる。嫁だから。アハハハハ。嫁はもともと、ここは実家でないし。そこで育ったわけじゃないし。息子たちは、戻る気ねぇわ。

〔福島の都会暮らしは〕不便だな。わたしにすれば不便なの。どこに行ったって、なんかこう、他人に気を遣うとか。あまり気を遣うの好きじゃないんで。〔原発事故で自分の人生〕まぁほとんど、百パーセント〔変わっちゃったん〕じゃないですか。

〔自分の老後は〕いくらか夢もありましたよ。なにもかにも全部なくなってしまったと。だからってそれ、いつまでも背負っているわけにはいかないから。自分の人生を自分で考えなきゃなんねぇべ。そうすると、老後、自分に残ってるのは、あと十年しかねぇか、もしかすると。身体の調子がね、ストレスばっかり溜まるんで、夜は眠れないし。二時間くらい寝ッと、また起きちゃって。どっちかっていえば、夜が長くなってしまって。

〔長泥に暮らしてた〕そのころは、身体、調子良かったね。どこも悪くねがった。その、動いてるときがいちばん良かったな。いま動けないんですよ。医者はね、「そのへん散歩しろ」って言うんだよね。その、散歩ができないの。ただ歩くのはできねぇんだって。「こっから五キロぐらい行って仕事してこぉ」って、通うっつうンなら、歩けンだけど。どっちかっていえば、「血糖値、最近高い」って言われちぇっから。「運動不足だよ」って言われて。五キロくらい痩せちゃったかンなぁ。〔食事制限も〕「一日一千五百カロリー」っつって。震災後。ストレスがいちばん悪いっていうんだよね、医者は。「ストレス溜まんない方法、ないんですか？」ったら、「ねぇ」っつうんだな。「考えないことだ」と。「考えないことってことを考えてることも、ストレスだンべ、先生」っつったんだ。なんかこの、ストレスっていうの、難しいんだ。生活が変わったもんね。やっぱり人間は身体動かしてねぇとだめだ。だから、みんななぁ、震災後「太った」っつうンだよ。「いやあ、いいべした、太ることは」。俺からすればだよ。「俺は震災後にだんだん痩せてるんだ」と。もっと太ってたし。手がこんなンなってなぁ、皺になっちゃって。

おばあちゃんねぇ、最初避難したとき、「もう飯舘に帰っぺ、帰っぺ」ばっかりだったのね。あんまり言うんで、三回連れてった。連れて行くと、仏様のところに行って。チーンとやって。なんか、「ホジャラスチャラ、ホジャラスチャラ」って。アハハハ。〔お経をあげて〕ごじゃごじゃ言ってよぉ。なぁにやってんだかなぁと思って。「帰ッどお」つって。「帰る」つうのが変なんだよな。「帰る」つうのが変だ。だって、実家がここなんだからな。帰るっていうことは、アパートに行くわけだから。みんな、最近そうだもんなぁ。「家さ帰っぺかぁ」なんつって。「家さ帰るって、家がここだべ」という。

✳　✳　✳

長泥の鴫原本家を継いで専業農家を〔平成27年6月28日聞き取り〕

鴫原久子　大正15年生まれ（一組）
昭二《てるじ》　昭和33年生まれ（一組）

祖父の代からの身上を他人にやりたくなくてイトコ婚

昭二　長泥には八軒、鴫原《しぎはら》って〔ありますが〕、七軒はうちから出た鴫原でね。もう、「だれだれアンニャ」「だれだれネェチャン」っていうような、いまでもそうなんですけどね、そういう呼び方をしてたのは、ほかの佐藤とか高橋の人たちはないと思うんですけどね。どういうわけか、うちらは「だれだれアンニャ、だれだれネェチャン」なんて。〔三代前の〕定五郎っていうのが比曽から。次男で。いまの長泥の、わたしの自宅のほうに、そこに新宅に出されたと。

久子　〔わたしは〕長泥生まれで、長泥さ嫁になってってから。

昭二　イトコ同士〔の結婚〕なのよ。鴫原良友さんの自宅、わかりますよね。あと、わたしのうちと。そのあいだがお袋の実家。

久子　わたしらの時代は、いまの時代と違って、お見合いだの、それこそふたりしてよくなったから結婚しますなんていう時代ではなかったの。親同士がハァ、孫だからせでくっとか、姪っこだからせでくとかなって、親だちがだいたい決めて。それで仲人するひとごと頼んで、仲さ入ってもらって、ほんで結婚式することはやったの、わたしらの時代は。アハハハハ。部落内では、わたしがゆってもあれだが、実家も、いまの嫁ぎ先も、土地は多く持ってるほうだったから、ほんだから、他人にくれんの痛ましいから、ほんで、〔イトコ同士で結婚〕するって、ほういう事態になっちゃったの。この身上《しんしょう》他人にくれんの、痛ましいから。ほういう時代だったの。ほんで、親の言うこと聞かねぇものは、当たりめぇでねぇから、「どこさでも出てげ」なんてやっちゃうべ。〔わたしも〕親の言うことは聞かなんねぇもんだと思ってた。ほんで、好きでもねぇとさ、やられんだわい。いまだら、ほんなこと誰もやんねぇ。笑い話のようだべ。

昭二　アハハハ。一言多いんだな、お袋な。でも、おかげで、わたし、きょうだい五人いるんですよ。

久子　いま、こんなこと話すなんて、誰も聞かねぇべ。こんな話はな。昭和十九年の四月に結婚して、ほッで、二十年の一月に兵隊さ行ったがね。ほのころ、おらみてぇな結婚〔式〕なんては誰もしてもらわにゃけど、おらは、ちゃんと、頭は島田に結《ゆ》ってもらって、角隠《つのかく》しかけて、黒無垢《くろむく》の着物きせてもらって。おらは立派な結婚式だった、あのころの時代では。あの年代では、みんな、結婚式なんてやんねぇもの。荷物は行李ひとつ背負《しょ》ったくれぇして。仲人するひと一人とか。うちから一人、送ってったとか〔というかたちで〕くれてやってたの。

出征の見送りは十文字——夫は三年間ソ連に抑留

久子　〔出征の見送りは〕十文字だった。長泥の十字路になったとこ。あそこの神様の前で、みんな集まって、ほれで見送りして。ほのころなんて、道路が道路だから、車なんてねぇから、長泥から津島まで歩ってったんだもの。兵隊さ行ぐ人、自分で。三人で一緒に兵隊さ行ったから。津島の駅さ行って。ほれからどっちゃ行ったかはわがんねぇから。仙台入隊というような気ぃしてるよぉ。〔あのころは〕婦人会の人たち、「〔大〕日本《にっぽん》婦人會」なんていう肩章あったから、肩章を掛けて。ほこで、おらはお別れして、行っつまったの。兵隊の人が足らなくて、一年繰り上げの検査さ。ほでなかったら、行ぐことなかったの。普通の検査だこったら一年あとなんだから。曲田の〔杉下〕初男のおんつぁい、竹男さんという、兵弥《ひょうや》さんの末舎弟《ばっち》。原町に婿さんになった人だったが、この人と、うちのおじいさん（＝勝）と、あと、春吉さんのアンニャ、〔菅野〕金之助という、この人と三人で、津島まで歩ってってたんだ。

うちの旦那は、ソ連さ捕虜になって、ほれで、まる三年半兵隊さ行ってでした。ほのころは、朝鮮の羅南《らなん》さ行ってたんだって。ほしてこんど、ある日になったらば、「内地さ帰すから」ってやっちぇ、汽車さ乗せらっちゃうんだって。汽車さ乗せらっちゃら、黒い暗幕張られちまって、見えなくすらっち。暗いからわがんねぇが、なんだか北さ行ぐような感ズはしたった。ほんで、ソ連さ連れてかれちまったんだ。昭和二十年の一月八日に行って、二十三年の六月の二十日に家さ帰ってきたの。うちでは死んだと思ってたの。まる一年半くれぇはハァ、音信不通だったわ。なんにも頼りもねぇわ。手紙やったって返ってくっから、あとは出さなかったし。それがソ連さ行ってたんだ。捕虜になって、山仕事させらっちいたんだと。ほして、山仕事でも、おら家《え》のお父さんは体はあんまりおっきい人ではなかったけんとも、馬でもなんでも、うちにいてやってたから、山からみんなが伐った木を出す仕事をさせられちってたいう。ほれが馬使いが上手だったべ。ほれ、うちにいて、馬、いズくっていたから。ほんだもんで、成績がよくて、

昭二　木馬牽《きんまひ》きって言ってたんだな。橇《そり》に伐り出した木を付けて、馬で引っ張るんだけども。でも、なんぼ頑張ったって、青森だかの人にはかなわない。一番目だったんだ（笑）。ほして、まぁ、お袋の前ではあんまり言えないんだけども、ソ連の人たちが親父の仕事ぶりを見て、「婿になれ」って言われたんだって。あの当時ね、もし逆に、あのままになってたったら、うちら生まれなかったんだしなぁなんて。

戦後の電気工事では大勢の人夫を家に泊めた

昭二　お袋は、長泥で電気入ったことをね、あのとき東北電力の人夫《にんぷ》百何十人だかなんだか、うちに〔泊めたと〕。〔隣に〕高橋市平さんていう〔飯舘村初代〕村長もやったほどのうちがあるけども、うちの一二三《ひふみ》じいちゃんていうのは、読み書きはあんまりできなかったけども、人望はあったのかな。世話好きだったのね。もう、ボランティアで泊めて。そして、お袋は嫁でいて、まかないして。「長泥の人より半月だか早く電気入っただけだった」って、よくこぼしてた。

久子　わたしのツレのほうの親、おらにしてはおじいさん（＝舅）なんだけんとも、鴫原一二三、このひとの世話で、長泥部落さ電気引いたの。このころ旅館もなんにもねぇから、自分のうちがおっきかったから、自分のうちさ宿にして、座敷から下までいっぱいに布団敷き詰めに詰めて、ほて、ここさ泊まってもらって、ほんで工事やってたの。このご飯炊きだのなんだの、それを〔嫁のわたしが〕やったの。〔延べにして〕百二十〜三十人泊めたようなことゆってた。一日、十人くれぇ、いるときはいたな。いねぇだって、五〜六人はいた。長泥さ電気入ったのは、昭和二十三年の十二月だと思うんだ。おれの長女の英子《ひでこ》が〔昭和〕二十四年の三月の二十日に生まれたべぇ。ほんときは電気ついたの、ハァ。英子は電気の下で生まっちゃったよ。ほれたけは覚えたんだ。

昭二　蕨平《わらびたいら》と長泥と、電気、どっちが早かったんだ？

久子　長泥が先だわよ。〔比曽の鴫原の〕本家のじいちゃんの世話で、比曽から長泥さ引いたの。蕨平では、長泥のほうからは引くの嫌なんだか、ほこらへんはわかんねぇが、自分で自家用の電気を起こして、電気つけるとなったの。ほって、やンのはやったんでねぇか。でも、うまぐいがねぇで。ほんだから、また、おら家《え》のじいちゃんが蕨平の人らに、「こっちから引っ張ってげ」って。ほんで、〔電気が〕長泥から蕨平さ行ったはずだ。

わたスらは、あのころの時代にしても、田も畑もいっぱいあったし、山でもなんでもあったし、土地もあるほうだったから、部落内では。ほんだから、終戦で、みんな、お米なくて。配給だって、米もらわねぇで、砂糖もらったりしてたんだから。ほんじゃ、〔砂糖の〕配給受けた人は、ご飯食いたくて、砂糖持って、おら家《え》のほうさ来んだ。「米と取っ替えてくんちぇ」って。砂糖と〔米と〕物々交換。ほうやってみんな、ご飯食ってたんだと。おらは、生まれたとこにも米はいっぱいあったし、嫁いだとこにも米がいっぱいあったから、ほんな〔ご飯が食べられないなんて〕ことは、一食もなかった。ほのかわり、ご飯さは、麦とジャガイモを入れっとか、麦さカボチャ入れるとかって、米と三通りくれぇ入れて食べて。で、「正月三日間はなんにも入ンねぇで、白いご飯、炊けぇ」ってやっちぇ。ほんで、みんならは、お正月だって、ほういうご飯も買いに行ってたんだと。田畑のねぇ人は、炭焼き専門で暮らした人、なんぼもいっから。みんなば苦労したんだ。おらは、食うことさば、苦労はしねぇちまった。おかげさまでな。

　昔むかしは、三十人も四十人もで田植えたと。こう〔並んで〕、苗植えて歩くの。ずうっと植え終わって、ひっくり返《けえ》して、またずっと。ほいつがこんど、ハァ夕方になっと、ケンカみたくなっつまうんだ。腰は痛くなってくる。みんな、足つまんだり。ほんだら、わがめ植えたって、向こうのほう見っと、まだ植わねぇでっと、こんど、ハァ、〔終わるのを待っててあげないで〕こっちのほうで、ひっくり返《けえ》しちまって。〔それが〕昔の田植え。あと、だんだん、筋植えになって。筋、ずうっと、敷いて。こんど、わが、みっ株だら、みっ株ずつ持って、ずうっと、自分《ずぶん》の前、こんどは、〔昔と〕反対で前さ出ていくの。だんだんに時代が変わってきてな。ほうやって田植えっちゃしたんだ。ほのあとは、こんど、やっと、田植え機械が入ったんだわい。おらは、ほの昔っからやったから、苦労はした。

昭二　（写真を見せながら）これが田植えのときのね、昔の。こうやって、結《ゆ》いでやってて。うちなんてのは、けっこう長泥地区で〔田んぼが〕あったほうだったから、一回、二回くらいは結いでできるんだけども、でも、三回目となると、もう、おカネを出して頼むっていうかたちだなんて、よく聞いてたったけど。けっきょく、「今日はうちだよ」と。「次の日は良友さんのうちだよ」ってなれば、極端な話ね、雪が降ろうと槍が降ろうと、その日に決行する。次の日はもう、日程が決まってるから。いまは、みんな、めいめい、自分のうちで田植え機械でやるから、今日は風があるとか雨が強いから「見合せっか」とかっていうふうになるけども。昔はそんな感じで。だから、ひどかったたって。

炭焼きの元締として

久子　山、ほれ、営林署から払い下げだ。〔炭を焼くための〕山〔の木を伐採する権利の代金を〕、みんな、払うのできなくて。おらのほうで親だちは、おっきくやりくりしてっから、なんとか、ほれ、やりくりできて、ほのおカネは出してくれんの。ほっで、ほの山、こいつは誰の分、こっちは〔誰の分と〕小分けして。ほして〔みんなは〕「おれはこの山、当たった」「こっちの山、当たった」って、山の木、切り出してきて、ほのひとたち自分《ずぶん》で焼いて、ほで、炭にして持ってきて。ほれがカネにして。ほっで〔うちが立て替えたおカネを〕払ってもらってたの。ほの元締《もとずめ》つうことをやってた。〔うちに〕おカネがほんなにあったって、おらは自由にはもらっては使えねかったが、食い物だけは不自由しなかった。みんなお粥食ったなんつうが、おらはお粥なんてもの食《か》せられねかった。

　おら家《え》の曽《ひい》ばあちゃんちゃ、食うこと（＝料理）が上手なばあちゃんだった。いまの曽ばあちゃんの姑《しゅうと》だわな。いちばん初代のばあちゃん。このばあちゃんは、こういう大きな鍋さ、豆腐でもなんでも自分でつくったんだから。ほで、食い食いしたんだから。豆腐のオカラなんていっぱいあっから、冬の寒いときは。夏場は作ンねえが。ほんだら、豆腐のカライリ、こういう鍋さへいっぱいつくっておいて、山から帰った人だち、炭背負《しょ》ってまわられっから、ほの人たちに、ほのオカラを食《か》せてやんの。こういう皿で、二回も三回もお代わりして、腹一杯にして、みんな喜んで帰した。ほいつ見てた、おら、子どものころ。

　油だの醤油は一斗缶で買って。昔は缶だったたから。ほういうの、川俣の町さ行って、〔担ぎ〕上げておいて。山の、焼き子の人たつ、〔山仕事の〕帰りに、おら家さまわっから、「醤油を一升、貸してくんちえ」「油一升、貸してくんちぇ」って。ほして、一升瓶さもらって行ぎ来したの。ほういうとき、おら家《え》のばあちゃんは、カライリなんかつくっておいて、みんなに、いっぱい食《か》せてやりやりしたの。だから、十五、六人はいた、山の、炭焼き子。

あとは、だんだん、トラック入るようになった。道路できたって、いまみてぇな舗装だのでねぇ。ただ土で作った道路だから、雨降ればぬかって、歩かンにゃくなって。いやぁ、こんど、トラック買って、おら家《え》でトラック屋始《はず》まったんだわ。なんぼ苦労したかわかんねぇ、それこそ。

昭二　うちなんて、ましてや、山も持ってたしね。うちら、やっぱり、冬場なんて、みんな、炭焼きやってたったからね。あとね、うちは、飯舘村でも二番目くらいに早くトラックを入れたったのね。それで、若いころは、二十代そこそこのころは、うちの一二三じいちゃんは、いまでいえば社長なんだけれども、うちにいて、うちの親父のほうが、福島のほうとか〔に出かけて〕、炭を買ったとか薪を買ったってな感じでやってて。して、トラックを手放してからは、あとは炭焼きくらいになって、冬場は親父も出稼ぎさ、行くようになったけども。

次男のわたしが家を継ぐことに

昭二　わたしは高校までです。郡山の、日大東北高校。〔農業とは〕関係ない。わたし次男だったんで。八歳上の兄がいたったんけども、昔でいう、いいひととね、婿取り娘さんと駆け落ちして〔家を出てしまった〕。その当時、わたし中学二年だった。そういううちで生まれたから、長男は家を継ぐものと。うちはあの当時、四十九番地。うちのお袋〔の実家〕は四十七番地。百メートルくらいあるのかな。〔あいだに〕竹藪がある。俺、小さいときね、「あすこさ、家つくってもらって、四十八番地」って、幼心に言ってたね。そしたら、親父は「おめぇは、〔新宅のかたちでは〕家さは、出られねぇんだ。杉の木一本もくんねぇから」って。まぁ、親父にすれば、学業でもなんでもして自分で自立しないとダメだよっていう、そういう意味だったんだなと。ところが、どっこい、どっかへ兄がいなくなる。そして、一二三じいちゃんが入院してて。自分も入院してて。ハァ、手におえなくなっちゃった。お袋が仕事もしなくちゃいけないし、じいちゃんも寝ついていたしってな感じで、ハァ。で、すぐ上の姉が三歳上でね、静岡のほうに〔働きに〕行って〔たんだけど〕、姉も呼ばってきて。して、その当時は青年会復活して、姉も青年会に入って。その姉も結婚する。けっきょく、わたししかいない。〔きょうだい〕五人です。第一子が相馬市のほうに嫁いでいってる。第二子が長男。あと、次女、三女。して、わたし。いちばん下なんです。

〔高校は〕楽しい三年じゃなくて。遊んだなんてもないし。けっきょく、仕送りが限られているでしょ。親の姿見てるでしょう。もう、きょうだいもいなくて。あの親父とお袋、あの姿で、仕送りしてくれるんだから、無駄遣いはできないし。限られた仕送りのなかで、たとえば、参考書とかの臨時〔の出費〕があるときは、やっぱり、食事を詰めるしかないでしょう。だから、昼間なんて食べた記憶ない。そういう思いしながらもね、ただ〔高校まで〕出してもらっただけ、ありがてぇかな、なんて思って。

高校三年になったとき、もう、公務員しかないなと思って。飯舘村の役場職員になろうと思って。受験もしたのね。でも、いまになってみると、飯舘村職員なんてね、〔採用〕若干名でね。もう、手づる、縁故。もちろん実力もなくちゃダメだけれども、そういうのがあるんだっていうこと、痛いほどわかった。まぁ、いろいろあってね。最終的に高校を卒業時点で、みんなハァ、家を出てって、わたししか独身者はいなくなったと。そうならば、〔家を継ぐのは〕俺しかいないのかな、と。正直〔いって〕、長泥に戻って百姓やるなんて思わなかったし。自分はあの当時ね、娘に言うと笑われるんだけど、ほんとは、女子校の先生とかね、あるいは、法曹界、法律関係のほうに進みたかったの。もちろん、大学に行くつもりで、それで日大〔東北高校〕のほうに行ったんだけれども。ところがどっこい、なんで、この飯舘村で一百姓で終わんなくちゃいけないのか、なんて、あの十八のころは、悩んだっていうか、うんと、センチメンタルな面もあったのかななんて思いながらね。飯舘村で一生、骨を埋《うず》めるしかないのかな、なんて。

浪江町の大柿《おおがき》ダムってあったんですけどね、そこに、冬季間がメインだったのかな。けっきょく、春、田んぼやって。一段落つくと、夏場ちょこっと行ったりしてね。また、稲刈りの時期には、小《こ》一ヵ月休んで。〔そうすると〕専門に勤めてる先輩の人たちがね、「なんだ、テルジ、いたのか」って、復帰するとき、それ言われんのね。二十代そこそこで、それが嫌でね。最初行くときがね。でも、家計のために行かざるをえない。それもやっぱり、経験で。ダム〔の建設〕工事そのもの。十年近くおなじ現場に行ったからね。石屋になんて誘いもあったけれども、あと二年で完成だから、やっぱりその完成まで見たいとかって感じでやってたったけども。でも、やっぱり、ミニトマトを入れたりなんだりっていうかたちで、三十七、八〔歳〕から、完全に専業でね。冬場は、タラノメをやって。夏はブロッコリーにトマトやって。もちろん、牛を飼ってってなかたちで。わたし十一頭かな。あの事故のときで。けっきょく、あのときはね、臨時競《せ》りやって。五月の二十何日とな、三回やった。俺は二回目までで全部売って。

篤志家の家を借り上げで／長泥に帰りたい気持ちを抱えたまま父親は亡くなった

昭二　わたし、〔平成〕二十三年の六月五日からここはお借りしてる。大家さんは、六十二、三で黄綬褒章を受賞して。東京の三鷹で建設会社の会長さんをされていて。奥さんも近く〔の出身〕なんだけれども、奥さんがちょうど、東京の自宅でテレビを見てたらば、飯舘の人たちが避難せざるをえないと。避難先で住まいとかあれば、ていうようなことを言ってるから、「お父さん、うちとこ空いてるから、電話したら」っていうことで、飯舘の役場に申し出てくれたんだ。〔福島県内の〕中島村とかね、〔あちこち探して〕ここが三ヵ所めだったかな。この前も〔大家さんが戻って〕来てね、船引のほうで食事会になって。だから、この原発事故で失うものも多かったけれども、新たな出会いもね、生まれて……。

　わたしたちがここに来たときまだ、こちらに〔大家さんの〕お母さんがいて。地震で、近場の施設に入所していたっていうことで、わたしらが離れのほうに〔入って〕。そのお母さんが〔平成〕二十五年の一月二十日に亡くなって、ここでお通夜やって。で、うちの親父が、おなじ〔平成二十五年の〕十月に亡くなって。ここでお通夜をやってね。うちの〔親父は〕、こちらに来て、三回くらい入退院したのね。そのあいだにも、うちの家内が、親父のベッドなんか掃除してると、〔涙声になって〕ベッドの下に、「長泥に帰りたい」ってメモあったんだ。ま、おなじ家長としてね、家のためにいままで親父さんがやって。自分の代に譲って。もう、わかってるから言わなかったのかな。〔本人は〕黙っていたけども、最後までやっぱり、長泥に帰りたかったんだな。けっきょくね、こちらに来て、父は一回くらいかな、長泥に行ったのは。お袋は三、四回、お墓参りだなんだって行ったけども。

やっぱり、長泥にいるころはね、野良仕事までいかないけども、外のトイレに行きながら、ホースで水を牛にやって。たまに蛇口閉めンの忘れたりなんだりしながらもね（笑）。いまになってみると、なんぼでも、仕事の足しになろうと、そういう思いだっていうのが〔わかるわけ〕。やっぱり、家族の一員として、なんぼでも〔役に立ちたい〕っていう、そういう思いが、最後まであったのかな、なんて。

もう一度、牛を飼おうと

昭二　まぁ、でも、みんな、そういう思いして、これ、避難してるわけだと思うんだけどね。そのなかで、うちらなんかは、すぐ、牛を飼っているから、大家さんがね、「こちらの組に、鴫原さん、入ったほうがいいよ」って。だから、もちろん、組付き合いをして。〔いろんな〕行事にも率先して混ざっている。だから、もう、うち解けていて。やっぱり、遠くの親戚より近くの他人ですからね。

〔原発〕事故があって、〔ここに〕避難先を見つけて、〔もう一度〕牛を飼うしかないなと思ったのは、賠償になっても、〔将来は〕全然未知数のこともあるし。その当時、娘が五歳だったということでね、なんらかのかたちで、この娘を一人前にしなくちゃいけないと。すると、米つくりだなんだってなってくると、土地も必要だから、まぁ、やっぱり、牛とね。牛舎でも空いていれば、なんとかなるんじゃないかと。

〔それが〕自分の考えだったんだ。

だから、山形で寒河江の家内の友達なんかもね、むこうのほうで探してくれるよっていうこと、言ってはくれたんだけれども、ただ、〔一次避難で〕寒河江《さがえ》に行って、お昼時に、ちょうど食事しながら、東北のＮＨＫのニュース聞くでしょ。そうすると、福島県のＮＨＫのアナウンサーがね、福島県民にむけての報道の仕方と、山形県のＮＨＫのアナウンサーがね、山形県版にむける、このアナウンスっていうかね、事故の報道の仕方っていうのが、全然違うね。こんなこと言うと失礼な言い方かもしれないけども、まぁ、なんていうの、対岸の火事みたいな〔感じ〕。上辺《うわべ》では、大変だよと。なんていうのかな、その当時の気持ちからするとね、なんかやっぱり、違うのね。ニュアンスがね。口では、大変だねって言いながらも、なんか違うの。温度差があるの。自分は、そういうに聞き取れるのよ。

どうせ避難〔生活が〕長丁場になるんならば、線量の低いところで、おなじ情報、おなじニュースを聞きながら、福島県内で避難していきたいなっていうふうに判断して。それで県内を探したんです。〔仮設に入る気は〕全然ないです、わたしは。もう、両親も八十三、四でしょ。いまさらねぇ。自分も、そんな仮設に入る気もないし、二《ふた》世帯にってことも、さらさらないし。五人で、そして、牛の飼えるところってことしか、わたしの頭になかったです。けっきょく、臨時競りで売ったのを引き受けてやって。飯舘村の牛を、仲間のを、買わせてもらったりして。いま、二十五頭。仔取りなんで。和牛繁殖っていうかたちでね。子どもを産ませて。だいたい、三百キロ目安ということで。雄《おとこ》の場合だと、約九ヵ月くらいで三百キロ。雌で十ヵ月で三百キロ。ひとつの目安なんだけど、雌のほうが一ヵ月くれぇ遅い。もちろん、生まれたときから違う。普通、牛、生まれるときは、こんな感じで、前足から出てくるんだけどね。足の太さを見て、「細いから雌かな」とかって、そういう判断する。まぁ、なかには雌でもね、骨太っていうのもいるけども、平均すると、だいたい足首見て、これ細いから雌かな、とか。

代掻きした田の水面に山の緑が逆さに映る

昭二　畑、二町何反くらい借りて、あと、田んぼ、二町一反くらいお借りして。〔今年の〕四月の二十八日に、双子の〔仔牛〕、生まれて。そして、朝夕は、哺乳バケツでミルク飲ませて。で、お昼には、ぬるま湯だけ飲ませて。いま、ちょっとお袋が話、してるあいだにと思って、飲ませてきたんですけども。

百姓は、毎年、一年生だから。いやいや、ほんとに。けっきょく、〔平成〕二十三年は田植えもなにもできなかったけども、大家さんが「鴫原さん、どうせ牛なんかもいるんだから、いま、甥っ子に田んぼを貸してっけども、来年から、鴫原さん、つくりませんか」って。〔平成〕二十四年からつくるようになったんだけども、はじめての田んぼってこともあったけれども、一年のブランクがこんなに大きいのかなと思った。田植え機そのものの操作でもなんでも。けっきょくね、たとえば、こういう長方形とか正方形の田んぼだらば、して、わがの田んぼならね、こっから入って、こう、上へ行って、こう上がるっていうの、からだで覚えてんだけども、はじめての田んぼだから、まず、こっから入って、植えつけて、最後、どっから上がるのかなぁとかっていうこともあったし。そういう面もあるし、田んぼもはじめてだし、一年のブランクってこともあるし。こんなに、ってね。それ、ありましたね。

〔平成〕二十三年のときに、まわりの田んぼは見ていたから。で、「どのくらい肥料くれんのぉ？」とかって、ある程度の予備知識は入れてたんで。ただ、家内とふたりで、代掻きして、田植えやって。真っ青く、こう、植えた苗の線がね、見えたときに、もう、春から、肥料ふったり、うなったり、なんだりやって、結果がでたって、その喜びをわかるのは、〔飯舘から避難したなかでは〕うちを含めて三人くらいしかいねぇんだからなぁって。ほの代掻きしたときにね、山の緑とかね、そういうのが反対に映るのね。水張ってあるから。その光景が、なんとも言えないのね。「おとうさん、これなんだべ。言いてぇのは」って。水張ようやく、だんだん、うちの家内も、そのへんがね、わかってきて。なんとも言えない、その五月の風が、こう、心地よい感じでね。ちょうどお袋もいなかったし、ふたりで、こう、「おとうさん、これ、〔時間が〕半端だから、ハア、田んぼでご飯食べっぺ」なんてね、〔午後の〕一時っころ、ふたりで田んぼでご飯食べながら。なんかね、そういうのを、他の人たちは味わえないだろうな、なんて思いながら。ハハハ。

✵　✵　✵

❦ 炭の仲買を生業にして 〔平成26年1月26日聞き取り〕

鴫原　文夫　昭和13年生まれ（二組）
　　　昌子　昭和16年生まれ（二組）

文夫の生家／村の炭焼きの仕事と電気山

文夫のおじいさんが山師をやっていた。人夫〔焼き子〕を使って炭焼きを商売にしていた。昔は営林署で山を払い下げてもらうと山代を納めなければならなかったので、自分で納められない人は代わりに納めてもらって、土地に印をして、そこから取れる炭で一俵なんぼで返した。炭にも相場があって、人によって取れる量も違っていた。

昭和二十年代後半に長泥に電気が引かれたが、工事費を捻出《ねんしゅつ》するために営林署が特別に山を払い下げ、その山の木を伐って炭焼きした。当時、その山は電気山と呼ばれていた。

文夫の育った家では炭を扱う商売をしていて、炭を集めて川俣に売りに行き、川俣から味噌や醤油を仕入れて長泥のみんなに分けていた。文夫が十歳の時に父が戦病死。母とじいちゃん、ばあちゃんに育てられるが、家には住み込みの雇い人が働いていていて、ばあちゃん子のお坊ちゃんとして育った。昌子が聞いた文夫の母の話によれば、ご飯を食べるときに、家族以外の人がいないことはなかった。

戦争の記憶と当時の子どもたちのくらし

戦争中Ｂ29が上空を飛んでいたが、長泥はあまり変わらなかったし、灯火制限などの記憶はない。昌子は、家で布団を干しているときにＢ29が飛んできて布団をかぶったことを覚えている。文夫は、戦争が終わった時、飛行機が何機も上空を飛んで行き、手を振ったが、敵機だったという思い出がある。

当時村では、子どもが学校から帰ってくると、家の手伝いで縄もじりをし、一束縄をなってから遊びに行くことが多かったが、文夫はあまり家の手伝いをした記憶はない。昌子は、妹をおぶってよく遊びに行った。当時の子どもたちの遊びは、名前は忘れたが、庭先で地面に輪っかをひとつふたつと交互に描いて石を置いて遊んだり、他にパッタ（めんこ）、ビー玉、おはじき、チャック（お手玉）、独楽《こま》などであった。冬は雪が降ればソリのりをした。昌子は、じょうぐち（道路から家までのアプローチ、五〇メートルや一〇〇メートルはあたりまえ）で、夕方になると水をまいて凍らせて滑ったが、危ないと親に叱られた記憶がある。

飯曽小学校長泥分校から飯曽中学時代の思い出

当時分教場といっていた小学校の場所は、現在ふれあい館になっている。近くには蚕小屋や元村長の家があった。文夫は、初め一年生から六年生まで一緒に習った。その後、一年生から三年生までと四年生から六年生までの二クラスの複式学級となった。同級生は十五人。担任は佐野先生で、その後蕨平に転勤し、原町から新しい先生が来た。昌子は、三年まで三浦先生で、四・五年は佐野先生、六年は別の先生になった。忘れられない思い出として、分校のお便所が少なく（大小一つずつ）、前の子が大便で長かったのでおしっこを漏らしてしまったことがある。当時の学校の暖房は火鉢。履物は、夏は草履、冬は木の靴底に上部を藁で編んだ長靴であった。

中学生になると、文夫は朝六時に家を出て二時間近くかけて一里半を通学。弁当は、通学途中の峠で食べてしまうこともあった。一学年ＡＢＣ三学級で各四十名。帰り道では、秋はアケビや山ブドウをとって食べたりしながら、家に帰るのは五時、六時と暗くなるころ。昌子は、中学を一学期で止めてからは、農作業や精米、家業の雑貨屋の店番など、家の手伝いをしていた。

結婚して家業を受け継ぐ

中学卒業後、文夫は富岡の高校の津島分校に一年半通う。夏は毎日通ったが、冬は寄宿舎生活で週一回自宅に帰る生活であった。当時も長泥は村では南の方であったため、津島に出て、バスで一一四号線の川俣・浪江方面とのつながりが強かった。

村に電気が入り、その後ラジオが普及し（昌子の兄は部品を買ってラジオを組み立てた）、東京オリンピックのころにテレビが入る。力道山がいたころは、村に何台か入ったテレビを見に村人が集まった。同じころ、車も普及しだした（文夫もダットサンを持った）が、当時の長泥の道は舗装してなく、車が走った跡が轍《わだち》として残っていた。

昭和三十六年に文夫二十二歳、昌子二十歳で結婚。結婚後も文夫の家では炭焼きを家業にしていた。田んぼも長泥で一、二番であった。馬（農耕馬）の飼育もやっていた。

昔はみんな蚕をやっていたが、昭和四十年前後に中国の安価な繭に押され廃業。その後、村人が出稼ぎに行く時期があった。

昔長泥では、みんな一年中炭焼きをしていた。長泥の林業組合事務所に、炭の検査員が常駐していた。炭の出来は切り口の光沢などで、上、並《なみ》などに分けた。春集めた炭は、相場が上がる秋まで積んでおいた。当時、炭は家計を支える重要な生業であった。

文夫は早く父親を亡くしたので、年長の炭の検査員などとの付き合いを大切にし、窯止めの時など、山の酒飲みを楽しんだ。当時は食肉などあまりなかったので、ウサギを捕って食べることが多かった。他には鶏を絞めて食べていた。

奪われた人生設計

〔原子力損害賠償紛争解決センターへの集団申立て審問調書（以下ＡＤＲ調書）より　平成24年12月27日審問〕

佐野くに子　昭和22年生まれ（三組）

原発事故で夫婦の人生設計が破壊されたこと

夫の仕事は、主に板金と水道工事でした。長泥で佐野板金を立ち上げて約三十年が経ちます。現在は、原発事故のために廃業状態です。板金業のための資材や機械類・道具類は放置したままです。

私は、昭和四十一年から簡易郵便局をやってきて、昭和五十一年からは自宅で委託され、受託者になりました。この仕事が私は好きでした。簡易郵便局の仕事には定年はありませんが、代行者も研修が終わり決まっていました。長く続けてきた仕事なので続けていきたいと考えていましたが、長泥地区に戻れず、廃業だと思います。

避難、被曝の状況について

平成二十三年三月十五日から二十九日まで、宮城県の娘のところに避難しましたが、長泥には二日に一度は戻る生活でした。犬も自宅に置いてきており、夫はタラノメ栽培の仕事が気にかかり、私も家の様子がやはり気になったからです。三月十五日に出発したのは、たまたま仕事の関係で線量計を渡されて計ったところ、ハウスでも十二マイクロと放射能が高いことが分かり、とりあえずは何も持たずに避難だけしようという気持ちになりました。

三月二十九日に長泥に戻り、五月二十五日まで長泥地区で生活していました。村の方で放射能の専門家を招いての講演会があり参加しました。そこでは大丈夫との話があり、危険との認識が弱く、他の長泥の人達も戻っていたからです。四月末頃に、どこに避難するかのアンケートがあり、村から、五月二十五日に飯坂に行ってくれということになり、五月十七日に簡易郵便局を閉めました。五月二十五日に長泥を離れるまで、夫は長泥地区で震災で壊れた井戸水の配管等の水道工事を屋外でしていました。長泥地区には水道がなく、皆さん井戸水での生活でした。村からのペットボトルの配給後も、とても足りず、洗濯や風呂などに井戸水を利用していました。井戸水の検査は、不安でしたが受けていません。

避難によって、奪われた長泥での生活

避難前は井戸水で水道代は一切かかりませんでしたが、避難後は水道代がかかるとともに、水道水の臭いになかなかなじめず、水もペットボトルで買うようになりました。長泥にいたときは、野菜等は自家栽培をしていて、買うことはありませんでした。避難後はすべてが買い出しです。私は、アスパラ、ウド、イチゴ、ブルーベリー等の野菜類を郵便局をやりながら作ることが楽しみでした。作った野菜を、子供達や兄弟に送るのも楽しみでした。長泥にいた時は、保存食も作っていました。冬場は保存食を食べていました。夏はフキ、キュウリ、インゲン、秋はジャガイモ、大根、白菜等です。

山野草を鉢で楽しんだり、村の文化展に出品することが楽しみでしたが、それができなくなりました。長泥に帰っても土の放射能が高く、触れません。長泥に置いてきた鉢物は全部ダメになってしまいました。家族のようにかわいがっていた犬と一緒に生活ができなくなってしまいました。

夫は、タラノメの栽培に力をいれていました。夫は、冬場に水道の仕事が少なくなり、年をとっても続けられる仕事として、夫婦で始めたものです。ようやく軌道にのって集荷ができはじめたところであるのにできなくなって、非常に残念がっています。

十年前に建てた自宅建物への思い

夫が木の材質にこだわって建築したもので、家に強い思い入れ、愛着があります。自分の林で育てた木を切り出して製材したものです。また、板張りで、木目や節にもこだわっていました。ベニヤやボード等の外材建材はほとんど使用せず、杉の赤や白を活かした部屋を作りました。塀にもこだわって、古い栗材を森林組合から購入して製材し、無双張りにこだわって作りました。そんな家に住めなくなったことは、本当に残念です。

バリケードが設置された今でも、少なくとも毎月一、二回は長泥の白宅に帰ります。土地と家に愛着があり、帰るだけで気分が癒され、気持ちがすっきりします。でも、今まではイノシシが来たことがないのに、一時帰宅をして、イノシシに大切にしていた畑が荒らされ、種芋や植えたミョウガ等がやられているのをみて驚き、悲しくなりました。

＊　＊　＊

長泥行政区長と良友の狭間で揺れて

鴫原　良友　昭和25年生まれ（二組）

〔ＡＤＲ調書より　平成24年12月27日審問〕

長泥地区の放射線量と被曝状況

長泥十文字（十字路）は、長泥地区の中心であり、一番民家が集まっていて長泥銀座とも部落では言っているところです。「防護服の男達」はワゴン車で来ていて、機械を置いて何かしていました。何をやっているのか聞いても最初は教えなかったのですが、放射能を測っているということが分かりました。防護服の男達が持っていた硝子の測定器を貸してくれと言ったのですが、下請けだから貸してもらえませんでした。放射能を測定に来た人達は、白装束の防護服を着ていましたが、長泥地区の私たちは、全くの通常の衣服で生活していましたので、大変に違和感を感じました。しかし、放射能は見えません。外にいても痛くなるわけではないので、放射能の怖さが当時はよく分からずに生活していました。

放射能の怖さが分かったのは、だいぶ後になってからのことでした。本当に腹立たしく思うことは、大熊町や双葉町の人達は、二、三日で避難できたのに、なぜ長泥の住民は避難させてもらえなかったのか、ということです。三十キロ以上は関係ないと東電や政府から言われていました。しかし、私たちは四月まで高線量の中で生活をしていたのです。六月ころには、外部被曝だけで国の基準の累積放射線量二〇ミリシーベルトを超えていたのです。今では一〇〇ミリを超えているかも知れません。

内部被曝の関係では、長泥地区には簡易水道がなく井戸水を使っていました。私の家でも、井戸が三つあります。放射能が長泥に来て、雪とともに放射能を長泥に落としたのが三月十五日とのことです。沢水を引いていた飯舘村の簡易水道から高い放射能が出て飲料が禁止され、村からペットボトルが一人五本配給されたのは三月二十一日でした。三月十七日から二十日までの長泥地区の放射線量は極めて高いものです。住民たちは、井戸水を三月二十日まで飲んで生活をしていました。普段の炊事、洗濯やお風呂等の生活のための水は、三月二十一日以降も井戸水を利用していました。

また私の家では、長泥でのハウス栽培のほうれん草や椎茸は三月末までは食べていました。そのため、どれほど家族が内部被曝をうけているのか、私は非常に不安に思っています。そんな放射能の高いところに、幼い孫を三月二十七日まで置いていたことが後から分かりました。孫らを三月二十七日に「やすらぎ」に避難させるまで長泥の自宅にいて生活をさせ、被曝させてしまったことについて、私は非常に後悔をしています。孫らが甲状腺や白血病にならないかどうか、これからの生涯を心配、不安で生活しなければならないのではないか。結婚の際の障害になるのではないか。福島県飯舘村と言ったら結婚もできず断られるのではないか。長泥の出身を隠しての生活をしなければならないのか。そのことが何十年も続くのかと思うとやりきれない気持ちです。

中学生や高校生の子供達の話を聞くと、学校ではお互いに福島県と言ったら恋愛もできないし、結婚できないのではないか、結婚はできても子供を産めないのではないか、病気になるんじゃないかと悩んでいる話を聞きます。子供を持つ親は、本当に苦しんでいます、代われるものなら代わってやりたいぐらいの気持ちです。私は、平成二十三年七月五日、平成二十四年十二月に検査を受けて、十二月は大丈夫と言われましたが、やはり不安です。自分のことよりも子供や孫に影響がでないのかが一番心配です。

牛を手放して避難したこと（生き甲斐の喪失）

私の家は、昭和二十八年頃に本家（現在の鴫原文夫さんの家）から分家をしました。分家をする際に、私の父が母屋を一年以上かかって建てたと聞いています。私は、生きているうちは、長泥の家で生活をするつもりでしたし、原発事故さえなければずっと生活していくことができる建物でした。庭の池は昭和四十年頃に父が作りました。父は盆栽が好きで、黒松やヒバも大切に育てていました。

昭和三十八年頃まで、父は、馬、炭焼きを中心に仕事をしていましたが、その後は、乳牛に力を入れ、六頭の乳牛を持ち、私も乳搾りの手伝い等をしていました。馬小屋は母屋と一緒になっており、馬や牛は家族と同様の扱いでした。家の前のパドックは、牛のために平成になってから、私が自分で電柱を買ってきて作りました。丈夫な仔牛を産んで育てるためには、牛が狭いところではなくのびのびと運動ができ、また太陽に十分にあたる必要があるために作ったものです。昭和六十年頃までは乳牛でしたが、それ以後和牛に切り替えて四頭から六頭を育てていました。私は、老後は、牛を育てながら生活をすることを考えていました。

私は、三月十一日当時、農業や和牛の飼育をするとともに、南相馬の高橋工業で働いていました。高橋工業は、鹿島区にあるタニコーの下請けで、以前には長泥にも工場がありました。そこで業務用の作業台の溶接等の仕事を二十七歳からやっていました。兼業農家です。会社の方は震災の影響で三月十五日で解雇になりました。農業は、米や野菜も自分の田んぼや畑で作っていて、自分の家で作ったものを食べていました。妻の美佐江は家にいて、孫の世話をしていました。

孫たちは、前に述べたように三月二十七日に飯舘村の「やすらぎ」に避難しましたが、私自身は、牛の世話があったので、「やすらぎ」には避難せずに、長男と一緒に長泥の自宅に残りました。大学の教授ら（高村先生、山下先生）が「五十歳、六十歳は大丈夫」と言っており、また村でも避難先を探していたのですが、避難が遅れた分なかなか避難先が見つからず、また政府からも五月末をめどに避難するように言われていたこともあって、私が長泥を出て福島市吉倉に移ったのは五月十四日です。

しかし、完全に移ったのではありません。六月二十二日に牛を家から出して、二十三日に最終的に手放すまで、毎日のように牛の世話をするために長泥の自宅に通っていました。避難に際しては、最小限のものしか持ち出せません。母屋の前に井戸があって、母屋と一緒に並んで牛小屋があり、牛は家族の一員のようなものでした。牛は、種牛の親牛が四頭いました（名前を「さゆり」「みさえ」「ゆりしげ」「ふじしげ」と付けていました）。「さゆり」と「ふじしげ」という名前の親牛から仔牛が五月十五日と二十日に生まれました。その前年の二〇一〇年九月にも仔牛が一頭生まれていました。仔牛が生まれたので、餓死させることはできないと思い、五月十四日以後も毎日長泥に来ていたのですが、東電は認めてくれません。これらの親牛と仔牛たちを六月二十三日に最終的に出荷して手放しました。

長年にわたって家族のように過ごした親牛や生まれたばかりの仔牛を、六月二十三日に最後に手放さなければならず、大変に悲しい気持ちになりました。牛は、私にとって家族であり、一緒に寝泊まりし、一緒に呼吸をしながら生きていて、我が子と同じです。生き物を一緒に育て、「もごい」（重たく、かわいい、気持ちが入っている）という感覚です。お金には替えられないものがあります。そのことが分かってもらえないのが悔しいです。牛とともにその世話をしながら老後の生活を送りたいと考えていた私の夢が壊されてしまいました。将来、新しい土地に家を建てる場合でも、福島県内ではなかなか農業や牛の世話をすることは困難だと思います。長泥は五年は戻れないと言われる地区ですが、五年後は戻れるのか、戻れないのか、はっきりしてほしい気持ちです。

〔平成26年2月17日　第五回福島被災者に関する新潟記録研究会講演より〕

ＡＤＲ（集団申し立て）について

長泥だけなのよ、〔飯舘村の〕二十区でＡＤＲやってるの。ところがＡＤＲって〔やると〕、五年間の精神的〔賠償〕の六百万はいただいたんだが、あとは全部差押えなんだよ。まわりの直接請求してる人は、お金も入る、補償賠償も話は進むんだが、ＡＤＲってなったら物件もそうだし不動産もそうだし農機具もだめだ、家財ってか、うちの中のものもだめだってんのよ。それでいま頭にきて、〔東電の〕相談所さ行って。十日の内に四回行ったの。「回答をペーパーで出してけろ」って言ったんだよ。絶対出さねぇからな、これは。で、二回目に行ったら、担当の人がいないっつーんだよ。電話してるっていうから、十分くらい過ぎたら、電話って一時間、二時間もかけてんのかって言ったら、その人はいないっていうんだよ。二日、三日過ぎたら、なにしたんだって聞いたら、転勤しましたって。三回目にまた行ったら、また担当者代わんの。もう一回説明しなきゃなんない。で、四回目にやっとペーパーもらってきたんだけど、その中で産経新聞の女の子、記者なんだが、ＡＤＲの記事書いてもらった。俺の会話をインターネットさ載せたんだよ。そしたら弁護団のほうに東電から圧力かかって、〔区長に〕説明したり、内容をきちっとやれって。

〔調停機関の〕弁護団から和解案が出たら、もう賠償してもらえるもんだと思ってたが、その和解案を東電がもう一回飲まなきゃいけねぇんだっての。だからこのＡＤＲの機関っていうのは、〔東電には〕払う義務がないっていうんだよ。拘束力がないんだってよ。一年半くらい一生懸命協議してやっと出した答えが、東電が飲まないっていったらそれで終わりなんだ。それでむかむかして、記者会見開いたりしてるが、俺も文句いいてえんだが、窓口がないんだよ。電話もないとか。それで血圧上がって。ごめんね、余計なこと話しちゃって。

福島の気持ちを分かってほしい

俺は今コメ作って、ものすごくやられてます。地元の人にもやられてるし、周りの行政っつったらいいか、国の人たち。なんでバリケードの中でコメ作ってんだと。将来な、何かあったとき、健康障害出たとき、俺出してもらいたいんだ、データを。将来のためにな、最低でも三年やりたいと思ったの。村会議員だってそうなんだから、なんでやってんだと。

俺は、もっと農業っつーの、なんで田をやったり、山を手入れすんのっての、そっからちょっと、地球環境っての、一人一人がな、とくに関東地方〔の人〕には言いたい、電力送ってんだから。どうもな、人間あの考えてもらいたい、環境を。なんで金になんないで、草を刈ったり、やってんだか。田だの畑だの作ってほんとに暮らさんにぃ（暮らせない）のよ。だからみんな外で働いてんだ。若い人は農業やんないんだ。計算したらもうマイナスなんだから、コメ作りは。でもな、こいつはやんないと地球はだめになんのよな。人間は生きらんねくなっちまうの。ほんとに植民地なるよっての。そこまでみんな、地元の人、長泥とか飯舘の人がほんとは考えればいいんだけど、だれも暮らすのがやっとだからそんな余裕はない。

東電の電気がな、九十八パーセントとか九十九パーセント関東さ送ってんだよな。そしたら、どうも福島はゴミっつーんだか、汚染土、放射線だとか、今原発の〔廃棄物を〕どうも福島さ置けとか、〔中間処理施設を〕福島さつくれとか。俺は逆に言ってんだ。関東の人も半分考えてくださいって。だから東京湾に埋め立ててけろって、俺いってんの。だって九ー何パーセント電力送ってんだよ。なんだか原発つくった福島が悪いみたいなことを〔いわれているように〕俺は感じる。

もうひとつは災害の視察さ来るっつーんだか、応援にボランティアで来るっていうんだけど。六十人くらいのバスがくんだっけが、岩手さ一泊、仙台とか気仙沼で一泊。で、飯舘さ来て、飯舘の役場で一時間くらい話してくれっていうんだよ、飯舘のこと。で、俺はバスん中さドア開けて入っていくんだけど、「観光旅行さ来たのか？」と言うんだ、俺は。悪いけども。だって一時間かそこらで話せっつったってどこから話すんのって。まったくきついよ。まずそれ言わないと、話したくないんだよな。今はほんとにそういう状態っつーんだか、自分でも悪いってのわかってる。でもそのくらいやんないと持たないんだ。もうストレスっていったらいいか、わがで、もう耐えらんねぇのよ、自分が。

除染よりも暮らしの再建に力を貸してほしい

見守り隊も今やってます、三日に一回、おらは。二十区の〔中で〕長泥だけは放射線量が高いから。あとの〔区の〕人は一日おきに働かれる。もうほんとに全部、今はなにもできないんだから。ほんとにかわいそうだよ、七十代は。こんなひどいとこで何やってんのって思うかもしれねが、仕事失ってみろって。こんなつらいことないから。ほんとに失ってみないとわかんない。親のぐちとか聞いてらんねぇと若いとき思っとったが、だんだんわが〔自分が〕親になったりな、立場になってくるとわかってくると思うんだが、それとおんなじよ。失って初めて普通の生活が一番幸せで、暮らしてるっていうんだが、その感覚もってるので、〔皆さんは〕それを楽しんでやっていただきたい。

これから〔避難解除までの〕三年いろって言われたら、俺、三年生きられるのかなと思ってる、悪いけども。だって何しようにもできない。〔避難後〕飯舘村で牛飼ってる人が二、三軒くらい。花も二、三軒くらいやってる。ほとんどの人は今やっぱし迷ってるよ。住む場所もないから。村長は〔平成〕二十八年三月までには帰村宣言するっつってんだが。だいたい二十区あっから、十区が除染ができたら帰村宣言やるっていうことを言ってっから。やんねぇわけいかねぇと思うな。一軒当たり一億かけて、税金使ってんだから。長泥はもう戻れそうにないんだから。もう長泥だけだから、帰還困難。そのお金で、土地を買ってもらって家を建てる、助成金くれろって言ってても受け付けないし。あとは、税金だから、もっと大事に使ってもらいてぇと思うな。帰りたい人には悪いけども、実際もう帰ったって生活できないことわかってるもん。だからみんなにも、新潟の人にも、訴えてもらいたい。国に元の生活できんのかと。

今の状態からいうと、幼稚園、小学生、中学生もいるんだけど、その親はもう、飯舘に戻らないと、腹が決まってっから、若い人たちはもう。あの不便なとこで若い人は暮らさんにぃから。牛飼うのもやだ、コメ作るのもやだっていうんだ。実際に計算すっと成り立たないんだから。農機具を買って生活費をつぎ込むために共働きみたいな、やってたから、若い人たちは腹をくくってる、もう帰んないと。で、子どもは住める状態じゃないと。線香あげにも来ないよ、子どもは。

で、仮設に入ってるけど、飯舘村は福祉だとか進んでいる。大熊・双葉は遅れてる。仮設から医者バスも出てる。飯坂の温泉街へのバスも出てる。買い物のバスも出す。もう自分で運転できない人は、帰りたくないって言ってる。なぜ帰りたくないっていうんだよ。今まで一、二年帰りたい、帰りたいって言ってたのに。嫁さんと長男見てるが、頭下げ頭下げ、病院さ連れて行ってけろ、買い物さ連れて行ってけろ。しょっちゅうおいら会社やすまんにぃ（休めない）。土日は買い物できるかもしれないけど。元気なうちはここがいいと。便利になったなって、俺もそう思うもん。

でも俺は長泥が好きだし、捨てらんにぃからうんと苦しい。家内も孫たちも帰らない。五軒か十軒戻って来たって、果たして長泥で［生活できるのか］。ほんとうに、村が成り立つのかなと。俺は国にも、村長にも、県にも、住民も、みんなでな、頭を冷やして、放射能なんて逃げてかないんだから。二十年、三十年の世界だから。税金を使ってやってるんだから、暮らしを考えてほしいんだが、安倍さんのはどうも…

…。除染はできるっていわないと世界に対するメンツがたたないと思ってる。地球を滅ぼすために原発やってんだか、処分場もできないうちになんでやんだかって、あの精神が俺はわかんない。

〔平成27年6月28日聞き取り〕

納得はしていないが、長泥にはもう戻れない

震災が起きて二年くらいまでは、俺は長泥に戻る気してたから。自分の中では戻りたいと思ってた。どこかで戻れないっつうのわかってても、認めたくなかった。長泥さ戻られンなら、戻る。ほかさ住むんだら、福島に住むってなったのが、この二年。それっからなんだ。原発事故が起きて二年目と三年目は、俺はすごく悩んだ。もう、家族とも何回も話し合った。

川内村だとかも、帰村宣言しても、みんな、なかなか戻らねぇ。あと、いちばん効いたのが、息子も「戻らない」、孫も「戻らない」、わがの妻も「戻らない」って言われたとき。「じゃ、おとうさんだけ帰ったら」って。それがもう、納得はしてないんだけど、もう長泥には戻れないんだって妥協するまでに、この二年間かかった。おかあさん、子どもたちは、ハァ、平成二十三年の五月前後に、避難したその時点で、だいたい決断してたものな。俺は、納得、いまもしてない。戻りたいっていう願望がある。でも家族も戻んない、まわりもほとんど戻らないんだっていうの、わかったとき、〔戻れないと判断した〕つうんだか。

震災がおきたのが平成二十三年だべ。平成二十二年の三月の総会で区長に選ばれた。一年後に震災が起きて俺はもう、まともに、かぶっちゃったんだ。したら、俺は諦めないのと、投げたくないのと。責任感だけなんだよな。ほかにはなんにもない。

長泥は、特別だから、帰還困難区域だから、きついのかな、というの、やっと薄々わかってきたのが、二年くらい過ぎて。まぁ、自分でも福島市内に家も買ったし、決断したら、気持ちがすごく楽になったのよ。帰村できないと決断したんだが、それまでは、すごくきつかった。もう、どうしたらいいかわかんな

かった。でも、もう長泥には戻れないんだって、決断って言ったらいいか、俺は妥協って言うんだけども。ああ、長泥は、俺が戻んないっったら、長泥はなくなるな、っていうのが、そのとき、よぎったんだ。ほんとはそういうことをリーダーが言ってはダメなんだけども。俺は馬鹿だから言ってる。もう、失うものないから、なんでもホンネでしゃべる。これがいちばんだよな。

いまんとこ、ほかの部落からみると、長泥はまとまってる。他の部落が二割、三割のとき、長泥は六割から七割の人が集まる。集会とか、総会やっても。その半面、ものすごく悪口を言われてるよ、俺は。反撥も強い。また逆らってるとか、また厭味語ってるって、一瞬思うんだけども。それは違うんだね。みんな、正しい答え言ってんだ、自分のホンネでしゃべってんだなぁと思って。やっと、このごろ、わかってきたのよ。二、三年前はわかんなかったけども。

「俺は区長だから、長泥に最後まで残る」

俺は、放射能の怖さがわかんないから楽だった。俺みてぇに、なんにも無知なほうが、かえって、いい。「長泥は俺が最後まで残る。俺は区長だから、最後まで、俺一人になるまでいっから」って、俺はあのとき宣言してっから。俺は、だから、自分が、ぶれないっつうの。考えがぶれたらダメだっていうの。なに考えてるのか自分もわかんない、正直言って。ただ、長男の気質なんだか、この部落には感謝したいと。親にも感謝したい。そのことっくらいでねぇの。ほんとに、この長泥を好きだったし。飯舘村も好きだし。いっぱん好きなの、親が好きだった。

俺も糖尿病になってから、自分の生き方とか考える。そういうのあんでないか。家庭つうの、大事にする。相手を認める。相手に感謝する。それは教育だかなんとかもあるけども、血統つったらいいか。俺はいっつも言うんだが、小さいときに、健康に育てないとダメなのよ。丈夫に。心も、体も、考え方も、みんな健康でないとダメ。人間だけじゃない。動物もそうなの。牛もそうなの。稲もそうなの。稲なら、田植えする前の苗でもう、七割、八割、決まっちまうのよ。人間もおんなじ。三歳児とか五歳児までで、決まっちゃうんだよな。だいたい六割、七割は、人生が。作物も動物も人間も。——だから、親に感謝したり、先祖に感謝するっていうの、そこ、俺、言いたいのよ。だから、長泥もそうなの。こう、いまになっても。親に感謝をしたい。

募る、補償金・賠償金へのやっかみ／使い果たしてしまう危険

だいたい、長泥部落七十四戸のうち半分は避難先に新しい家を建ててるか中古を買ってるんだけども。こう言ったら悪いけども、家作ったら、それに対して「いい」って言う人、いない。もう、長泥住民同士で、そこまでいまはきてんの。賠償、補償で、やっかみがくるんだよ。すごく、それぞれの家庭によって補償賠償が違うべ。

飯舘村のなか、最初はみんな、東電だとか国の悪口言ってたとき、結束力あったのよ。ところが、だんだん、補償金、賠償金というニンジンの額が違うから。長泥が帰還困難区域だから「特別にカネが入ってる」って、他の十九の行政区の人たちからは、やっかまれる。同じ長泥でも俺みたいに六人家族のと、一人家族の人は、もらえる金額が違う。だから隣同士で、「おまえはカネもらったから家を建てられる」とか「いい暮らしできる」とか。まったくもう、なんつったらいいか。俺は認めっから。そうなんだよっていうの、認めたくない人は、すごいよ。

飯舘村の住民は、こんなふうに言ったら悪いけど、七割、八割は、ホッとしてんだ。暮らしが楽になったわけさ。ホッとしてるっつっても、それはもう、金銭だけだよ。なんつうの、魔法にかけられてんだか、それとも、馬鹿夢を見せられるのかな、って俺は思ってる。こんな生活は続かないって、俺は思ってる。だから、みんなに早く、それを気がついてもらいたいなと思うんだけど。

そうなんだ。俺は、いま、飼い馴らされてる。飼育されてるのとおんなじ。どういったらいいかわかん

ないけども、国が、もう、身動きできないように、飼い馴らすっていうんだか、そういう政策をやってるのかなと。それで、おいしい話を持ち込んで、気がついたときは、もう、身動きができない。手足がもぎられた状態になっちゃうのが怖いから、最善を尽くしなさいって、俺はさんざん言ってんだけど。「おいしい話に乗るなよ」って。俺は、だいたい三割くれぇはバンザイの状態にいぐって言ってんだよな。だって、札束なんて見たときない。絶対、狂ってくるよ。この状態が長続きはできないと思う。

もう、狂ってるよ。俺も、わがで思ってるもの。我慢できない。着るものを買う、食べ物を買う。そんなこと、おらはなかったんだ。それがもう、ちょっとでもな、おいしいもの、いいものを買うとかって、なっちゃうんだよ。ダメだ、これはもう、俺は狂ってると思う。

百姓暮らしだったから、百万円見た人なんて、ほとんどいないかもわかんないよ。一日十円の世界だからな。最初のころは、物々交換。それからからだを張って、カネを稼ぐために働いた。そういう人が、もう、何百万、何千万のカネを日の前にする。絶対狂うよ。それが、ほんとの、幸せになるのか。そういう人が、かわいそうなんだ。俺みたいに、ちょっと気がついて、我慢できればな。そう言ってるおらがもう、我慢できないもの、正直いって。飼い馴らすっていうの、もう、その状態だものな。いまの生活が、ほんとの生活じゃない。まわり見ると、仕事もしねぇで、煙草吸ったり、パチンコやったりしてる。そして、もう、そういう目でしか見ないからな、悪いけど。賠償金だのもらってない人は。

3・11に至るまで

俺は、学校は相馬農業高校の飯舘分校だった。中学の同級生百五十人のうち、三分の一、四十人くらいしか高校さ行かなかった。なんつうか、白い米が、みんなは食べられないんだ。そのなかで、俺は白い米、食べられた。もう、坊ちゃん育ち、おらは。いやぁ、子ども抱いて、後ろにも背負って、ギャアギャア泣かせて、「今晩、米が食べられねぇんだから、譲ってくれろ」って来るのよ。嫌だったなぁ。子ども泣かせて、こう、連れてきて。

米が、いまみてぇに、反当たり八俵とか採れるっちゃないの。もう、化学肥料がなかったから。一反歩でいまは八俵くらい楽に採れるの。それが、三分の一くらい、三俵しか採れない時代だったから。山の木の葉っぱを堆肥にしてた。牛だの馬、飼って。手間取りさ来てた人なんて、馬の糞を、手で、こう、籠に上げて。田まで背負《しょ》ってったのよ。くさい臭いがベッタベッタの、背負《しょ》わせらっちゃうんだよ。そういうの、みんな、わかんないよ。馬の糞だの、牛糞を、手でやンだから。昔は、フォークだとかそんなのないの。そういうの、俺は見てんだよ。おらも、高校時代までやらせられた。もう、ないんだから。手で、こうやって。――堆肥やンなら、牛、馬、土壌を肥やすためには動物がいないとダメなの。

俺の家内は、五人きょうだいの三女。みんな同じ長泥。家内の高橋家とは、四代か五代遡ると、親戚になってるの。それで、家内のばあちゃんが、そのときな、足が悪くて歩けなかったのよ。そのばあちゃんが、「親戚が遠くなるのは嫌だから、もらってもらいたい」みてぇな話があったんだべな。だから、なんていうんだか、好き同士でなったんじゃないんだよ。親同士で決めたっていうんだか、そんな雰囲気なの。ばあちゃん同士がな、「親戚、遠くなっから、もらってもらえにんべ」って、そんなようなニュアンスで。

――意外と長男坊って、結婚できねかったのよ。その点、俺はものすごく早かった。

結婚したとき、俺は二十二。俺の奥さんが十七か。十八で子どもできたんだから。ふつう、もう、いっぱい見合いしてっていうんだけど、俺も探してあるってた。俺も、五、六件くらいは見合いした。

二十二で結婚ってもう、遅いっくれぇなんだよ。そのころで、二十一、三くれぇで結婚できねぇのは、もう三十、四十まで独り身でいるよ。女は売れるけども。いないんだよ、女の子が。もう、出稼ぎしたり。遠くに働きに行って。北海道さ行ったり。戻ってきた、その残り、つったらいいか、悪いけども。女の子を見つけるっていうのが、農業やってる人は大変だった。いまだってそうだよ。農業やってる人は、なかなか嫁さんをもらえない。企業人みてぇにな、成功した人は、もらえるかわかんないけど。普通に農業やってては、生活ができないから。

女衆が都会さみんな行って、残ってない。うちに残るのは長男坊。あとは、ぜんぶ、ハァ出て行く。だから、すごく俺は運がいいのよな。いちばん近いとこさ、いたのよ。灯台もと暗し。

家内のことは小学校のときから知ってた。四つ違い。俺の家内は中学を出てから静岡とか東京とか、出稼ぎしてた。俺は、うち継がなきゃいけなくて長泥にいた。ほんとに、俺の年代で、俺っくれぇ、外さ出ないひとはいねぇ。

昭和三十一年の市平さっていう初代の飯舘村長が、長泥さ、企業もってきたのよ。東北電解っていう会社。いちばんいいとき、三十人くれぇいたかな、女の子が。結婚したひともいたが、若いひともけっこういたのよ。で、出稼ぎも、終わりころになる。その前は、もう、出稼ぎ。種まきと収穫のとき戻ってきて、あとはほとんど出稼ぎというひとが多いかったのよ。俺は、そういうこと、あんまりしなかった。長泥の、おらの先輩は、みんな苦労したのかなと思って。

長泥の自宅と、避難先の吉倉と、瀬上町の新居と

いまはもう百パーセント、吉倉の宿舎にいる。今年は瀬上町の新居には行かないって言ってる。なんにも思わないで、中古物件買ったんだけど。長泥の人がいないんだもの。まわりぜんぶ、福島の人つうんだか、誰だかわかんないとこさ、ポッと入るわけだから。いま、後悔してるわけでないけど、すごく考えてる。いまんとこ、ちょっと顔出ししたら、みなさんいい人たちっていうか。七十、八十の人が多いから。

八畳間があって、リビングがあって。そっくりなの、間取りが、長泥の家と。田舎造り。庭付き。いまは、そんな造りないって。〔元の持ち主が〕校長先生で、ちょうど二十年前、退職して、おカネがあった人だったから、材料も吟味していて、造りが違うわけよ。庭があって、池があって。

でも、吉倉の宿舎は出る気ない。孫がいっから。そこが、スクールバスに玄関横付けしてもらってるから。いま住んでるとこから新居はだいたい十キロなんだけど、車で三十分くれぇかかるのよ。信号ばっかりあって。サッと行けば、飯舘だら、十分か十五分で行ぐんだけど、信号が多い。伊達と境だから。擦上川《すりかみがわ》を渡れば、伊達になっちゃうんだ。

新居は今年の二月買った。四月いっぱいで、リフォームして。でも今のところ移る予定がない。

家が三つある。長泥と、吉倉の避難先と、瀬上町の新居と。本拠地は、俺は、もう、長泥だよ。いま、次男坊と孫二人と吉倉の宿舎で一緒に暮らしてるんだが。次男坊は、南相馬まで、片道七十キロくれぇ、四年も通ってる。

いま、電気料も水道料も二重払いしてるよ。それ考えたら、いつまでもこのままではできない。だんだん、いま、飯舘から避難した若い人も、そういう状態になってる。家買うと二重生活、三重生活みたいになる。絶対、そんなに甘くない、世の中。だから、俺は、二割、三割は潰れるつうんだか、手をあげっちまうと思うよ。それが、国の政策だと思ってる。いま、「建てろ、建てろ」「カネ使え」。飼い殺しさせんのがいちばん楽だからな。身動きできない、手足もぎられたのとおんなじだって、俺言うんだけど。そんなの気がつくわけないよな。

きつい生活から逃れて、こんな楽しい生活してたら。あんな山ん中より、便利のいいな、医者にかかるのにも、学校に通うのにも。こんなに裕福な暮しさせられちゃうと、もう戻れない。四年も五年も過ぎたらな。だから、これは飼い馴らしされてる。補助金をだすからと、ぎゃくに、早く財産なくさせて。飯舘の財産もなくなる。おそらくすべてなくなる人が、俺は二割か三割でるな、と。それは、役場でもわかってて。戻る人が、二割、三割は出てくるっていうのが、もう、計算ができるのよ。

わかんねぇよ。これから、みんな気がついて、生活を切り詰めたりいろいろ考えれば別だけど。でも、俺も、できないもの。財布の紐が、もう、締められねぇもン。

いままで「飯舘の人、大変だな、大変だな」って言ってても、その人たちがもう、「飯舘の人は賠償だのもらって遊んで暮らせるんだな」って、ニュアンスがこう、直接はっきり言うんでなくても、目ぇだとか態度とか、言葉の最後の語尾がすごく気にかかる。敏感すぎンだかなんだかもしれないよ。でも感じるの。だから、きつい。

最初一、二年は、みんな、「飯舘のひとはかわいそうだな。苦労するな」って。そう言ってた人が、賠償補償だの、そういう現物が出てきてからは、もう……。面と向かっては言葉にださないんだけども、語尾だとか、ハァ、もう、雰囲気でわかっちゃうのな。

＊　＊　＊

家族の人生設計がダメにされ

〔ＡＤＲ調書より　平成24年12月12日審問〕

庄司　光子　昭和28年生まれ（二組）

長泥地区婦人会の活動について

現在、長泥婦人会の会長をしています。長泥婦人会の会員の資格は、長泥地区の全戸六十五歳までの婦人です。六十五歳以後は老人会に入ります。平成二十二年度会員数は、正会員三十八名、準会員二十四名です。婦人部の組織としては、婦人会、女性消防隊、交通安全母の会の三つがあります。

具体的な活動内容は以下の通りです。春の婦人会の活動の中心は、地域の花の定植（マリーゴールド、サルビア等）や手入れ作業です。地区の女性が総出で行います。部落の花の定植は、婦人会だけでなく、子供育成会や老人会らが競って行います。秋の活動の中心は、敬老会への参加です。平成二十三年は、敬老会の踊りの当番で、みんなが張り切っていたのに、避難でばらばらになり、できなくなりました。残念です。女性消防隊は、火災予防週間中に一日火防徳会という日があり、男性の消防隊員と部落の各家庭を巡回して訪ね、火の元の点検をします。また各家庭に電話リレーをして火災予防に努めます。交通安全母の会は、子ども達が事故に会わないように交通安全の運動を、交通安全週間に長泥の十文字のところで行ったりしています。ワイワイガヤガヤサミットとは、飯舘村の中心でない地域で回り持ちで部落の郷土料理を出したりする催しですが、調理、芸能等で婦人部は活躍します。長泥地区の女性にとって、婦人部の活動は生活の一部として欠かせないものです。

震災後に飯舘村に避難してきた人達のために、婦人会を中心に呼びかけて、三月十五日、十六日、十七日と救援のおにぎりを作りました。ただ、今となっては婦人会の会長として、高い放射能の中での救援活動への参加を婦人会として会員のみなさんに呼びかけたことについて、忸怩《じくじ》たる思いがあります。

家族の被害で仲介委員に訴えたいこと

福島市内に居住していた息子家族が、仕事を変えてまで、私たち親と同居することを決めて、五年前に戻り、そのための家を平成二十年に新築し、子供夫婦と孫らの三世代で暮らしておりましたが、自然に恵まれた長泥地区での生活を破壊されました。新築した建物は、自然の物を利用する計画にこだわって薪ストーブや風呂も薪ボイラーを使用しています。燃料は薪が主であるためにガス代はあまりかかりませんでした。五月三十日まで長泥にいたのは、親三頭、仔二頭の牛の世話のためです。長泥への一時立ち入りは、三日に一度位で帰っていって、飼い猫と再会したときはホッとして嬉しかったです。

避難生活では、夫が十キロ以上も太り、高脂血症となり、体調が悪くなり、通院して薬は欠かせません。長泥での飲み水は、みな井戸水であり、美味しい水が無料でした。三月二十一日に村からペットボトルで水を支給されましたが、三月二十一日以降も井戸水で野菜の泥を洗ったり、洗濯、風呂には使っていました。長泥では、お米や野菜を自家栽培しており、買うことはありませんでした。農機具等は、そのまま放置した状態であり、五年後には使えないと思います。

原発事故で被災して一番悔しいことは、息子を含めた家族の人生設計がダメにされたことです。

＊　＊　＊

女たちの長泥 ――戦後世代〔平成27年4月25日聞き取り〕

鳴原美佐江　昭和28年生まれ（二組）
菅野　一江　昭和32年生まれ（三組）
鴫原　圭子　昭和37年生まれ（三組）
菅野　節子　昭和41年生まれ（三組）

青年会のこと

一江　昔は青年会があって、いろんな行事やったり交流みたいのがあったのよ。それでみんなが出会って、一緒になった。どっか仕事に行っても帰って来て、「若い子が帰って来た」って、二十代とかな。そういう人たちが途中仕事行ってもわたしらは戻って来たから。親が具合悪いとか言われて。そういう時に青年会に入んないかって言われて。あの頃は本当に盛んにやってたんだよね。あたしらが、十代の乙女の頃（笑）。それで、青年部の人とお付き合いして一緒になったってのが多かったんだ。村の中では若い人たちを残すためにそういうのがあったんだか分かんないんだけど。あそこの家は娘が一人でどこにも行かないでいるから、じゃあ青年会に入ってもらうかって、会長さんとかお願いしに行ったりとか。そういう集まりあるから入らないかって誘われれば、すぐノコノコノコっと入って、この人がいいあの人がいいって、みんなでワクワクして、片思いをしながら楽しんで。

双葉あるいは東電のこと

圭子　私の故郷双葉にも青年会はあったかもしれないね。ただうちらはそんなに参加しなかったから。うちらは東電があったから、東電に若い人が来てるから、結構そういう人らとお付き合いするんだわ。だからやっぱり、東電職員と結婚するといいよとか言われてた。職業も東電関係に入る人多かったから。だからうちらなんかは東電様様だったわよね、昔は。親が出稼ぎ行かなくていいんだもの。冬になると親は出稼ぎに行ってるイメージが、東電ができたために行かなくて済むことになったから、結構やっぱり違うよ。うちらも東電の仕事しはじまってから、今の双葉郡の家建ててるから。双葉郡には今の第一原発からの恩恵はあるんだよ。相馬郡に入ると管轄外になっちゃうからダメなの。だから子どもたちが小さい時は、子供会とかでどっか行くよっていうと東電でバス出してくれて。そして原子力センター。あの入り口のところにあるんだけど、そこ見学して、あと中一周して、今のハワイアンズとかそういうとこを無料で。もう東電で全部手配してくれて、何月何日に行きますって言うと、東電の現場をちょっと見るだけで、もう自由に行ける。だから育成会の時は本当に東電関係で行ってたほうが多かったもん。でなかったらほら、企業体があるじゃない、近くに工場とか。その工場なんかもやっぱり東電を使う時はそういうふうにして、バスとか出してもらえて行けるよっていうのはあった。

節子　震災前に夜ノ森の友達が、東電に行ってからディズニーランドに行ってきたよって。

圭子　そう。必ず東電を見学すれば。

節子　お金がかからない。

圭子　そういうのはすごい双葉郡は恵まれてた。そしたら一回、育成会で使おうねってなった時に聞いたら、「相馬郡は管轄外なんです」って言われて。相馬の火力〔発電所〕とかそっちのほうに言ってくださいって感じで言われた。幸吉くんの時だな。そして、赤宇木までだったらば大丈夫だけども、こっちだからダメですねって言われたんだ。

長泥に嫁いで、婦人会・育成会に入って

節子　私は南相馬の小高地区の出身。最初に長泥に来た時は、本当に山の中。電車もバスもない。「なんで、こんな山ん中？」っていう印象はありましたね。小高もバス、電車は走ってるけど、やっぱり私の家は山の中だから、中に入ってみれば似たり寄ったりなんだけど。

節子・圭子　ただ不便だなって。

節子　免許がなかったから余計にね、わたしは不便だったんだけど。

一江　長年長泥にいてさ、やっと私たちの年代になって部落の人とか組の人たちにも〔うち〕とけて、やりたい放題言えて、いろんなことが出来るようなくらいの年になった。だって嫁に来てすぐはそんなの部落に対してどうも言えないし、組に対しても言えないし。自分らの子どもがおっきくなって自由になって。やっぱり、ハタチで嫁に来たとしても四十から五十になるまでかかるわねぇ。やっとこう、みんなと仲良くやれるくらいの年になって、原発の事故があったんだもんねぇ。婦人会では、村の敬老会のやつ（発表会の出し物）で、四年に一回はうちらの長泥部落から踊りをふた種類出してって言われて、いつもその踊りの練習をしたり……。

美佐江　四年に一回なのは二十区で持ち回りでやってるから。老人会を楽しませるためにやって見せる。大黒舞とか祝い船とか花笠音頭とかそういうの。いろんなのあったけどな。

圭子　練習は長泥のコミュニティセンターとかで毎日やったりとかね、夜。九月にやるのに四月頃から

集まってやってたもんね。

美佐江　どういう音楽にするとかね、そういうの決めて。踊りもどういう踊りとかってみんなで相談してな。

一江　婦人会っていうのは、親たちが入ってるから、その親が六十四になったら入るの。

圭子　あれは途中から決めたんだよ。

一江　ばあちゃんやってたんだけど、「今度、暮れの手伝いも婦人会も、おかあさんやれ」って。「えー、やりたくないなぁ」って言いながら……。

圭子　六十五になると自動的に敬老会っていうのに移らなくちゃなんないんで。

一江　婦人会に入るの嫌だったわよ。

節子　「集まりあるから行って来い」って。「総会の時は必ず行かないとお金取られるから行けー」って言われて。

圭子　あたしなんかさぁ、ばあちゃん亡くなって長泥に戻って来て、即だからね。それからだよ、だんだん若いお嫁さんが婦人会のほうに出るようになったの。それまでは本当いなかったんだよ。わたしが一番下だったんだから。あの時はまだ三十なったかなんないかくらいだったよ。

節子　あたし二十代だったの。

圭子　だから年齢は別に関係ない。

一江　ただ親たちがいなくて、男んとこさだけ、「息子が嫁もらったわー」っつうんで、そこで婦人会ってなるの。半強制。

節子　全戸加入になるからね。

一江　踊りの練習も一口おきとか一週間に一回とか、その老人会を楽しみにして行ってたし。

圭子　他の人としゃべる機会っていうのがないじゃない。気晴らしだよ。

一江　「婦人会に行くから子どもお願いね」って親たちに〔子どもを〕置いてくるんだぞ。その自由さがあるんだよ。うちらの育成会の時は、若い人たちはみんな仲良くやってたんだよな。集まったりどこか行ったり、そういうことしてなかった？

圭子　やってたよね。

一江　うちらのママの前だから、今の小学校六年生の子どもの前だな。育成会は、子どもが小学校入ると入るの。幼稚園は準〔会員〕。正〔会員〕は、小学校から中学三年まで。家族みんなで。子どもみんなして。

圭子　同じ部落に住んでたって、そういうのがなければ、どこにどんな子どもがいるっていうのは知らなかった。

一江　そういうのがあって、中の子どもたちの若いお母さん来ても、育成会でよそから来たお嫁さんが来ても、子どもが大きくなって混ざって、やっとその人も、えづが（いつか）わかるようになるっていう感じ。そういうのがひとつひとつ積み重なって、今のわたしたちみたくなるんだと思ったの。

原発事故のこと

圭子　事故の直後、「東電、爆発してる」とかって言って、うちは旦那のほうが反応が早かった。

美佐江　知らなかったなぁ、あたしらは。停電になったしラジオ聞くこともできなかったし、テレビも見られなかったから。わかったのは次の日だもん。

一江　うちは発電機で電気を起こして、ラジオ聞けたし、テレビも映してたから、そのニュースを聞いたの。何日かしたら電気が入ったでしょう。でも、その時点でまだあたしらは怖さを知らないわけよ。原町に娘、子どもがいて、十一日の震災あった日に、あたしたち原町にいたの。わざわざ南相馬〔の原町〕から飯舘に連れて帰って来たの。原町より長泥のほうが安全だと思ったのだけど、実は逆だったの。十五日に雪降る前だな。仕事に行ってて、結局爆発したから、これじゃなんねぇって会社ストップして。あなたたちはここにいても〔どうなるか〕わからないから、生まれて何ヵ月も経ってないこいつ〔膝の上の孫〕と、こいつら夫婦と、うちらの娘ら夫婦と、一生の別れのような格好して、涙流して、パパ〔娘の夫〕の実家の川俣に出してやった。

節子　うちはお父さんが長男と千葉に仕事に行ってたの。うちのお父さんに話をしたら、じゃあ今から迎えに行くからって言われて。次の日にあたしとお父さんで運転して、車二台で。じいやん、ばあちゃんと。千葉に二部屋アパート借りてたから、そこに男と女分かれて。足の悪いじいちゃんまでいたんだ。

一江　三月の十七だか十八〔日〕頃の部落の集まりの時だな。あたしらは鹿沼に行けって言われた時に、数値もわかんないであたしら納得いかないって言ったら、測って貼り出すようにするって言ったの。貼り出したのを見たら、十一日からの数値が出てたの。信じられる? 知ってたんでしょ、って。十一日はなんぼで、雪降った日が九〇なんぼって。そして鹿沼に行けって言われたから、うちの年寄りばあちゃんが足悪くてちょこちょこっとしか歩けないの、トイレも近いし。じゃあ、あたしらはバスに乗れないから、悪いんだけど自分の車で、ばあちゃんごとそこに寝せて、車で行きたいんだけど。それもダメ。結局あたしらは観念して行かなくって。子どもは実家に行ってたから、あたしとお父さんとばあちゃんは申し込まなかったんだ。

圭子　うちの〔双葉の〕実家は爆発したっていう時に、一応飯舘に行こうと思って来たんだって。でも、一一四号線が動かないから。実家のお嫁さんが石神、原町だったんで、そっちのほうに抜ける道が一ヵ所あるんですよ。そっから抜けて石神に行った。そしたら石神でも、うちのじいちゃんばあちゃんがいるから悪いからって、今度じいちゃんばあちゃん、うちによこしたの。うちに来たはいいけども、おっきい爆発あったでしょ。で、お父さんがこれはダメだって言って、うちらは会津に逃げたんです。会津に娘がいたんで。うちの実家の親も一緒に。犬と、足の悪いおじいちゃんと。そして会津若松の娘の十二畳くらいの1DKに八人して寝てたんだよ。うちの娘、〔会津の〕病院に勤めてるから夜勤なの。そしたらうちのじいちゃんに日中寝せてもらえないのよ。逆にうちの娘がキレちゃったの。実家の親は山形の姉のところに行ったから、自分らだけ帰って来て、十文字とかでしゃべってると、白装束来るんだよね。こっちは普段着でいるんだよ。白装束だよ。

美佐江　このくらいのホースを後ろのトランクから出して測ってるんだ、線量な。

圭子　「馬鹿言ってんじゃねぇ。何考えてんだ！」って思わず言っちまったんだけど。

一江　そしたら次の日から普通の服着てたね。

圭子　文部科学省も来たから。「なんなの、あんたらはそんな服着て！」って言った時に、向こうの人は次の日から普通の服着て。

一江　「孫と子ども連れて〔きて〕暮らしたらいいべ。おらたちに大丈夫だって言うんだから」って言ったら、黙ってたな。

圭子　避難するっていっても、うちは身体障害者のおじいちゃんいるから、アパートも探しに行ってる暇ないのよ。村に聞くと、子ども優先ですって。じゃあうちの老人はどうすんのって騒いで。「悪いですけど、自分で探してください」って最後言われたんだよ。「馬鹿言ってんな！　そんなこと言うんだったら、おらは避難しねぇ！」「いや、それは困るんです」「じゃ、さっさと探せ！」って。次に福祉協議会に頼んで。グループホームだのって探してもらって、じいちゃんだけ避難させて。そうして今度、自分ら。うちの旦那、原町のほうの仕事も片づけなきゃなんないからって、原町に通ってたべ。そうすると、あたしひとりじゃどこにも動けないじゃん。役場に言っても、「いやぁ、そこは順番なんで。子ども優先なんで」「一番最後かよ？　老いてるから最後なんですか？」って言ったの。

一江　子どもと長泥地区は優先ですって決めればよかったんだ。

圭子　「吉倉は子ども優先だからここはダメです」「じゃぁ渡利の？」「そこも子ども優先だからダメで

す」。だから、一般のアパートかなにかっていうと、今度、なかなかないんだよね、探しても。どこに不動産屋があるかなんてわからない。長泥でも一番最後じゃないかなぁ、うちら引っ越したのは。だから夜、道路走ってると、静けさで不気味なところにいたね。

美佐江　うちはすぐではなかったけど、妹が小高にお嫁さんに行ってて、妹も行くところないからっていって、飯舘の一番館に来るわけだったんだけれども、ガソリンが半分しかないからどこにも行かれないって言って、あたしのとこに電話よこしたのよ。で、あたしらも〔線量〕値がわかんなかったから、じゃあうちに来て泊まってなさいよって呼んで、一週間もいてったんだ。そしてその息子も福島に勤めてるんだけども、そこまでも行かれないのよ、ガソリンがないから。それで、おれのお父さんも何とかしてガソリン代の券、一枚取って来て妹にくれて、ガソリン入れて福島によこしちゃったの。あたしらは飯舘いってもよぉ。孫は孫で、うちの旦那の舎弟が庭坂の駅前にいるもんで、そこに一応避難させちゃったの。そして、そこに一週間くらいしかいられなかったって。やっぱり。気ぃ遣《つか》って。狭いから、うち。それでうちに帰って来るっていうから、値あったってしょうがないから、うちもそんなには迷惑かけられないから帰って来たらって。それで長泥にいたんだ。

一江　いても一ヵ月くらいなんだよな。長居はできないっていうのは、そういうわけなんだよね。埼玉に娘がいるからそこに行ったたって、結局、この人数行ったら大変なことになるでしょう。朝から晩までじいじと幼いのといるんだから。うんざりになっちゃうよな。

圭子　うちの娘も言ってたよ。〔四月頃〕東京にたまたま遊びに行ったらば、東京の若い子が「なんであたしたち、福島のせいでこんな節電とかしなくちゃいけないの?」って言ってたって。それ聞いてうちの娘、「ひとりだったから言えなかったけど、あと二、三人いたらば言い返してたよ!」って。「おまえらの電気だー!」って言ってやろうかと思ったたって。「ただ福島は場所貸してただけだぞ」って。東京の子たちはそういうのわからないのね。自分らのとこに来てんだよっていうの。「福島ではちゃんと東北電力に電気料払ってんだって言ってやりたかったよ」ってうちの娘。「ちゃんとそういうの説明しろよなぁ」って。

一江　福島第一原発から東京のほうは電気を寄こしてるんですよって、子どもたちに聞かせてあげればよかったんだよな、小さいうちから。

圭子　悔しくて。

一江　ここにいたって、結局取材させてくださいって言うんだけど、若いお母さんたちが嫌だって。根掘り葉掘り同じこと何回も聞かれるし、もう取材されるのが嫌っていうような感じで断ってたな。

子どもたちのこと

圭子　うちの子たちは元気。ただ飯舘に帰れないっていうのはちょっと寂しいかな。だからお墓参りだけは連れていく。そのかわり長時間はいない。「家の中も入りたいな」って言うけど、「入らないで車の中で見て行こうね」って言って、見て帰って来る。「お墓だけは〔車から〕降ろしてね」って言われて降ろしてくるけど。手だけは合わせてくるけど、すぐ乗って帰って来るって感じ。

一江　最初の頃は孫たちとかおっかながって。今小学校三年生になったやつは、恐ろしさが恐怖になってたみたいだったんだけど、よく〔曲田の〕実家のばあちゃんとこで見てもらったから、徐々にあれして。上の子ふたりぐらいまでは記憶にあるんだな、飯舘の家っていうのは。下の子は一歳くらいだったから、私のお家はここ〔避難先〕、としか言わない。うちの子ども〔孫〕たち、今小学校六年と三年、幼稚園なんだけど、今あたしらここに土地用意してんだけど、小学校が目の前にあるんだけど、そこ〔新しい家〕にもし入るようになったら、目の前の学校に変えるかって相談をしたんだけど、子どもたちは嫌だって言うのよ。小学校は今終わろうとしてるけど、中学校はどうするって相談しても、中学校も飯舘に行きたいなぁって。高校は自由だから、今度は大人になってからだからバレてもいいんだけど、だけど子どもにこっちの学校に上がれって言っても、強制はできないでしょう？　だから、子どもの気持ちを考えて、行きたいとこにとりあえず今は行かせると。

長泥の土地のこと／帰還困難区域の解除

節子　お墓は移転できないでしょって、うちのお父さんは。お墓参りをしてみんなの繋がりがあるっていうことは言ってたね。家は手入れとかが大変だから、更地にしてっていう話は言ってたけど、またコロッと変わる時あるから。

圭子　うちは壊さなきゃダメだぁ。

一江　うちは震災の前の年の十一月にじいじが死んで、石碑建てて、そこにお骨が入ってる。先祖代々って言ったって、うちのじいちゃんからの始まりだから、もしかしたらこっちにお墓を買って移すかもしれない。だって、子どもたちも行かねぇでしょ？　家は、もう手入れしたってしょうがないべって。あっちは行けないんだからかまわないでおけって言われたんだけど。うちのお父さんは、土地は東電のほうに買ってもらうしかねぇなぁって、ボソッと。大熊、双葉、あっちの人は黙ってないから、たぶん帰還困難とは別だから、最終的な何かっていうのはあると思うよ。

圭子　どっかで見切りをつけないと、いつまでもぐーたらしてらんないのよ。うちはお墓は、あたしとお父さんとが入って、あとは子どもたちは入るも入らないもわかんないから。うちらだけは残すんでねぇって言ってあるだけで。今のところ移す気はないです。住民票も、ないです。

一江　なんぼあれしたからって移さない。これからのこと考えると。これでもうすべてが終わりだってなった時は、福島市民になるっていうことは考えてもいいかもしれないけど、とりあえず今のところはこのままで。

道のりは長いと思う、この状況では。こないだ村長が言ったように、バリケード取ってってなったら目の前が見えてくるかもしれないけど、今のわたしたちは、除染はしないって言うし、帰還困難は大熊、浪江、双葉、あっちも一緒にしてもらわなきゃ困るって言うから、あたしらもその帰還困難は、ちょっと〔平成〕二十九年だけではなんないと思う。長泥だけを除染して困難区域から外すってことはしないと思う。

圭子　双葉、大熊よりはちょっと早いかもしれないね。

✳　✳　✳

震災三日前に父が急死して〔平成27年5月24日聞き取り〕

鴫原　新一　昭和31年生まれ（三組）
三枝子　昭和30年生まれ（三組）

小学生からトラクター――中学時代も牛の世話が日課

新一　うちのじいちゃん（父親）、機械が好きで。うち、三台あンのよ、トラクター。前のトラクターが、うちの定顕《さだあき》じいちゃんが買ったから、それでこんどは、農作業の手伝い。小学校五年、六年ころは、それで田んぼとか畑とか、うなった。あのころ、トラクターっていうのは、あんまりなくて、俺んちで二軒目くれぇなのかな。農家としては長泥の中ではおっきいほうではねぇんだけども、うちのじいちゃんが機械が好きで、買ったんだべな。して、じいちゃんは、こんどは、建設業で、原町へ働きに行ってたのかな。日曜日だけ休みで、あとはずうっとやって。で、カネを稼いだ。ほのために、日曜日だけでは農業ができないから、息子に「田んぼをうなっておけよ」とかね、「この畑、やっとけよ」って。だから、中学校時代のときには、農作業はほとんど俺がやったのね。

中学生くらいだったけど、遠くには遊びには行かなかった。うちの親父が、やっぱし、仕事だから。もう、手伝い。やんないと生活ができないっていうことでね。親父が「こいつとこいつをやっとけ」ってンだからね、ハア。そのころ、うちでは酪農やってたのかな。だから、乳搾ったりなんだりはやったよ。中学校時代は、ばあちゃん（母親）も仕事さ行ってたから、うちの親父と一緒に。うちの親父が運転して、長泥地区の、あともう二、三人かな、乗せて。まぁ、出稼ぎだわな。土方仕事。

俺が学校からスクールバスで帰ってくッと、うちには誰もいないからね。だから、まずは、冬なんてば、ハア、暗いから、ぜんぶ電気、バァーッと点けて。ほッから、こんど、牛の乳絞って、堆肥だして、餌を担いで、ていうことで。朝は、ばあちゃんがやってくのよ。朝は、サイレージ（家畜用飼料の一種で、飼料作物をサイロなどで発酵させたもの）って、発酵したやつ。えらい臭いんだ。それを、ほったりなんだすっと、「臭い」って言われるんだ。だから、俺は朝はね、なるべくそういうのやらないようにした。学校いったら女の子もいるし。ほンときに、うちの姉は原町の高校、原高《はらこう》に行ったから。うちから通えないから、アパート借りて。だからうちの仕事誰もやる人がいないから、俺がやらざるをえない。

相馬農高飯館分校に学び、農協に就職

新一　高校は相馬農業高等学校飯舘分校ってとこ。それもスクールバスで通学。高校入学は一九七一年。俺らンときには、ぜんぶがぜんぶ、ホレ、卒業したらすぐに百姓するわけでもないからね。早くいえば兼業農家。勤めながら。ほンときに、就職率がいいっていうことで、飯舘分校はけっこう倍率も高かった。男女共学。部屋は別々だけどね。勉強は、あンときは、花もハウスも入ってたけども、農業の勉強ってたいしたことないんだな。なんつうんだ、時間潰しの関係で実習かな、ていう感じだったのかなぁ。実習は学校の敷地内に田んぼもあるから。田植えもしたたし。

東京へ行きたいって言ったときに、具体的に、何やりたいというあれはなかった。けども、担任の先生が、「短大に行く方法もあれば、一年か二年くれぇ東京に出て勉強したほうがええんでねぇか」と。いまでいうと、大田〔区〕の青果市場なのかな、「そういうやつもいいんでねぇか」と。ところが、それも「ダメ」。なんせ、高校三年のときに農協の試験を受けて、合格発表になったから、それでハァ、終わりと。農協を受けたのは、「受けろ」と言われた。当然、親の意向。

農協の仕事は、けっこう、長泥ともかかわりがあるかたちで仕事をずっとしてた。世話になったの。共済推進ってあって、個人的にノルマがあンのよ。「あなたはなんぼ取りなさい」「貯金はなんぼ集めなさい」。そういうやつがあって、ほンで、自分でなかなかセールスができないから、自分の住宅さね、こんどは作業場すえてッかとか、こんどは倉庫さ入れッかって。農協の保険を。自分ちの建物に、ってこと。ノルマを達成すンにね、どうしてもっていうときは。ハァ、一千万、大変だ。しょうねぇ、自分で、名前書いて、ハンコ押して、ハァ、いっか、なんて。ほンときに、長泥の住民の人には、夜行って、「建物共済、どうですか？」とかね、「子ども共済、どうですか？」とか、「生命共済、どうですか？」っていうこともやりました。貯金の推進になれば、貯金を頼むとかね。

あと、電気製品、一人なんぼってあっから、「なにがいんでがぁ？」とかなんとかね。セールス。他の地区さも行ったよ。比曽さも来たし。関沢《せきさわ》とかって、広範囲では歩ったけども。だんだんと、断られてくっと、最後は、また地元さ来てね。して、長泥も、そのころは裕福でなかったから、入る人ってあんまりなかったけども、「あすこらへんさ行けば大丈夫かな」なんていうとこさ行って、「なんとか頼む」って言えば、「じゃ、しょうねぇなぁ」なんていうことで、そういうことでは、だいぶ助かったほうだな。

こんど、帰還困難区域になったところは、JAの共済が、地震とおんなじで、五百万を支払うよ、というふうになったのよ。だから、わたしが推進したおかげで、〔今回〕かなりの人が保険金をもらったのは事実。で、この〔新しい〕家は、その共済金で、だいたいできるなぁと思って。土地はなんとか、ホレ、長泥地区は、一人〔につき〕六百万もらったから、それもあっから。共済金は、説明あって、ハア、一ヵ月、二ヵ月で、すぐ支払いになったから。して、娘のこともあったから、では、なんとか土地をみっけてやるしかないかなぁ、ていうことでやってもらった。

二〇一一年三月八日父が急死、三月十日葬式

新一　うちの父親が二〇一一年の三月八日に亡くなったのよ。朝。突然。あンときで八十三歳。それまで具合が悪い兆候はなんにもなし。ていうか、牛の出荷で、俺と一緒に朝早く起きて、ンで、仕事をやってて。で、俺は、仔牛、こんど出荷するのに、おなじ部落の競《せ》り仲間の人たちが四、五軒いたから、そこさ手伝いさ行ったのね。して、それ終わって、帰ってきたらば、うちのじいちゃん（父親）が炬燵で寝てたのね。俺がうちに入る。その気配でうちのじいちゃんが立って、「なんだか気持ち悪いんだぁ」っていう言葉をうっすら言ったくらいで、ハア、トイレに行ったのよ。うち、外が水洗のトイレなんだけども。それで、五分、十分しても、戻って来ねぇ。俺が出発する時間なンだけども、っていうので、行ってみたらば、亡くなってンの。

　で、うちの奥さん、一生懸命、人工呼吸、マッサージをしながら。俺は、救急車呼ばって。手配したんだけども。して、原町さ行った、市立病院に行ったんだけども、行ったらばハア、「もう遅い」と。「無理して脳を手術しても、植物人間になるだけだよぉ。どうしますか？」と言われて、どうしようもねぇべな、ということで。ハア、その日の、だいたい昼ころに亡くなった。

　病院から父の遺体が帰ってきたのが夕方の三時半、四時ごろか。すでに親戚の人たちはみんな知っててうちに来てくれていて。そのときに、ホレ、十一日が友引だったのね。「だから、十一ができねぇから、十二にすッか、十日にすッか」ということだったの。で、良友区長は「十二日でもいいんでねぇか」なんて言ったんだけども、おおかたの親戚の人たちは、「昔から、不幸っていうのは、一日伸ばすとそれだけ

大変なんだ」「だから、心残りはあっぺが、早くやったほうがいい」っていうことで、十日になったの。三月十日に葬式をやんなかったらば、悲惨な、実態。電気はこない。電話は通じない。ハア、車が渋滞だったんスがな。みんな避難でね。それを飯舘のひとは全然知らなかった。情報がなかったから。

うちの親父は、歴代の区長のなかでも、けっこう長くやったほうなのよ。四期、八年間やった。その前に副区長っていうことで、若いときからけっこう、部落の行事に携わっていたから、ほんと、物知りだった。ほんとだったら、きょうの、こういう長泥の部落史あたりすンには、ほんとわかってたひとだったのになぁと、いま思う。

娘から「原発が危ない」と聞いても現実感わかず

新一　地震があって、電気、電話ダメ。携帯ダメ。水はオッケー。井戸だから。長女はたまたま家にいた。次女も葬式さは来たんだけども、仕事で、ハア、すぐ戻るっていうことで。浪江の、老人ホームみたいな。なんつったっけ？

三枝子　浪江の「貴布祢《きふね》」ってとこに、特別養護老人ホームに勤めてたんだ。

新一　ただ、何が起きたのかっていうのは、わからない。わかったのは、二日後。

三枝子　ああ、原発事故のこと？　お葬式が十日で、十一日が地震。お葬式をおえてすぐ浪江に戻った下の娘は、地震だというので、老人の人たち、中にいた人をみんな外に出して。で、津波が目の前に来たんだって。あ、これはヤバイということで、また、ホールのとこにみんな集めて、いたらば、ちょうど、津波が、そこまでは来なくて、大丈夫だったからということで、その施設に待機してたの。それで、上司の人が「やっぱし、これは大変だ。自分の身内の安否を確認しなさい」ということで、うちに電話しても、通じない。だから、うちに帰ってきた。夜九時ごろだね、帰ってきたの。そのときみんな、炬燵のまわりで雑魚寝して寝てて。余震がいっぱいあったのでね。

で、十二日の日、「仕事だからぁ」「休めないからぁ」って、朝六時までに職場に行かなくちゃいけなかったんだけど。一一四号線、ずうっと行ったらば、浪江のほうの道路の十字路あたりに自衛隊の人が立ってて、「原発が危ないから、すぐUターンしなさい。こっから先に行ったらダメですよ」と言われて、職場に行かれないで、Uターンして来たんだけども、もうすごい渋滞で、あの一一四号線が。娘が帰ってきて、「原発が危ないんだよ」と。ここまでは、まさか放射能が来ッとは思わないから。まずは、ここは大丈夫でしょう、なんていうことで。

草野小学校とか臼石《うすいし》小学校の体育館に、津波で被災した人はもちろんだけど、あと、原発関係で避難してきた人がけっこういるっていうことで、ほれで、炊き出ししたほうがいいんじゃないかっていうことで、炊き出しをしてたんですけどね。そのとき、はじめて、「長泥の人たちは、放射能がけっこう高いから、炊き出しを手伝ってる暇じゃないんじゃないの」なんて、良友さんが言い始めて。で、「放射線量が高いから、長泥の人たちは逃げたほうがいいよ」って、良友さんが言われてきたんだぁっていう話で。あらっ、ほンなにここは高いんだ、というのが、いちばん最初の第一印象。炊き出しして手伝ってるときだから。

でも、じっさいに逃げるまでには、ずいぶんまだ時間がありました。でも、みんな困って来てるんだから、そして、飯舘村の各行政区でも炊き出しやってンだから、長泥だけ炊き出ししないのも、なんか悪いんじゃないかということで。まぁ、もちろん、自分のうちも、米なんかもいっぱいあったからね、農家だから。だから、米なんか持ち寄って、おむすび握って。そういうのをやってましたね。そして、電気点いたのが月曜日の五時すぎなんですよね。

新一　蝋燭を立てて、カレーだかなんだかあれしたときだ。十四日。電気が復旧して。あンときに、うちの姉らも風呂がやっぱりダメで、風呂、入りさうちに来た。うちの場合は、普通は石油で点火してするンだけども、薪《まき》でも焚ける兼用。して、薪だけで風呂焚きができンだっていうことで、入りさ来たんだな。そンとき、いとこの鴫原良幸君らも来たんだ。

三枝子　むこうでは「カレーつくったから」って。「じゃ、うちではご飯、一升炊きで一升炊いてッから」ということで、みんなで夕御飯たべて。食べてる矢先に、パッと電気が点いたのよ。

新一　して、テレビ見たらば、爆発したばっかりだな、一号機がね。でも、ほンときも、ピンとこなかったものね。して、次の日、なにもやッことねぇから、葬式の片付けだなんだってやっているうちに、テレビで、東京電力なんだなんて、だんだんだんだんと回数が多くなってきてね。なんだべなぁなんてね。して、一号機が爆発しても大丈夫だと思ってたからね、ここの飯舘はね。遠いからね。全然、大丈夫だと。だけども、テレビで「原町へんは屋内退避になった」と。うちらほうも、やっぱし、外さ、あんまり出ねぇほうがいいな、なんて。ほンな感じではいたんだけども。そのうちハァ、二号機、三号機ってね。で、自衛隊が、あんな大掛かりでね、何事かと思って、ハァ。

放射線量の高い二階に娘を住まわせてしまった

三枝子　あのとき、うちの娘たち、二人いたんだから、長泥に。で、お姉ちゃんは、南相馬市に行ったんだね。下の子は、ずうっと、あたしたちと一緒にいたんだから。二階なんか、余計高かったんだね。二階の部屋。そこで寝泊まりしてたんだから。まわりの木が覆い被さってッから、下よりは二階のほうが放射能のあれ（線量）が高かったのよ。測ってみたんだ。わたし、ちょうど、勤め先が学校だったので、理科の先生が文部科学省から計測器を借り出してくれて。で、それを借りてきて。そして、測ってみたの。各部屋ね。そしたら、びっくり仰天。二階のほうが高かった。あのときで、七《なな》・《てん》なんぼぐらいありましたね、二階は。一階の茶の間のほうが低かった。低くて、なんぼだったんだろう？

新一　三くれぇ。

三枝子　いまは除染で木、切ってもらったけど。まわりは、あの当時は木で囲まれてたから。そういうの知らないで、二階で寝泊まりしてたんだから。五月の十何日まで寝泊まりしてたんだから。測ったのは、四月。下の子は一回逃げたんだけど、仕事先が川俣に移って来るから、「うちから通ったほうがいいんでないの。帰ってきなさい」なんて、あたしら言ったのよ。そして、二階に、知らないで住んでた。

長崎大の山下先生が「大丈夫だ」と

三枝子　住めなくなるという危機感はなかったですねぇ。

新一　で、やっと、役場のほうからね、いろいろ話があって、あンときも一回、説明会あったんだね。長崎大学の……。

三枝子　うん、山下〔俊一〕先生。

新一　を、菅野村長は連れてきて、話をして。したらば、彼氏いわく、「一〇〇ベクレルまでは大丈夫だよ」と太鼓判押したから、みんな一安心だがね、ハァ。ていうことで、避難しなきゃダメだなんていうことは、全然思わなくなっちった。そういうのを二回ぐれぇやったかな。

三枝子　一回目は飯舘中学校の体育館でやったんだね。そのときも「大丈夫です」ということだった。有名な先生が「大丈夫です」って言うから、みんな信じますよね。「大丈夫だって言ってンだから、大丈夫でしょ」なんて。長泥がとくにひどいということは前から気づいてた。高いというのはわかってましたけど、わたしたちの年齢はもう大丈夫です、ということを山下先生も言ってたんだから。「むしろ危ないのは、煙草吸ってて肺ガンになる」とかね、そんなことを言ってるんだから。「いちばん最初に避難させンのは、妊婦さんとちっちゃい子どもさん。それはやっぱし、危ないから、早く避難させなさい」って言って。で、長泥から少しでも離したほうがいいっていうことで、飯舘村の深谷に、老人憩の家、「やすらぎ荘」っていうとこあるんですけど、ある程度ちっちゃい子どももいる親御さんとかは、長泥からそこの「やすらぎ荘」に避難してたんだけども、国のほうから「計画的避難区域」になるっていうことで、そこもダメだということで、こんどちっちゃい子どもたちは、福島市の吉倉の国家公務員住宅っていうかたちね、避難させたんだね。

妻は諦め、夫は諦めてはいない帰村、おばあさんは飯舘の空気が好き

新一　長泥に帰るのは諦めてはいないけども。

三枝子　わたしは、諦めました、はい。長泥の自宅を見てきて、水道もでないし、鼠の糞尿で臭いし、黴臭いし、床板も腐っているし。どうしてもあすこで生活するってなれば、リフォームするのも大変じゃないですか。

新一　いや、あすこさ帰る気はないけども。ただ、ある程度は維持管理するしかないなぁと思ってんのよ。自分ができる範囲内で。子どもには頼ンないで。自分が動けるうちは、やらざるをえないなと。また、長泥の、あのお宅に対する思いっていうのは、完全にはふっ切れてはいないんだよね。

三枝子　みんな、そうですよね。なんか、話聞くと、男の人たちは、やっぱし、そうなのね。そこに生まれて、育って、そこで、これから先どうやって生活していくのかなっていう、そういう考えがあったから、やっぱし思いが強いんだね。この土地をどうやって維持管理していくのかなっていうのね。まぁ、女の人は、あたしなんかもう、自分のふるさとを捨ててそこに嫁いで行ったんだから、だから、なんてことないンだね。たぶん、その価値観の違いなんだね。

ある時期までは、当然帰れるものだと思ってたわけですけどね。そう思わなくなり始めたのは、やっぱり、あたしらは娘が二人とも嫁いだから。もう、鴫原の姓はたぶん名乗ンないから、ゆくゆくはあたしたち二人になるから、住むのは復興住宅でもいいかなぁ、なんて思ってたんだけど。なんか、うちの人が、帰還困難区域は共済の保険が入るから、それでうちを建てられるから、結婚した娘たちが孫を連れて来れると。わたしたちがここに拠点を構えれば、娘たちの、生まれ育ったふるさとはなくなったけども、娘たちのこれからのふるさとになる。

おばあさんは、やっぱし、飯舘に戻りたいと思います。ただ、からだ不自由だから。あたしたちが「飯舘に行くよ」っていうと、「ここで独りで留守番してるよりはいいから、おれことも長泥に連れていってくれろ」って言うから、あたしたちが飯舘に行くときは、不自由なからだだけども、連れて行くようにしてるんです。むこうに行ってたって、ただ、ああやって寝てるんだけど、でも、それでもやっぱし、行きたいって言うから。一ヵ月に一回ぐらいは行ってますね。でも、けっこう、車でも時間がかかるから大変だと思います。はい。

おばあさん　飯舘の空気、吸ってくるんだ。アハハハハ。

三枝子　あれだね、楽しみがあるみたいね、やっぱしね。「明日は飯舘に行くよ。連れて行くからね」なんて言うと、いつもはちょっと忘れてンだけど、あしたになッと、「きょうは、ハア、行ぐんだね」なんつって、ちゃんと着替えして、待ってるんだから。おばあさんが生まれた蕨平は長泥からすぐそばだから、やっぱし思い入れは、すごくあンでないかなと思う。

いちばん泣いたのは牛処分

新一　わたしがね、いちばん泣いたのは、牛処分かな。避難する前に、ＪＡさ勧めてたから、情報としては六月に、ふつうの一般競りでなくて、臨時競りを三回か四回くれぇやるよということで、情報はあったけども。そのときはひとりでうちに残って、牛のことでなんだりやって、で、鹿島（職場）さ通ってたんだけど、この生活では、臨時競りの六月まで待つんではちょっとむずかしいなっていうことで、五月の連休ンときに、西白河郡の矢吹《やぶき》の市場《しじょう》に、あンときは、七日の日が市場だったのかな。で、五日の子どもの日に、家畜商の人に牛つけに来てもらって。ほンとき、写真撮ったけど……（涙ぐむ）。

　そのときは仔牛二頭いた。こいつもね、血統が良《い》くて……。それは、競りに持っていって、処分してもらったの。市場に出してもらったの。そのあとどうなったかは、わからない。ただ、売ったっていうことで領収書だりなんだりね、してもらって。で、手数料払って。あれがいちばん辛いことだったな。あの時期は、放射能うんぬんてなってるから、わたしの場合は、安く出しちゃったの。通勤が大変だからハア、早く処分するしかないなということで。鴫原良友さんだりなんだりとかね、そういう人たちは、やっぱし、そういう臨時の競りで出したほうが高く売れっぺということで、待ってたみたい。

三枝子　ずいぶんかわいがってたんです。あたしは、牛のことはあんまりやってなかったです。あの、お産したとき、仔牛が、親牛の、なんちゅうの、「初乳を飲むの、見ててねぇ」なんていうとき、ずうっと見てたりしたぐらい。亡くなったおじいさんが、だいたい、牛のことをやっててくれたので、あたしはあんまりやんなかったんですね。で、うちの人も、おじいさんがやってくれたおかげで、あんまり、日常の世話はやんなかったんだけど、ただ、牛に食べさせる草を刈ったり、乾燥させるために作業場の二階へ上げたり、そういうのはやってたんですけどね。だから、大変なものは、うちのおとうさん。日常の世話はおじいさん。あと、ちょっとまた大変なときは、わたしもやる。あと、おばあさんもチョコチョコ手伝う。そういうことで、ほんとに家族そろって、そういう農業をやってたのが、事実ですね。

新一　牛はぜんぶ名前が付いてるんだ。で、顔を見れば、だいたいわかる。繁殖の場合は、黒一色だからね。乳牛の場合は、白と黒だから、模様でわかッけどもね。黒は、なんとなく、色つやと顔かたちで。

三枝子　でも、飯舘は計画的避難区域で、そうやって牛のことも処分できて、人間がいちばん最後に避難したわけですけど。まぁ、いろんな批判もね、菅野村長、受けてるみたいだけども、あたしたちは、牛のこと、ペットのこと、避難させて、そのあとであたしたちは避難できたから、まぁよかったかなと、あたしは思うんだけども。警戒区域みたいに、さぁ、爆発しました。いやぁ、すぐ逃げなさい。じゃあ、牛、どうする。ペット、飼ってる猫とか犬をほっぽりだして、人間が最初だったでしょ。そういうことを考えると、あたしたちは、まずは幸せだったのかなぁと。まぁ、先行き、自分たちがどうなッかもわかんないけども。

新一　やっぱし、生涯で最大の激変だな、この原発事故が。百八十度転換か。ほんとにね、変わったものね。なんともハァ。

＊　＊　＊

崩れ去った長泥での自然との共生

〔ＡＤＲ調書より　平成24年12月27日審問〕

清水　勝弘　昭和27年生まれ（三組）
　　　敬子　昭和30年生まれ（三組）

長泥の四季折々の様子、自然の恵みについて

勝弘　早春には、満作の花が咲き、ウグイスが鳴き、川ではヤマメやイワナが釣れました。釣った魚は家族で食べるのはもちろん、友人にあげたりもしていました。魚の味は絶品で、買って食べる魚とは味が違います。友人にあげると、大変喜ばれました。春から夏にかけては、ワラビ、ゼンマイ、フキ、フキノトウ、タケノコ、タラノメといった山菜が採れます。タラノメの天ぷらの味は格別です。秋は紅葉が素晴らしいです。また、ブドウなどの木の実やキノコが採れます。キノコは近所の人にお裾分けしたり、炊き込みご飯で食べます。干したり塩漬けにして保存もしていました。

野菜はほとんど自家栽培でした。春はキャベツ、ホウレン草、夏はキュウリ、トマト、インゲン、あらゆるものを作っていました。大根、白菜は、保存しておけるので、都会の子どもたちにあげたりもしていました。今は野菜を買って食べていますが、本当においしくなく、悲しい思いでいます。借り上げ住宅のプランターで野菜を作りたいとも思いますが、放射能が心配なのでそれもしないでいます。

長泥住民の多くが、長泥の自然の恩恵を受けていました。山に入って山菜やキノコを採っていた人はたくさんいましたし、中には、直売所で売りに出している人もいました。釣りをする人も周りに十人くらいはいました。野菜を買って食べるという人はいなかったと思います。

庭造りについて

敬子　私は、平成八年春から、道路に面した土手に芝桜を植え始めました。毎年春に少しずつ植えていき、事故当時は百メートル以上の長さになっていました。通行人がよく写真を撮っており、自慢の芝桜でした。芝桜は根が弱く、草取りが本当に大変でしたが、綺麗に咲いたときのことを考えて、勤めに行く前の早朝に草取りをしていました。現在の芝桜の様子ですが、雑草に負けてしまっています。元通りにするのは難しいと思います。

勝弘　私は植木が好きで、将来家を建てたら庭を造りたいという夢がありました。それで、昭和四十七年ころ（約四十年前、二十歳ころ）から庭造りを始めました。作業は、仕事が終わった後や週末に、コツコツと行ってきました。

まず、将来庭木にするための苗を畑で育てることから始めました。苗木市があると小さい苗を買ってきて、畑に植えて育てました。白本から二百本近い苗木を育てました。苗木の種類は、ツゲ、黒松、伽羅、ヒバ、ツツジなどです。三河から種を取り寄せた松は、太さ二十センチになっています。伽羅は小さいものから育て、二・五メートルの玉に育てました。あるとき、伽羅の値段を見てみたところ、同じくらいの大きさの伽羅が二十万や三十万で売られていました。

平成七年に家を新築した際に、池を造成し、庭石を配置しました。庭石は地元特産の御影石の廃材を利用したものです。採石場から廃材をもらってきて、それを庭石にしました。その後、畑から植木を移植していきました。植木の配置がなかなかイメージ通りにいかず、また、イメージが変わることもあり、植木を何度も植え替えたり戻したりしていました。植木が決まるまでに五年くらいかかったと思います。池の鯉は主に川で釣ってきたものを増やしたものです。川で釣ってきて放したものが十五匹くらいで、後の二十数匹は卵から孵化させました。鯉の孵化を簡単にできるようだったので、定年後は、田を池にして鯉の養殖をしようかと考えていました。敷石も手造りです。これも御影石の廃材を利用したものです。加工をやっている石屋さんから石をもらってきた。十三年くらいかけて、こつこつと敷石を敷いていきました。燈篭も手造りです。これは大谷石を使っています。栃木県の大谷町に六年くらい住んでいたことがあり、そのときに石屋さんからもらってきた大谷石です。

庭造りを評価され、私は、平成十四年、「クオリティ・ライフ顕彰事業」を受賞しました。これは、生き生きと田舎暮らしを楽しんでいる村民に贈られるものです。どこにでも転がっている石や廃材を使っている点が評価されたと思っています。

母アイ子は、園芸と自家菜園をする毎日を過ごしていました。園芸では山野草やランを育てており、山野草会を村の文化祭でやったりもしていました。母は、六十坪の専用の花畑を持っていました。また、百万円かけて栽培用の小屋を建て、山野草や花を二百種類以上育てていました。避難後は、仮設暮らしで園芸と自家菜園をすることができなくなっており、避難当初は精神的に参っていました。

亡父が植えた枝垂桜も評判でした。界隈にもない桜なので、素晴らしいと言われていました。現在の庭の様子ですが、手入れができていないので、庭は荒れてしまっています。長泥住民のほとんどが庭作業をしていたと思います。

山造りについて

勝弘　私は、二十歳くらいから、山造りを始めました。杉や檜を一年に三百本くらい植えることを二十年ほど繰り返しました。植えた次の年から草刈りをし、樹齢六年くらいになるまで毎年草刈りをしていました。樹齢五～十年くらいからは、つるきりや下の方の枝を切る「枝打ち」をしました。これは冬にしかできない作業です。樹齢十年くらいからは、雑木を除く「除伐」をしていました。樹齢二十年くらいからは，「間伐」をしていました。事故当時は、冬の間の「枝打ち」と、「間伐」をしていました。私の山は長泥でも評判の山であり、将来は一等材として売り出すことも予定していました。長泥地区世帯のうち五十数世帯が森林組合に加盟していますので、八割くらいの長泥住民が山に関わっていました。

避難状況と現在の心境

勝弘　私たち夫婦と母アイ子は平成二十三年三月十七日に所沢の親戚宅に避難をしましたが、同月二十七日に自宅に戻りました。いつまでも親戚の世帯になるわけにもいかないですし、村の説明会で専門家が戻っても大丈夫と言っていたので、自宅に戻ったのです。平成二十三年四月二十二日に長泥地区が計画的避難区域に指定され、やはり避難することになりましたが、なかなか避難先が見つかりませんでした。やっと借り上げ住宅が確保できたので、同年五月三日、自宅から再度避離したのです。

バリケードができる前は週に一回くらい戻っていました。鯉の餌やりや家の掃除をするためです。バリケードができてからは月に一回くらいのペースで帰っています。心の扉まで閉ざされてしまったような気分で、なかなか帰る気になれません。

私は里山の暮らしが好きでした。生活の糧、生き甲斐がなくなったことは無念の一言です。果たして長泥に帰れるようになるのか、帰れるようになったとしても以前のように自然との共生を楽しめるようになるのか、それが心配でなりません。孫の健康も心配です。また、家のローンが残っていますが、住めない家にローンを払っているのが納得できません。

＊

＊

＊

原発事故以前の長泥の記憶を伝えたい

〔平成27年2月14日聞き取り〕

高橋　正弘　昭和36年生まれ（三組）

子どもの頃の思い出

家は農業をやっていて、子どもの頃から手伝いました。特に、田植えのころは田んぼから帰るのが遅くて、日中一緒に田んぼに遊びに行ってました。夕飯が遅くなったり、稲刈りのときなんかはやっぱり、刈ったものをはせにかけたりして、今みたいに、すぐにコンバインで刈るっていう時代じゃなかったんで、月明かりで、十時、十一時ごろまではやってた記憶があります。

十字路近くには小学校が終わってからみんな来て、よく田んぼの中でかけっこしたり、ビー玉やったりとか、俺らはパッタっていってた、メンコみたいのとか。あとは、釘打ちっていって、なまって言うと釘ぶちなんですけど。五寸釘で、ポッと投げて地面に刺すんです。それで、刺したところと前のところを線引いて陣地を作って、その線を横切れないので、相手は違うほうにいって、いかに囲って逃げられなくするかという遊びなんですね。結構この十文字付近に集まって遊んでいましたね。

青年会の活動や盆踊りについて

私は二十歳のころから十年ぐらいは青年会にいたんです。あのころは、地元の集まる機会が何もなくて、青年会で月に一回定例会みたいなのがあって、結構それが楽しみで、みんな集まって飲みながらいろいろ話をしたりしてました。あとは「オール長泥」っていう野球のチームがあったんです。飯舘村に十何チームかあって、リーグ戦の試合とかもやってました。年代に関係なく、長泥は強かったです。ほとんど長泥の若い人は野球に入ってるか青年会に入ってるかで、年齢が離れてても、そういう横のつながり、上下関係、集まっていろいろ飲みながら遅くまで話をしたりとか。そういう付き合いをしてましたね。私は、青年会と野球の両方に入ってました。

青年会は女性も歓迎だったんですが、結局女性は学校卒業しちゃうと就職して、そのまいい人見つけて、嫁さんになるっていうふうなのが多かったんで、自分の実家から仕事先に通うっていう人がほとんどいなかったんですよ。なので、まぁ、青年会は男所帯みたいなもんだったですね。

青年会の活動は、特にこれといって何をやるっていうことはなかったんです。たまに、花植えか何かやったかなぁ。あとは、長泥の一番大事な行事として、盆踊りを青年会主催でやってたんです。それは昔から代々やってたらしいんです。私が入る前から。で、盆踊りも、長泥と曲田があるんですが、両方にお墓があるということで、昔は両方でやってて。だから、十四日に長泥でやって、十五日に曲田でやって、十六日にまた長泥でやってたそうなんです。それがやっぱり青年会の会員が少なくなってきて、長泥で一回、曲田で一回になって、最後は同じ行政区なのでっていうことで、長泥で一回になって。で、青年会も途中でだんだん、地元に残ってる人間が少なくなってきて、私が二十七、八歳のころ、解散してしまって。結局、みんな、結婚すると青年会だんだんやめるんで。

青年会が解散するということで、盆踊りは困ったということで、その後、行政区で盆踊りをやるようになったんです。今年は一組、来年は二組、次は三組、というようなことで、組回りで盆踊りをやるようになった。曲田は四組と五組がいつも一緒で、合同でやってます。ただ、長泥だけでやるってなった年に、曲田の人が当番になったときに、曲田でもやりたいってことで、一年はやったかな。あとは、長泥の行事じゃなくして、曲田の有志でやるから太鼓とか道具を貸してくれというときもありました。

村民体育大会・球技大会・駅伝大会では常勝

飯舘村では毎年十月十日に体育大会があったし、球技大会と六月ごろ駅伝大会があったんです。村民体育大会は、走ったり、玉入れしたり、若い人から年寄りまで参加できる地元の運動会。最後に花形種目で、ちっちゃい子からお年寄りまで年代別のリレーがあって、毎年上位に入ってたんです。で、上位のチームがほとんど同じ部落になっちゃって、他の部落からいろいろなクレームがきて。今の国際大会じゃないですけど、日本が勝つとルールが変わる、みたいな。で、普通、バトン持ってリレーするじゃないですか。そのバトンの代わりに長靴、それも二十七センチぐらいのぶかぶかの長靴をバトン代わりにリレーするんですよ。次の人に、長靴を脱いで履き替えて。あれは結構面白かったですね。やっぱり上位三チームにはいつも、ほとんど長泥。「長泥だ！」ってまとまるのは、やっぱり行政区対抗の村の大会が一番でしたね。応援席も行政区ごとなんで。駅伝なんかも結構上位に入って。何をやっても長泥は、結構上位のほうに入ってたんです。球技大会は、男子がソフトで、女子がバレーボール。女子も男子も強くて、何回か優勝してますし、優勝できなくても三位とかそのぐらいには入ってたんです。なんで強いかというと、やっぱり、団結かなあ。集まるときには必ずみんな集まるとか。

それから、その他に地元でも毎年行政区の区長杯ということで、バレーボールやインディアカ、グランドゴルフをやってました。運動会みたいなことは二年に一回やってたんですよ。役員任期が二年一期なんで、改選した年に区長杯っていうことで運動会やってる。それは組対抗なんで、どうしても四組、五組は家が少ないんで、一組、二組、三組、四・五組合同っていうような形で、組対抗で走ったり玉入れしたり、いろいろやってましたね。三組はどちらかというと強いほうですね。軒数も一番多いんで。一組と二組は十四、五軒ぐらいなんです。四組が十二軒、五組が六軒ぐらいで、三組は二十一軒でちょっとよそより五、六軒多かったんで。結局、集まる人数も多いわけなんです。

川真珠貝、大石――長泥の記憶を伝えたい

事故の記録は、長泥で残さなくても新聞やいろんなメディアで残ってる。事故以前のことは、やっぱり

われわれが何かしなくちゃ残らないんで、どちらかというとそちらを残したいと思うんです。避難しないで長泥にいれば、やっぱりじいちゃんばあちゃんが常に教えて、活字で残らなくてもなんとなく伝わっていくじゃないですか。だけど長泥が、なくなるかもしれない状態の中で、みんな今ばらばらになってて、なおかつ昔のことを知ってる人たちがだんだん年を取ってきて、昔のことが全然分からなくなってきたときに、俺が今度孫ができたとき、「じいちゃんのいた長泥って、今はないけど、どういうところだったの」って言われたときに説明できないじゃないですか。だから、これはせっかくいい機会だなと思って。何をっていうと、やっぱり、そうだな、自然豊かで、なんていうの、こう、平和っていうか、何の争いもない、本当に自然の中でのびのびと生活できる地域だったよということをきちっと残したい。

長泥の川なんかも、震災前、子供育成会で、夏休みに川で魚をとって、遊びながら魚の名前を覚えたりとかやってたんです。で、たまたま、そういう生物に詳しい専門の先生頼んで、一回来て一緒にやったときに、「川真珠貝がいるよ」って言って。通称カダケっていう一年に何ミリも育たない貴重な生き物がいるっていうことで、これは大事にしたほうがいいよって言われたんですけども。そういう自然溢れるところだったんです。そんなこんな、子どもたちと一緒に、夏休みなんか川に入って、いろいろ遊びながら勉強したり。

比曽川のすぐ脇にある十字路から見えるとこに、大石っていうでっかい石あるんです。今、川がまっすぐになっちゃって、石の周りを埋めちゃったんですけども、河川改修する前は、ほとんど下まで出てたんですよ。昔、夏休み、川で水泳ぎして、石の下まで潜っていけたぐらいの石だったんです。

やっぱり、親とかじいちゃんとかから、今は田んぼこういうふうになったけど、昔はもっとちっこくて、いっぱい段になってたとか。昔の姿。ここに家あったんだけどなくなったとか、昔はここに学校があったよとか。そういう話聞いたのは、思い出すし、必ずこれは伝え続けなくちゃならないっていうことではないと思うんだけど、ただ一緒に住んでいれば、知りたいときに聞けばいつでもいいやっていうぐらいの気持ちだったので。離れ離れになったらわからなくなってしまうと思います。

✺　✺　✺

❦ 母が弱っていく〔ＡＤＲ調書より　平成24年12月27日審問〕

菅野　恵一　昭和36年生まれ（三組）

事故発生直後の生活状況

原発事故があった平成二十三年三月十一日から三月二十一日までは、普段と変わらない生活をしていました。井戸水を飲み、外で育てていた野菜を普段と変わらず食べていました。当初飯舘村の安全性に関する情報は何もなく、むしろ村に避難してくる人がいたくらいだったので、村が危険だということは全くわかりませんでした。その後三月二十二日から三月二十八日まで一時的に埼玉に避難しましたが、村に講演に来た大学教授が、「避難の必要はない」と言っていたため、三月二十八日に村に戻りました。

村に戻ってからは、ハウスで育てていたものも含めて長泥で作った野菜は食べませんでした。主にカップヌードルなどのインスタント品を食べて過ごしました。外出の頻度も減らし、外に出る際には最低限ですがマスクをつけていました。長泥には毎日何度も防護服を着た人物が放射線濃度を測りに来ていました。自分たちが暮らしている場所で防護服を着ている人を見ると、本当に避難しないで大丈夫なのかとても不安に思いました。ただ、子どもの中学校が再開していたこともあって、ただちに避難することはありませんでした。

ところが、四月の二十二日には一ヵ月をめどに村から避難するようにと国から指示がありました。飯舘村の避難開始は福島の中でも遅い方だったので避難先を見つけるのに苦労しましたが、どうにか福島市にアパートを見つけることができ、四月三十日に避難しました。

避難後の生活について

母菅野ミイは、心臓が弱く、ペースメーカーを入れていました。身体障害者等級一級の認定も受けています。避難に際しては、母の病院をどうしたらよいものかと悩みました。ただそれ以上につらいのは、避難先で母がほとんど寝たきりのような状況になってしまったことです。母は心臓が弱いとはいえ、長泥では毎日畑仕事をし、散歩をするなど体を動かしていました。ところが避難先ではすることがないために、体を動かすことが極端に減りました。また、狭い家なので母はリビングにベッドを置いて過ごしています。外出をすることもなく、狭い家の中で体を動かせるわけでもなく、母の体はどんどん弱っていっています。月に六回から七回ほど一時立ち入りしていました。イノシシなどの動物の被害があるので、家の様子が心配ですし、お墓の世話もあります。

放射線被害もある上に、長い間放置してしまったので、もはや長泥での農業継続はできません。他の場所に移って農業をやれるものならやりたいのはもちろんです。長泥に置いてある農機具については放射線被害も心配ですが、そもそも長い間動かせていないので使えなくなっていると思います。農業を再開するには新たに農機具を購入しなければなりません。農機具の中古市場についてはあまりみたことがなくわかりませんが、市場にそこまで数があるとは思いません。

一番に望むことはすべて元通りにしてほしいということです。

✺

✺

✺

❦ 遅れた避難と子どもたちの健康不安

〔ＡＤＲ調書より　平成24年12月27日審問〕

菅野　律子　昭和58年生まれ（三組）

私は、平成二十三年三月十五日、夫と三人の子どもを連れて、川俣町の菅野政一宅に避難しました。同月二十四日、夫と三人の子どもを連れて、一旦自宅に戻りました。その理由は、勤務先の飯舘診療所から職場復帰するように言われたこと、飯舘村の放射線量に問題はないとのテレビ報道があったこと、いつまでも親戚のお世話になるわけにはいかなかったことにあります。

同月二十五日ころ、長泥地区の線量が公表されたことを知りました。九〇マイクロシーベルトを超えている日があるなど、線量が高いとは思ったものの、自宅にとどまりました。その理由は、周りの子ども達も避難していなかったこと、長崎大学の教授が講演で避難しないでも大丈夫、外で遊ばしても大丈夫、普通に生活していて大丈夫である旨話していたこと、これまでの職場が三月三十日で閉鎖になることが決まっており、飯舘クリニックに移ることが決まったばかりだったので、避難をすれば飯舘クリニックをクビになるかもしれなかったことにあります。

翌四月十日、村が蕨平、長泥、比曽住民の避難先として深谷地区にある老人いこいの家「やすらぎ」を開放することを検討していることを知りました。私は、自宅にとどまることが危険であると感じ、翌四月十一日、夫と三人の子どもを連れて、再度、菅野政一宅に避難しました。同月十三日、夫と三人の子どもを連れて、やすらぎに避難し、翌五月十五日まで滞在しました。職場にも近かったですし、深谷地区住民は普通に生活していたので、やすらぎに避難しました。親戚に長くお世話になるのは心苦しいという想いも当然ありました。四月二十二日に飯舘村が計画的避難区域に指定された後もやすらぎにとどまったのは、避難先が確保できなかったからです。村が確保した吉川屋旅館への避難が同月中旬から開始しており、本当はここに避難したかったのですが、乳幼児以外は自己負担となると言われたので、諦めました。

平成二十三年七月十一日までの間の積算被曝量は、私が約五・一ミリシーベルト、長男が約五・一ミリシーベルト、次男が五・四ミリシーベルト、長女が六・四ミリシーベルトと推定されています。早く避難させていればよかったと後悔しています。長男は平成二十四年八月八日と同年十一月二十一日にあづま脳神経外科病院にて甲状腺の検査をしていますが、一回目は異状が見つからなかったのに、二回目は嚢胞が発見されました。平成二十二年十月にも福島医大で検査を受けているのですが、そのときの結果も異状なしでした。

子どもの健康に対する不安は大きいです。放射能を浴びると子どもができにくいと聞いています。将来、幸せな結婚ができるのかどうか、不安が大きいです。危ないから逃げろと言ってもらえれば、仕事のことも無視して避難していました。そうしてくれなかったことに対しては、強い怒りを感じます。

✻

✻

✻

❦ 理想の地・長泥の暗転

〔ＡＤＲ調書より　平成24年12月27日審問〕

山村　康行　昭和40年生まれ（三組）

田舎暮らしの理想の地・長泥

私は、平成十八年に長泥に転居してきました。その前は、埼玉県東松山市に住んでいました。私は、医療関係企業に十年ほど勤務しました。以前から田舎暮らしに憧れ、自然豊かなところで、農業をしながら、心豊かに暮らしたいと思っていました。私の母も、埼玉にいたころから、畑を借りて農作業をするなど、同じ希望をもっていました。そうしたころ、父が心筋梗塞で倒れ、美しい空気を吸って生活をさせたいと思い、田舎暮らしを真剣に検討し始めました。家を一軒買うのと、山河を買って農作業をして暮らすのとでは、どちらが良いかと考えると、私たちは、だんぜん、後者を選びました。かなりの数の物件を見に行った上で、長泥の物件を選びました。長泥の家には、四、五回は見に行ったと思います。

長泥の土地は、家の周りに農地がまとまっていて農作業もやりやすく、沢の水が流れて、池も二つもあり、傾斜地で日当たりもよく、景観も素晴らしく、豊かな自然環境に恵まれた理想の土地でした。工場などもなく、車もほとんど通らず、騒音もないとても美しい環境でした。私たちは、このような素晴らしい土地が見つけられたので、この土地に骨をうずめる覚悟で、長泥に移住することを決心しました。

就農修行

私は、農業の経験も知識も、まったくありませんでした。無謀と言われるかもしれませんが、私は田舎で農業をして暮らす理想を抱いて長泥に移住したのです。移住した家と農地は、跡取りが農業を継がずに長泥を離れ、お年寄りの方がしばらく一人暮らしで生活をされていた場所で、そのお年寄りも農業をやめて久しいということでした。畑は一部を除いて荒れ放題で、樹木こそ生い茂ってはいませんでしたが、それに近いような背の高い雑草が覆っていました。また、湿地のような状態になっている土地もありました。そこで、まずは草刈りをし、水路を作って、水はけを良くし、土地を耕して、たくさん石が出てくるので、畑に一メートルを超える大きな穴を掘って埋めるなどの作業をし、堆肥《たいひ》を入れるなど、耕作ができる畑に改良していくことから始めました。シャベルを使って一日中作業する日々が続き、一年くらいはそのような準備作業にほとんどを費やしました。もちろん収入と言えるようなものはなく、とても大変な日々でした。この場所で農業して生きていくという希望があったから、辛いことがあっても乗り越えてこられたのだと思います。トラクターや噴霧器など農作業に必要な機械を購入する費用にも多額を費やしました。

私のようなよそ者でも、すぐ下の家に住む鴫原さんがいろいろと世話を焼いてくれました。トラクターを借りたり、一緒に草を刈ってもらったり、こちらからお手伝いに行ったりして、お付き合いをしました。菅野恵一さんからは、電気柵や草刈機をいただき、いろいろ協力してもらいました。最初の一年目から、わずかながら、コメ作りに着手することができ、幸先の良いスタートになりました。都会暮らしで、長泥には、地縁、血縁も全くありませんでしたので、いろいろと勝手がわからず、当初は、地域に入っていくことの必要性さえあまり感じていませんでした。隣組に入ったのは、移住して一年ほどたってからです。

農協の作物ごとの部会に所属して研修に出席して、農業のことを勉強しました。農協からブロッコリーがいいのではないかと勧められ、一反ほどを作付けしました。しかし、出荷できたのは半分くらいで、なかなか難しいものだと感じました。私の家で作業ができるのは、私と高齢の母だけで、母も本格的に作業できるわけではありませんから、事実上私一人が農作業を担っていることになります。そのため、あまり大きな面積では作付けができます、できるだけたくさんの種類の作物を作って、それを出荷して収益をあげることを第一に考えました。

私の家で作っていたのは、ブロッコリー、サヤインゲン、トルコキキョウ、リンドウ、小松菜、米、グラジオラスなどさまざまな作物で、鶏も数羽飼って、卵を出荷していました。育て方を工夫して、小松菜などを餌にすると、卵の味も上がるので、卵はいい値段で売れました。一つ一つ丁寧に作ることが売り上げにも結び付いていき、年々、少しずつ上向いて行きました。

軌道に乗るかに見えた矢先の事故

私は、事故のあった五年目が勝負の年だと考えていました。というのは、この年から、南相馬市原町のイオンにＪＡの直売所ができて、そこに出荷をできるようになったからです。それまでの直売所は、飯舘村内でしたから、それほど売り上げもよくありませんでした。しかし、原町のような市部で売りに出すと、売れ行きもよく、わざわざ福島市内から買いに来る客もいるほどでした。直売所ではラベルや値付けも自分でやることになっています。村の中の直売所では、売れ残った野菜を持ち帰らなければならないさみしさを味わっていましたが、原町の直売所に出荷するようになって、私は頑張って努力すれば売れるのだという手ごたえを感じることができました。また、私は、ハウスを建てて、花にも力を入れようと考えていたところでした。よく育つようになったので、むしろ手が回らず、来年からは村内の手の空いている人に依頼して収穫を手伝ってもらおうと考えていたところでした。

そうしたときに今回の事故に見舞われたのです。事故の後、私は何も手につかず、何もしたくないような気持ちで、ずっとごろごろしていました。本当に、何一つやる気が起きませんでした。私の父母も、昼寝ばかりをしていました。いまでも考え方がまとまらず、農業をあきらめて転職するのか、帰村ができるのか、できたとして、農業を続けていけるのか、しっかり考えることができていません。気持ちが高ぶりやすく、涙もろくなり、どきどき感情を抑えきれずに泣いてしまうこともあります。つらい気持ちが重なって、家族の間までもぎくしゃくしてしまうことがあります。

すべて、裏目に出てしまったような気持ちです。

四組・五組（曲田《まがた》）

祖母に聞いた野馬の思い出

〔平成26年10月12日聞き取り〕

杉下　キワ　昭和4年生まれ（四組）

蕨平でのトロッコの悲しい母との別れと祖母の思い出

トロッコは、私が小学校に上がる頃だから、昭和十年には今の県道を走っていた。トロは本当に荷物を持っていくときとか、上げるときに使うだけの貴重な乗り物だった。

うちの母は腸捻転で亡くなったけど、亡くなるときは、「おなかが痛い痛い」と言って、トロに乗せて原町まで下がって各医者を回ったけど手遅れで、「これは駄目です」って医者から言われて、トロに乗って帰ってきた。もう亡くなって帰ってきたらしい。「おっかあ、帰ってきたよ」と言うから行ってみたら、寝てるんだ。「駄目だ、いじっては駄目。おっかあは死んだんだからな。そばに行かなくていいよ」って言われた。びっくりしたけど、兄は分かって。私が六つだから分かんないの、その悲しさが。それで、二、三日たってお葬式になって、みんな部落の人が集まってくる。私らと弟がまだ四歳だったから、みんな見て泣くんで、私が「なんで泣くの」って言ったら、またそれを見て泣く。その当時は土葬で、棺桶も縦になって、お座りして。

後から来たお母さんと腹違いの兄たちが、一生懸命畑をやって。菊という祖母は魚釣りがとても好きで、雨が降ると比曽川に行って魚をふごにいっぱい釣ってくる。その頃は誰もいないから、魚がいっぱいいた。はらわたを取って焼いて、ちょっと弁慶っていう串に魚を刺しておいて、「きょうは魚でも食うか」と言って、その魚に味噌を塗って、火であぶって、とてもおいしくて。もう十センチ以上のウグイ。

それと、わなを掛けて、ウサギを捕る。雪が降ったとき、ウサギの足跡の所に、針金を仕掛けておくと、明日の朝行くと、ウサギが掛かっている。そういうのを捕って、祖母が全部さばいて食べた。祖母はずっと家に居て、家族の食事から全般を、私らの着るものを縫ったりとか全部やって、私たちを育ててくれた。母が亡くなったから。だから、祖母の話は、もうずうっと聞いていたし、客が来ると、祖母は話をしながら、いろりに火をおこして、鉄瓶を掛けて、お茶を入れて。お茶っ葉がないから、麦を焙烙《ほうろく》でカラカラ炒って、麦茶を入れて、みんなで飲んでた。

原町紡織で迎えた終戦とその後の嫁ぎ先での暮らし

昭和十五年、数えで十四歳で親元を離れて原町紡織に行って寄宿舎に入って、それで日給七十銭。大金だった。当時原紡はパラシュートから、帆布《はんぷ》から、軍服から、あらゆる軍需工場に指定されて、憲兵の監督のもとで仕事をした。ほとんど子ども時代から乙女時代は空襲も受けたし、戦争の時代だった。戦争が終わったのは、原紡で「今日から飛行機が飛んできても逃げることないよ。弾は飛んでこないからね」という指令が出たわけ。十六歳かな。

昭和二十二年の十二月、蕨平の菅沼から曲田に嫁いだ。嫁ぎ先は農家で、炭も焼いたね。初男《はつお》は長男。そして女、その後、男と女と、四人いるんですよ。四人は農業で育て上げたんだ。うちは一人で生活するぐらいしか田んぼがないから、田んぼを作ったり、炭焼きして、そして土方に行ったり。お父さんは、初男が結婚するまで出稼ぎしていた。二十年ぐらいやったんじゃないですか。旦那が出稼ぎに行っているときは、四人の子どもは、私とおばあちゃんとおじいちゃんが守っていた。春は出稼ぎから帰ってきて田植えやっていた。私は酪農をやっていたんだわ。毎日、牛に食べさせて、乳を搾っていた。必ず冷却するんですよ、牛乳をね。だから、ちっとも休みはなし。一時間と休んでいられないね。

その頃は曲田では、全部牛を飼っていましたね。曲田で牛を飼うようになったのは、飯曽村って言っている頃に、冷害でお米が取れないときが続いたんですよ。星村長という人がいらしてね。あれは昭和二十何年かな、二十七、八年の頃に、米では生活できないから、何ぼさん（次男坊・三男坊のこと）を北海道の八雲という所に研修生として送り出して。それで牛の飼い方を一年研修して、帰ってくるときに仔牛を一頭もらって、そして各部落に帰ってきたの。みんなそれに付いて、さあ、乳搾ろう。豆、小豆を取らないで、畑に草をまいて、草を作って牛に食わせて乳搾って、乳代で生活しようねと。北海道へ行った人は、部落に帰ってきて、みんなに教えたわけ。うちで仔牛できそうだ、早く来てって、行った人を呼んできてお産をさせたりな。そして、ずうっと続けて教えてくれたんだ。曲田だけじゃなくて飯曽村全部だね。全部が全部、牛を飼ったわけじゃないけどね。

私の所は、牛を飼い始めたのは昭和三十六年かな。最初は一頭借りてね、子どもを産めば、その仔牛が女の子だといいんだけど。でも、男でもなんでも産まなきゃ乳搾れないから、一生懸命みんなやったんだ。もう格好なんてかまってない。一生懸命働くだけ働いた。最初は、一斗缶に入れて搾って、浪江町の赤宇木という所にお父さんがしょって歩いて行ったの。その頃はもう炭焼きはやめていた。何とか暮らしていけたからねぇ。それで牛は増えたね。二頭、三頭で、最高にいて七頭ぐらいだったな。でも、昭和六十年からだんだん減ってきた。私もやめたし、うちの主人は、うちから弁当を持って土方に行って、日金を取るようにして。私も行ったよ、土方に。スコップ持って、合材を均《なら》したり。

野馬のこと、戦山の言い伝え

比曽、長泥、蕨平の山の周囲に土手が付いているんですよ。高さが六尺、私たちの背の高さより高くて、万里の長城と思ったらいい。みんな人の手で造り上げて、その上に垣を結って馬が逃げないようにしてあったらしい。野生の馬でなくて、草を刈って食わせるのがたいへんだから、山に放して、自然に放牧というのかな。

普通、各家で飼っている馬を、草が生えてくる五月、六月になると、ませ（馬小屋の入口の横棒）を外して出すんですよ、表に。そうすると、馬は草のある所にポンポン行って草を食べて夕方帰ってくる。そういう生活をしていた。

われわれ農家は自分のうちの馬を飼って育てていたわけ。それはなんでかというと、畑、田んぼのへりを作るために、「馬糞を使って」堆肥を作ってね。だから、馬はとても大切なのね。普通は一軒に一頭しか置けないの。お金がないから、馬を飼っておけないから。だから、馬を大事にしたんですよ、昔の人は。

菅沼の私が生まれた家にも馬はいたの。嫁いだ先にもいたけどね。金がなくて求められない人は、借りるのよ。旦那さまという人がいてね。そこから、馬、じゃあ二歳っ子でもいいで、三歳っ子でも貸してくださいと借りて。その代わり食わせなきゃいけない、借りたら。もしそれが妊娠して子どもを産んだら、その子どもを分けようということ、それが条件で。半分は旦那さまのもの、半分は飼っておいた人のものというふうなやり方でやっていたみたいですね。

あと、相馬の侍が放していたのは、野馬です。その野馬の放しておくところの部落には、木戸という所があるんですよ。そこは周囲がずうっと垣板、とてもがんけ（険しい急斜面）で、行ってみると分かる。そこに放しておいて、それで野馬追近くなったときに、二歳馬と親を連れて、今の県道、山木屋原町線の県道を下がっていって。だから、私がばあちゃんに原紡に連れていかれるときに、「この道はな、馬を連れていった道だよ」って教えられた。親を引かないと二歳はくっついていかないから、親と一緒に連れて原町に持っていって。原町に大木戸ってあるんですよ。馬を放しておく馬場というのがあって。そんなふうに、私はおばあちゃんに聞いた。

長泥地区には、戦山ってあるでしょう。そこはね、誰が戦ったと思いますか。戊辰戦争で会津の兵が相馬を頼ってあそこに逃げてきたんだけど、各国から追い掛けてきたらしいんでね。それで戦山で殺されて戦死。そこで旗を巻いて降参したという言い伝えなんだ。でも、それ知っている人、もう誰もいないの。

✺　✺　✺

長泥の山仕事の変遷

〔平成26年2月9日聞き取り〕

高橋　喜勝　昭和12年生まれ（四組）

馬からトロッコへ変わった炭の運搬

先祖は、仙台の今の七ヶ宿ダムの裾野から荷物ひとつで曲田に入植。じいちゃん（父）が高橋市平（飯舘村）村長の弟。本家は市平村長の兄。喜勝の両親は、最初本家（高橋喜一宅）にいて、炭焼きで生計を立てていた。喜勝は本家で生まれた。八人兄弟の長男で、弟五人と妹二人は皆健在。父は兵隊で南洋に行っていたが、終戦直後森に隠れ住んでいて、戦死したと思われていたが、一年後に帰還した。両親は、終戦後に開墾して曲田に家を建てた。当初曲田には四軒しか家がなかったが、喜勝が物心ついたころには、十軒ほどになっていた。

当時、炭は馬に積けて比曽を通って川俣に運んでいた。手間暇かけて炭を焼いて、川俣まで持って行って売ったが、大した金にはならなかった。

その後、比曽の十文字にあった大きな炭倉庫から、蕨平の木戸の炭倉庫を通り、原町までトロッコが敷設され、馬で川俣に出していた炭を、原町にトロッコで出すようになった。五十俵ほど積んで、上りは人力と馬で牽《ひ》き、下りは堅木でできたブレーキをレールと車輪の間にかませ、ロープで操作しながらスピードが出すぎないようにした。途中、一号トバ、二号トバ、三号トバと炭置き場を経由し、今の横川ダムのあたりに出て、原町の駅に行った。終戦後、喜勝は、二、三回トロッコに乗せてもらい原町まで出かけた思い出がある。当時は終戦後の配給の時代であったが、原町の駅周辺で米や醤油、味噌を買って、トロッコに積んで馬に牽《ひ》かせて帰った。

戦中・戦後の学校の記憶

小学校は長泥分校で一年から六年まで佐野寅治先生が担任。同級生は男十一人、女二人の計十三名。戦争中は授業中に飛行機が飛んで来ると空襲警報が鳴って、学校（今の集会所）の下の防空壕に防空頭巾をかぶって避難した。家でも、夜に飛行機が飛んでくると、ランプの灯が外に漏れないよう覆いをつけていた記憶がある。長泥は攻撃されたことはなかったが、戦争に負ける頃は原町や郡山が頻繁に爆撃され、その音が聞こえた。昼食はふかしたジャガイモなどを持っていった。

戦争が終わり、昭和二十三年に長泥にも電気が入った。喜勝は、昭和二十五年飯曽中学に入学したが、ベビーブームで子どもの人数が一杯で、一年生の時に蕨平の分校に転校した。飯曽中学までは曲田から片道二時間かかったが、蕨平の分校は曲田から四十分くらいで通えた。

当時家には喜勝を筆頭に子どもが五人いて暮らしも厳しかったので、長男の喜勝は父について山に入り、家業の手伝いをすることが多く、勉強はあまりしていない。中学になってもお昼にご飯などは持って行けなかったし、当時毎日学校に通える生徒はそんな多くはなかった。

山仕事の変化、そして結婚

中学を中退後、家業の炭焼きを手伝ったが、その後間もなく、炭が売れなくなった。山仕事も炭焼きの時代が徐々に終わりを告げ、製紙用木材に転換。長泥部落で国有林を払い下げてもらって、木を伐って、パルプの原材料にして（六尺に切って）、昭和二十七年に原町にできた丸三製紙のパルプ工場に石《こく》なんぼで売った。パルプの材料は重くて馬でも牽《ひ》っ張れなくなり、トロッコは廃線となったため、車を持っている人に運んでもらっていた。

昭和三十四年四月十日、天皇陛下と同じ日に、長泥のキクと結婚。結婚当時まだ炭焼きも続けていたが、昭和五十年代、四十二、三歳頃になると、大型トラック四台を持って、四人の従業員を使っていた。しかし、安い外材に押され、燃料代も上がり採算が取れずに、原発事故二年前に廃業した。木材の搬出は、はじめの頃は集材機といって、山にワイヤーを張ってロープウェイのように運び出したが、廃業する前にはバックホー三台に変わっていた。

家畜商への転業と原発事故

その後免許を取って家畜商に転業した。原発事故後の六月まで牛片づけをしていた。当時七人が飯舘の牛の運搬に従事していた。自衛隊などから、線量が高いので早く避難するようにいわれたが、牛に関わっている人々はそうはいかなかった。村内の牛を福島の本宮の市場に運び、競りで仔牛を一頭四十五～五十五万円で売った。もともと飯舘では良い種牛の仔牛を集めていたので、比較的良い値段で鳥取や島根などから買い求められた。親（廃）牛は、須賀川の矢吹市場の競りでは一頭七～八万円の相場のところ、原発事故の補償の結果六十五～九十五万円で買いとられた。

事故後に牛片づけを終えた六月以降は、やることがないので、車も処分し、営業補償で暮らしている。

子どもは三人。娘二人は原町と岩手に嫁いでいる。息子は、原発事故の後で土湯の上の赤湯温泉の娘を嫁にもらい、現在小名浜で四、五人の人を使って瓦礫の片付けに従事している。将来義父を世話することも考えて、土湯の下に土地二反を購入したが、まだ家を建てる予定はない。

将来は曲田には戻れないだろう。曲田の土地建物は原発で買い取ってもらいたいが、そうもいかず、住めるようになった場合でも百姓もできず一人では暮らせない。お墓もあることなので、別荘のようになってしまうだろうと思う。帰れるなら帰りたいが、帰れなければ同じ長泥の人たちと一緒に、近所づきあいが出来るように近くで住めれば良い。知らない土地で一人で暮らしたら、ウツになったりボケてしまいそうでいやだ。

✺　✺　✺

出稼ぎ生活から単身赴任、そして石材業起業へ

〔平成27年7月18日聞き取り〕

神野　長次　昭和11年生まれ（四組）
クニミ　昭和13年生まれ（四組）

息子のために出稼ぎをやめて石材業開業へ

長次　お父さんもお母さんも出身は川俣なんです。親父の軍次は、ひとところに居られない人で、炭鉱とか鉱山とかを渡り歩いていた。長泥から川下に下がったところの風兼《ふがね》のかげの、高ノ倉という小さな鉱山で働いていた時に私が生まれた。話に聞くとたいして質の良い鉱石ではなかったみたいなんです。まぁ、お国の政策でやったみたいで。終戦の昭和二十年八月に、飯樋の知り合いの紹介で曲田に開墾に入った。小学校二年生の時だから九つだった。親たちとすれば一時のつもりが、そこで亡くなるまで暮らした。

クニミ　私は、隣部落の比曽なんですけど、だんなが二十五歳で私が二十二歳の時（昭和三十五年頃）に嫁いで来た。子どもは一人は亡くしているが、昭和三十六年生まれの長女と昭和三十九年生まれの長男。

長次　うちは出稼ぎ専門だったんです。長男が学校卒業してもふらふらして、ちゃんと仕事につかなかったので、これではいけないと思って出稼ぎやめて帰ってきた。当時は墓石ブームで、墓石加工を始めた。昭和六十三年のことだった。出稼ぎで、日産の栃木工場で一生終わろうと思ったんだが、息子のことを育てなんないと思って途中でやめて。俺帰ってくっから、石屋習っておけって。

クニミ　息子のほうに石屋やらせるつもりで。この人の兄弟も石材業だったもんで、高校卒業したとき就職先が決まんないもんで、じゃ、おじさんのところで石屋習った方がいいんでないかねということで。

長次　弟がちょうどブームさ乗っかって、見よう見まねで原町で石屋を始めてたんで。息子は一年くらい修行した。家族三人で、部落では一番最初に石屋を始めた。

村内産の石から曲田に石材業が広がる

長次　次に高橋章友が「高橋石材」を、その次が杉下初男、その次がうちの隣の佐藤実が「みのる石材」を始めた。

クニミ　うちを見て石屋はいいって思ったのかな。

長次　一年から二年後だね。

クニミ　飯舘ではだれもかれもが始まっちゃって、親戚とか。

長次　飯舘の山から石も取れたったからね。そんな関係で自分で数えると、飯舘村で十軒くらい。戦山に近いところが中心で、曲田は早い方だった。鏨《たがね》を使ってトントンやっていた石屋は二、三軒あったが、本格的に動力を使った工場としては、うちが最初だったね。弟がまだ始まったばかりの時は、曲田に同居していて、うちの敷地内でやってたんですよ。で、力ついてきて、工場建てられるってなって、原町の大原に出たわけ。石は戦山でとって曲田に運んだ。

クニミ　石が二種類とれてたんだ。青葉御影の原石が戦山だな。

長次　それと飯樋と川俣の境の花塚山と。青葉御影は青みがかって、花塚石は真っ白。まず山でとった原石をうちで仕入れて、加工して、おもに埼玉、千葉に出荷。

クニミ　埼玉の霊園から注文受けて、卸してた。

長次　他の三社もやり方はいっしょ。材料は同じところから仕入れて、お客さん、お得意さんは別。隣近所の石屋同士はよく助け合いました。忙しい時は手伝ってもらって。なんぼ世話になったか。うん。事故後は山もなにも閉鎖されちゃって、今はやっていない。

クニミ　今は外材。

長次　平成五、六年頃から、中国産、中国から入ってくるようになってからは、値段的な差で、ほとんど機械は回さなかったね。仕入れて、お客様に据え付けて渡すって感覚です。中国からどんどん入ってくるようになってからは、埼玉や千葉から、うちの方にも注文は来なくなってしまった。うちで始まったのが昭和六十三年で、景気良かったのは五、六年。

家族で作業分担、出稼ぎと石屋、どっちがいいか？

クニミ　その後も続けられたのは、この人営業やった。まだ足が大丈夫だったから。

長次　自分で回って年に二つか三つですから。埼玉は狭山の方まで行ってきましたし、千葉は印旛あたりの石屋さんに営業して注文をとって来て。結局は、石屋っていっても、加工を抜くと、だれでもできる仕事だから、向こうの人は向こうの人で自分でやって。そこへ卸したってことです。

クニミ　わたしは切削も研磨も彫刻も事務も……（笑）、家事も百姓も、うん、やってました。

長次　彫刻は弟が先やってたから。自分はやんないちゃったのね。で、息子に教えたの。

クニミ　担当が決まってたの。この人が営業と切削のほう。いつのまにかね、そうなっちゃった。で、息子はなんか細かい仕事が器用で、ほら役物ってある、役物の方の担当。うん。〔あたしは〕見よう見まねで。今のやり方と違って、石塔に、研磨して磨いたら、ゴム貼ったんだよ、あたしやってる頃は。その上にゴム貼って、コピーして字切り抜いたの、彫刻刀で。で、切り抜いた後をテッシャ（鉄砂）でもって息子が彫る。息子とあたしが気持ちが合わないと、きれいな字に仕上がらないのね。ゴムの切り抜き方が悪いと、彫るときにきれいな文字が出ないみたいよ。

長次　石屋をやる前に出稼ぎしてる時に比べて、生活は楽になったかどっちだったのかな。

クニミ　苦労は多かったけんどなぁ。出稼ぎしてっ時は、あたしのところに給料の一部かなんかが送られてくるんだけど、なんかとてもじゃない。そん時はお嫁さんこなかったけど、親二人と自分と自分の子どもと五人いたから、まさか大変だったよ（笑）。

長次　季節労働で最初は入ったの。で、まぁ季節の方が給料は良かったんだが、将来の保障つうの、ないから……。

クニミ　なってもいいですかって、電話来た。そしたら自分百姓なんだもんで、そういう勤めのこと全然わかんなくって、季節労働とか本社員とか。でしょ。社員になると給料いいんだって。

長次　いや、給料はぐっと下がんのね。

クニミ　社会保険もつくし、そういうことだったんだと思うけど。その頃はわかんなくって、「いいよ」っていっちまったのね。そしたら、季節労働だと夏は家にいたのに、正社員になるとお盆と正月一週間くらい。「いいよ」っていっちまったんで、ずいぶん離れて暮らした（笑）。

ちっちゃい時に見た石屋の芝居

クニミ　あたしの記憶では、ちっちゃい時に、比曽で、何にも娯楽なくって、青年団が芝居やったのかな。そん時に石屋の芝居見たんだよ。ちっちゃい時の記憶で、すごいなって見てたんだよね。青年団がね、石彫る動作して、出来上がったの建ててね。舞台で見せてくれたの。それが記憶にあんだね。だから、石屋さんいたんだよ。
長次　記憶あんのは、飯舘村では浜田石材さん。現在、草野です。
クニミ　比曽の中島明大《あきお》さんって、今この仮設にいんだけど。現在そこ〔浜田石材〕に勤めてるっていってたかな。明大さんってあたしよか若いんだけど、あたしらよりずっと前に手でやってた。
長次　学校終わっとハァ、まもなく弟子についたんだね。
クニミ　なんでわかってっかっていうと、わたしの母親がその人に依頼して石碑をつくった。「おらはあの頃フネで磨いたんだ」って。フネってのは、わたしらはわかんないんだけど。あたしら研磨機だから。「フネ漕いで磨いたんだんだよ、そっちこっちいってフネ漕いだんだよ」って。それは見たこともないし、あたしらより前の話。

＊　＊　＊

部落活動支えた「違約金制」

〔平成27年7月19日聞き取り〕

金子　益雄《ますお》　昭和23年生まれ（四組）

子守をしながら学校へ

うちは戦後開拓です。親父は福島県の東白川郡棚倉つうところから来てます。長男だったんだけど、家庭の事情で家を出ることになったのかな。戦後の〔昭和〕二十一年に来たっつったかな。オジオバが、ずうっと山を転々としながら炭焼きをしてたらしいんだいな。で、終戦になったとき、たまたま飯舘のそこにいたんだな。戦争に負けて、町はもう壊滅状態、住むところもない、働くところもない、では、食っていくには百姓しかない、ということで、こっちに、そのオバさん頼って来たらしいんだいな。

俺の父は百姓だけど、農閑期は炭焼き。長泥地区はほとんど営林署の山ばっかりだから。それで、この区間からこの区間まではって、毎年順を追って払い下げをして。で、みんなで炭焼きをしたわけ。自分は親に付いてって手伝うっていう程度。日曜日とかに。木を手渡しして、炭窯の中に、こう、立てこむんです。

親父は兵隊に行って、命からがら帰ってきてます。俺が生まれたのが三十歳つってんだから、二十五歳くらいまでいたのかな。南方の、昔でいうビルマ。

きょうだいは四人。男、男、女、男。俺、長男。末っ子は七つくれぇあいてるな。小学生ころから、親がいろんな仕事で都合が悪いときは、弟、妹、とくに一番下の弟なんか、おぶっては行ったことないけど、連れていった記憶がある。何回かだけどな。先生はなんも言わねぇ。だって、うちに誰もいねぇんだ。まぁ、それがその当時の、社会的な常識ちゅうか状況だったんだかもしらねぇけどな。保育園も幼稚園もなんにもないんだから。連れて行っても、外で遊ばせておくしか方法ないんだけど。勉強の邪魔になッから。

出稼ぎのお金は農機具代に

この面積では、やっぱり、きついっつうか、生活できなくなっから、どうしても長泥地区の人は八割がたくらいは、福島とか原町に仕事で出て働いて。兼業農家つうのか、そういうかたちで出た人がけっこう多かったんだ。俺は三十二、三ころからやってた。

親父は逆に、俺百姓できるようになったら、出稼ぎが多かったです。遠くに行って。冬。いちばん盛んなころは、夏も出稼ぎ。田植えとか稲刈りに帰ってくる程度で行ってたときも何年かありましたね。

トラクターが入ったのは昭和五十年代になってからだけど、その前は耕運機だな。出稼ぎは機械のおカネを払うため。食ってぐというよりも、機械買うと、その機械代に追われるっていうので、出稼ぎが多かったんだな。ただ、仕事は楽になったいな。いままで手でやるとか牛でやってたのが多かったからな。牛は最初は農耕用で二頭くらいだったんですけども。あと、乳牛、乳を搾る牛、ホルスタインを、あれ昭和何年ころからやってたのかな。小学五年か六年ころになってから牛飼い始まったような気すンだけど。平成元年ころまでやってました。ちっちゃいときは牛はいなかったな。小学生さ入るころまでは、山羊とか羊。そんな小動物だな、いたのは。羊二頭くらいと山羊一頭くれぇいた記憶はあんだけど。山羊の乳飲んだ記憶はないいんだけどな。

高橋商店が始まったのは、小学校さ、俺入るころだな。そのころから、そこで醤油とかそういうのがちょこちょこ買えるようになったんだったけど。それまでは、塩とか味噌とか買ってくるのには、山道、背負って。だから、物を買うのは、ちょこちょこ買ったんでは、しょっちゅう行がなくちゃなんねぇから、やっと背負ってくるような重い、四十キロとか五十キロ、背負って、山道、登ったり下ったりして。そういう買い出しを親はやってた。買いに行くのは飯樋の町。あと、わりに多かったのは津島。曲田のへんは、津島に行くのと飯樋に行くのと、だいたい距離がおんなじくらいなんだ。津島のほうがおっきな山を登ったことないから、津島のほうさ行く人もけっこう多かったんだ。歩きしかない。やっぱり一時間半とか二時間ちかくかかる。三九九号線が開通したのが、俺の記憶で昭和三十三年だったと思うんだけど。小学校五年生ころだと思ったな。三九九の開通で車で物を運搬できるようになったからな。

結婚は二十五歳のときかな。なれそめは、なんにもねぇ。隣近所の、紹介っていうか。家内はおなじ曲田。顔は知ってたけど、ちょっと離れてっから、幼馴染みの感じではないけども。俺より五つ下。

部落の付き合いはおめぇがやれ

中学生のころは将来何をやるとかなんとかじゃなくて、親のやってる百姓を継いでっつう、それしか考えてなかった。うちは田んぼで八反ぶりくらいかな。あと、畑もそのくれぇなんだな。まぁ、長泥地区では真ん中へんだな。高校は行かなかったです。進学する人は少なかったけども、そのころから相馬農高飯舘分校に通う子はけっこういましたね。

だから、俺、十五で中学校卒業して、ずっとうちにいて、百姓の手伝いやってきたんだけども、親父が出稼ぎが多くなったから、あれだ、「部落の付き合いは、おめぇがやれ」つって。だから、部落の付き合い、共同作業だ、いろんな会議だ、というのは、「もう、おめぇがやれ」っていうことで。親父はもう、携わんかったんだ。帰ってきたって、もう。

部落の決め事っていうの、やっぱり、案をだすわけだ。出して、それで、決議をとって、賛成、反対で。何事においても、すんなり決まるっていうごとはなかった。こういう方向でやりたいっていうと、「ほんなことやって、ダメだ」って。まぁ、いつの時代でも、変わりねぇと思うんだけど。

総会は春だけです。ただ、臨時的には、夏とか秋にあるときもあったけども。組の集まりは、五組が少なかったんで、曲田地区っていうかたちで、四、五は一緒だったんだ、何事にも。合わせて、当時は二十四戸あったんだ。そのうち五組が九戸。曲田は元からいた人が、県道沿いに六戸だな。あとは、戦後開拓つうか。

体育大会不参加者から違約金

部落の体育部長をやったのが、そもそもの部落の役付き。三十になったかなってなかったか、そのころだな。義理の父親が区長をやってたんだい。杉下玄碩《げんせき》。家内の親父なんですけど。そのときに、「体育部長、だれかやってもらえる人いねぇかなぁ」なんつって。で、俺が始まったのが体育部長がはじめて。それからもう、ずうっと。

体育部長のときは村民体育大会やってた。これの参加に、人を集めるのに苦労したんだ。ンで、ずっと何年かやってたんですけども、行ぐ人は行って協力すんだけど、行がない人はぜんぜん行がない。ふンで、そこでしたのが、強制的に、一戸一人かならず〔出る〕、行かなければ違約金、五千円。誰のアイディアって、俺言ったら、俺が睨まれる（笑）。そのころ、なんせ、違約金制度を考えて、やんねくては、参加する人ばっかし参加して、行がねぇ人は行かねぇ。総会で、強制的にするの決めた。それがきっかけになって、総会も不参加すると、七千円だっけか、取ることになった。

草刈りもペナルティつうか。なんかで都合が悪い人は、この日でなくても、じゃ、次回の日に出てください、というようなかたちで。ぜんぶ帳簿付けて。で、「いついつか、あなたは不足してますよ。この次、出てくださいよ」っていう、そういうやり方。集会やってるみんなの前で、「今回出なかった人は、誰々、誰」って、名前あげられっから。文句？　いや、だって、みんなが決めたことだから。陰では言ってたかもしれないけども。

なんで、体育だけ一戸一人かならず出るようにしたかっていうと、村民大会になってくっと、年齢制限があンのよ。ほぅすると、年齢に達してねぇと、棄権になるわけだ、その種目が。ふンだから、役員やってる人は、やっきになって探すんだけど、ほれが大変で。ほんで、やる人ばっかりやらせるようにして、わがは知らんぷりでは、部落やっていけねぇから、とにかく強制にすっぺ、つうことで、したのが、これは長泥だけでねかったかな、こんなことしたのは。

ソフトも野球も、長泥は、まぁ、そんなに強いというとあれだけど、そこそこ強かったすね。強かったのは、駅伝。駅伝は六人でねかったかな。やっぱり、中学生とか高校生とかって年齢制限あっけど、そういう人たちは三キロ、五キロ。一般人は八キロとか十二キロとか。俺も走った。俺も引っ張ったんだもの。いちばん先、引っ張ったのは、鴫原誠一さんていう人なんだけど、そのあと、俺、体育部のなかの駅伝部長にまたなって。十八年間続いたんだけど、優勝は四回かな。二位も四回。あとは三位がずうっとだ。で、三位より下にさがったことない。ぜんぶで二十チームだけど、やっぱり、年齢制限あって、揃わなくて。最初の五年くれぇはどこの部落も出席したんだけど、だんだんだんだん、参加できねぇって部落もけっこうあったんで。でも、十五から十六ぐらいは参加してたな。

長泥は、山道で鍛えてるからだと思う。あの山道で、学校に往復してた、あの足腰の強さがあったのかなぁと思ってる。それと、駅伝大会前の一ヵ月間は、毎日、仕事が終わってから、夜七時ごろから練習をやったから。この間、沿道沿いの人たちには、バイクなどのライトで夜道を照らすなどの協力をしてもらって。

帰りたいっていう思いは八十パーセントくらい、帰るとすれば俺一人で帰るかなぁ

最初、避難したときは、せいぜい二年、三年くらいだから、とりあえず避難してればいいんだっていう考えで来てました。ところが、〔平成〕二十四年の七月十七日だっけ、ゲートが設置された。で、自由に出入りできなくなったんで、これはもう、帰って農業やったり住んでる場所じゃなくなったのかな。やっぱり、ムラから出なくちゃなんないのかなっていう判断で。で、若い人たちはもう、「こんな放射能高いとこさ、帰る必要ねぇべ」って。家内もほうなんだよ。「こんな危険な、放射線の高いところに帰っていくことねぇべ。帰るンなら、一人で帰れ」って言われるけども（笑）。だから、帰るとすれば、俺一人で帰るかなぁ、と思ってんだけども。

帰りたいという気持ち、ありますよ。やっぱり、行って、ちょこちょこ手入れしたりなんだりしてます、いまだって。冬は一ヵ月に一回くれぇ、様子見に行くんだけども。いまは、五月末から七月はじめまでは、一週間に一回くらい行ってる。あとは、ちょっと間隔を開けっかなぁと思ってる。ちょっと行ぎすぎたかなぁと思って。

見守り隊はやってない。笑われッかもしれないけども、いま、除染の作業をしてる。森林組合で、飯舘の、木の伐採とかそういう仕事やってます。

除染のごみは、いやぁ、すごい。大型トラックで、一台、大型土嚢《どのう》袋が山積みなんだけど、三日くれぇ

で、ほの袋がなくなるんだから。あっちこっちに散らばって、持っていくからな。あれだけ、どんどんどんどん積んでンのが増えてるっつうことなんだよな。だから、いまの、なんていうの、中間置場だって、双葉と大熊のあれだけの面積では、福島県内ぜんぶから持ってったら……。飯舘村のなか、「仮仮置場だ」って言ってってけども、あのまま「中間置場」になる可能性あるな。

土地に、やっぱり、愛着感がねぇんだべな、若い人らは。だから、年配の男の人は、帰って手入れしねっかしょうがねぇべなっていう考えでいる人が多いけども。若い人ほど、あんな危険なとこさ、物をつくって食わねぇとこさ行ったってしょうがないべ、っていうのが多い。

子どもは三十七〔歳〕。あすこで育ってはきたんだけども、土地を耕したりなんだり、自分で本気になってやってねぇからな。俺の手伝い程度で、長男とかはやってたけども。田植えとか稲刈り程度だからな。野菜とか米とか、ものをつくって食べてたのが、渡利では百パーセント、もう買って食べてる。これがもう、まるっきり変わってる。俺は仕事さ行ってッから。そこは変わってないけども。

家内はなんにもやってねぇ。たぶん、時間をもてあましてると思う。ただ、プランターつうのか、あれ買ってきて、ナスとか野菜やってるようだけど。まぁ、町にくれば、便利のいいのは確かだ。買い物に行くったって、すぐ近くで買い物できる。ただ、生活費は、待ったなしで、ぜんぶだからな。農家の場合は、野菜とかそういうのは、冬季間は買って食べるときもあッけども、夏季の場合は、ほとんど買って食べねぇよな。自分《ずぶん》でつくったやつで。買うのは、魚とか肉程度で。それも、たまにだからな。そんなにしょっちゅう買って食べるあれじゃない。なくても食べていけッから。して、水だって、自分の井戸だから、料金とかは掛かンねぇから。

長泥に帰りたいっていう思いは、八十パーセントくらい。だって、たしかに、住んでいれば、なにもねぇ不便なとこかもしれないけども。ただ、買い物に行ったったってなんだって、信号もなんにもないから、時間が読めンだいな。福島は近いんだけど、信号とかああいうのがあって、時間が読めねぇんだ（笑）。渋滞になってみたりして。
　渡利はぐるり、うちばっかりだ。ほんとは、まわりにうちがないほうがよかったんだけども。隣近所、夫婦喧嘩したって、聞こえねぇ程度くらい離れていねぇとな。十文字のまわりは、ちょっと家が近いけどな。長泥は、あとはみんな、離れてっからな。気楽っつうかな。人にいつも見られてるっていう感じでねぇから。まぁ、それに、子どものときからずっと慣れてきてっからな。飯舘村の、とくに長泥のこういうとこは、ほういう離れた場所でずっと過ごしてきてっから。

✻　✻　✻

❦ 石材業もタラノメ栽培も順調だった

〔平成27年10月24日・25日聞き取り〕

杉下　初男　昭和24年生まれ（五組）
　　　龍子《たきこ》　昭和28年生まれ（五組）

天保三年、相馬藩から

初男　先祖は、いまの南相馬市原町区から来てます。天保三（一八三二）年。大飢饉があった年なんですね、天保二年だか三年ころ。それで山に登ってきた。まぁ、そんな親からの言い伝え。
　当時は、その周辺には誰もいなかったと。当時そこに来たときには、木幡さんあたりも長泥の十文字近くにいたみたいな話で、あのお宅も古い家です。あとの長泥の大多数は、明治後期ですから。あとは、大正と戦後に入植した人たちです。長泥のほうは鴫原家が多いんだけど、鴫原昭二《てるじ》宅が総本家。鴫原家がいっぱいありますね。いまの副区長も区長も鴫原。みんな、末家《ばっけ》だから。こっちが本家。わたしは嫁を本家からもらった。
だいたい村の形成が始まったのが、大正から昭和初期にかけてですね。それから戦争が終わってどんどん入植して。ここの街道沿い以外の、こういう入りのほうは、新宅とか開拓の方が多いんですよね、ほとんど。で、この沿線上のところに住宅を構えていた人たちは、だいたい古いひと。

龍子　きょうだいは四人。男、女、男、女。わたし、長男。からだは弱かったです。俺が小学校にあがる前は、かなり親は心配した。うちの母親は、何回も、夜の夜中、背負って、浪江町の津島地区に内科の医者がいたんで、片道、十四、五キロある山道歩いて、浪江の津島まで。
歩くしかなかったんだもの。

「自作で五反」が組入の条件

初男　比曽から長泥に電線を引っ張るときに、兵弥《ひょうや》じいちゃんの時代の役員の人たちが尽力をした。電気が長泥曲田地区まで来たのが、戦争終わって〔昭和〕二十二年十二月。そのあと昭和三十八年ごろ、一部曲田地区より蕨平地区まで電線を引っ張った。奥は遅いの。ここの県道沿いは早かったんですよ。ここは長泥地区とおなじぐらい早かった。ほんで、開拓に入った人たちは、枝分かれしましたからね、右と左と、裏。その電線を引っ張るのに、うちの兵弥じいちゃんが先頭になって、東北電力と県と村に掛け合って電線を引っ張って。で、曲田線は「杉下線」っていう名前まで付けられちゃって。二十年ぐらいそのままでねかったの。で、曲田の向かい線とかっていうふうに、名前を直してもらった。電柱に「杉下線の一」「二」「三」「四」「五」って、こういうに番号をふってあったんですよ。
長泥の組の形成は、正確に言わないとまずいな。みんながうすら覚えで言ったんでは、記録集がダメになっちまうから。俺が生まれる前の〔昭和〕二十三年の三月に「組規約」ってつくってる。「組入《くみいれ》」するのには条件があって、「耕地面積は五反歩以上を有し、かつ耕作をして、永住の見込みのあるものと認められたる者」と。五反歩以上の土地を持って農家をやって、住み着いているという条件付きでないと、組に入れなかったっていうことだ。ていうことは、炭焼きだけでは、ダメだっていうこと。炭焼きでは、山の木を切って、なくなっと、また別な地域に行って炭焼きをして、転々として歩く人は「組入」はしないということ。当時、「組入」をするためには、賦課金を取ったんだな。「組入の金は参百円とする」と。それが「二〇〇〇円」に修正されてる。これが変更になったのがいつかはわかんない。

二十三年の三月の総会のときに作った規約文をみると、あの年に、正式に長泥行政区は三十八戸で立ち上げたっていうことです。そのあとの長泥の、いま現在七十四軒の半数以上は、あとで新宅か開拓で入った人たちだということです。すぐに、昭和二十三年、四年、五年と、順次「組入」をしていってる。

全国初だったスクールバス

初男　スクールバスは長泥と曲田ではまったく別です。おなじ長泥でも、中学校の校区が長泥地区は飯樋中へ、曲田地区は飯樋中学校蕨平分校へと、分かれたのです。小学校は長泥に分校があって一緒に入ったんですが、中学校になったときに、蕨平地区だけでは中学生の人数が足りないために、曲田地区が蕨平分校に引っ張られたんです。ほんで、わたしが中学校一年になったときに、三年生がまず、飯樋の中学校に、二十二、三人乗りの小さなマイクロバスを買って、一年通ったんです。わたしが二年生になっときに、蕨平分校が廃校になったんだ。こんど、四十人乗りの中型バスで、われわれ、曲田の地区と蕨平地区が飯樋中学校に通った。長泥地区はおなじ行政区なんだけど、飯樋中学校へ徒歩で九キロ以上歩いた。

龍子　わたしは〔昭和〕一十八年生まれだから、〔長泥地区なんだけど〕中学一年の最初からスクールバスに乗った。ただ、朝と晩しか回数がなかったから、部活のときには歩ったの。

初男　年代的には、日本全国でスクールバスの運行したの、ここが一番最初なんですよ。だから、得意気だった（笑）。

北海道で研修し、出稼ぎで東京へ

初男　学校を卒業してからは出稼ぎに行ってた。東京へ。十六。中学校卒業して、二年目に。高校を中退して、行った。浪江の農業学校です。試験は受けて合格して。で、入学して、三日、四日行っただけ。親がカネだす余裕がなくて。財布持ちが祖父の兵弥だったんですよ、俺が高校さあがるとき。うちの親は、毎日働いて働いて。祖父から生活費もらって、子どもを四人育てるわけですから。俺に学費をやるカネがない。じいちゃんの子どもが二人、まだ高校にあがってた。俺で三人になるわけだ。そうすると、財政的にはもう。ほんとはもうちょっと、大学まで行けるような学校に行きたかったんだけンど。長男だから学歴いらねぇンだって。言ったのは親でねぇよ、じいちゃん。

出稼ぎに行く前の一年は北海道に農業の研修に行きました。飯舘村から先輩の人たちも何人か行ってたんだ。その当時は、飯舘村ではまだ耕運機が出始まりのころで、規模拡大とか近代化の研修という目的だったの。じっさいは、働かされた。空知っていうほうに行ったけど、道路は八キロも九キロも一本道で真っすぐで、十字路になってる。一条、二条って言うんです、北海道は。この一条ずつの間隔が五百メーターある。すると、二条つうと、一キロなんですよ。このなか、ぜんぶ田んぼですから。びっくりした。日本で、こんなに近代化を進めた農業地帯があるっていうのがわがんねかった。農業も捨てたもんでねぇなと。

そんときにはもう今でいう近代化が進んでたのよ。トラクターが大型トラクター。五十馬力。いまはどこでもあっけども、当時、四十だの五十馬力っていうのはねかったから。で、籾摺《もみすり》機があって、乾燥機があって。いま、ここらへんにライスセンターあるのとおなじような状態が、その当時もう、北海道の米地帯にはあったんだ。

北海道は平野なんで、稲架木《はせぎ》が七段だった。刈った稲束《もの》を棒で突き刺して、こうやって上げるんですよ。

上から順々、順々と、こう、下げていくんですよ。この方式の稲の干し方は、ここらへんではやってなかった。このへんの方式は、最大でも三段ぐれぇしかやってない。北海道はこの方式だった。太陽に向かってダアーッとやった。それがぜんぶ手作業だった。刈ンのは機械だった。当時、飯舘は機械なかった。トラクターもなかった。空知地方は区画整理なってる。この一辺が九キロあるんですよ。こっちが七キロから短いとこで四キロ半ぐらい。延々と続くんだ、どこまでも。まず、すごいとこだった。で、一年研修してきたんですけど、からだが筋肉がないところで、俺はもたなかったんだ。つらくて。

ほんで、自分の夢は農業を継ぐわけなんだけんど、やっぱり自分の家を助けなきゃなんないので、二年目からは親と一緒に東京に行った。親が毎年出稼ぎしてたんで。季節労働。わたしも季節。そのころはまだ、同級生の裕福なとこは高校に行ってたんでね。で、みんな、「杉下君、学校楽しくやってるか」という話になると、わたしはなんにも話しなかったです。飯樋中学校は百六十七名で、四クラスだったけど、みんなはわたしが学校へ行ってたと思ってた。

農業への夢を壊した減反政策

初男　出稼ぎには行ったが、自分の道は農業だっていうのがわかったんで、ちょうど満二十四になる前に、ほら、うちと東京と行き来してたんで、そのときにうちの家内と知り合ってたんで。一緒になる目的で、むこう、会社辞めて、戻って来て、すぐに結婚して。二十四で。家内《おかあさん》は二十歳《はたち》。

戻って結婚したあと、規模拡大したんですよ。最初は米と、畜産と、あと、野菜とかと。複合経営でやろうと頑張ってた。牛はわたしは大規模にやンなかった。経済的にいちばん利益のあがる頭数、計算して。八頭。乳牛。からだに負担がかかんないで、収入が安定する頭数で。で、乳量が一定に生産できる頭数で、管理できンのが、そのぐらいです。買う餌っていうのは、濃厚飼料一品だけ。トウモロコシに豆腐のカスを混ぜたような配合飼料。あとは自分の畑から生産した牧草に藁を混ぜて、食わせるんですよ。

減反政策が始まったのは、昭和五十年代前半ぐらいだな。それまでは、食糧難を解消するために、どんな山奥でも水の引けるとこは、みんな田んぼにしなさいということだった、国の政策が。日本全国。それをやったのはいいんだけども、こんど、米余り現象がどんどんどん進んできて。ほんで、減反調整が始まった時点で、基本的な農業の形態がいっぺんに、ガラッと百八十度変わっちゃった。減反政策が始まって五、六年は大丈夫だったんですよ、収入は。米は若干高かったんで。だけど、それから六年後、七年後になると、減反政策がどんどんどんどん厳しくなって、そのうち中山間《ちゅうさんかん》の補助事業っていうになるころには、米ではもう生活ができないっつう状態になった。これでは、子どもも五人いるんで、事業をしないと生活ができない。で、石屋さんを始めた。それが昭和六十三年五月。

頑張って、採石の事業始まって、うちのおばさまの土地をぜんぶ買い取って。で、土地を増やして。いま、二町四反。長泥でも、田んぼの面積は二番目か三番目ぐらいに増やしたけんど、じっさい作付けしてンのは、一町四反五畝ぐらいだ。

旧家の長男だけが消防団に

初男　つらい青春時代だったなと思いながらも、楽しかったですよ。充実してましたよ。東京から戻ってきたら青年会に入った。わたしは昔っからの家なんで、うちの家内をもらうときには、すでに消防団に入ったんですよ。当時は、開拓とか新宅に出たのは、消防団になれなかったですよ。いまの人たちにはちょっとわかんないけども、当時は旧家の長男しか入れなかったんです。消防団は、それだけ、もう、襟をただすぐらいの人でないと入れなかった。

団員は、当時で八人ぐれぇかな。七十軒のうちで八人ぐらいしか入れないんです。先輩の人が辞めないかぎりは、空きがないから、入れない。で、入るのには、代々の旧家の長男でないと入れない。おらが入るころまで。そのあとは、昭和六十三年、四年ころになると、だんだんと時代が変わって、消防団に入る人がいなくなって。頭を下げて、「申し訳ねぇけど、入ってください」と。おなじ住民のね、若い人が入るようになった。

青年会の会長はせずに、ソフトとか野球を立ち上げるほうに力を入れました。青年会も大切だけど、長泥の若い人にスポーツを広めることを自分でやろうと決めてたんで。金子益雄元区長と一緒になって、「ソフトクラブ作っぺ」。で、若いひとをぜんぶ集めたんですよ。いままでソフトボールをやったことねぇ人がボールつかんでやるわけだから、勝つわけねぇわいな。でも、三、四年したらば、飯舘村でナンバーワンになったがね。六年間、敵なしだったですよ。早朝ソフト。各行政区に、ソフトクラブって作ったんです。飯舘村ぜんぶではねぇけっども、十三チームぐらいあったのかな。で、最初の三年ぐらいは、メッタメタにやられて。これは練習しかねぇつって、練習をして。そのあとは六連覇ですね。二十六、七ぐらいからやり始めた。

医者か石屋がいちばん儲かる

初男　わたしが自営業に転換するひとつのきっかけは、双子ができて、子どもが五人になったので……。

当時、昭和六十二年、三年ころは、バブルの絶頂期に入るときだったんで、いちばん儲かる職業が、医者か石屋かっていう時代だったんです。墓石《ぼせき》です。昭和六十三年から平成に入ってくっと、石材の仕事は、順調でした。機械を入替えした平成六年か七年ころはもう、コンピューター。自動制御になってました。それ以前はボタンでセットして。一回、こう切ったらば、あとはまた手動で石を動かして、尺取り指定して、また切って。収入の九・九割は石材でした。農業はぜんぶ機械化になってるんで、石材工場のほうの時間のあいまをみて、機械でダァーッとやってしまう。田植えも稲刈りも。

お米は長泥では二番目か三番目です。百二十俵ぐらい供出してた。高橋繁文《としふみ》さんと、高橋正人さんとおなじぐらいかな。大きくやってました。

みな、やったのは、コンバインとかバインダーとか籾摺りとかそういうものを機械化して、短時間にやる。だから、兼業ができるようになったんですよ。女性や年寄りが細々と農業をやるようでは、それは兼業農家でないんですよ。それは零細農家なんです。ぜんぜん違います。兼業農家をめざすのは、収入の面もあるけども、短時間の土日、二日、三日ぐらいのあいだに機械でダーッと作業するために、機械化を進めた。自分の持ってる土地を荒らさないで、外に行って働くためには、機械化をある程度進めないとできなかったんです。だから、みんな、外に行って働いてもらった給料で、無理して機械代を払ったんですよ。それのイタチごっこだったですよ。

七人で「長泥たらっぽ会」

初男　タラノメはね、冬の期間の栽培。農業でもう少し、冬のあいだの副業として何かないかぁっていうことを考えたときに、飯舘の役場のほうから、「タラノメやったらいいんでねぇか」と。ほんで、長泥行政区の総会のときに、ちょうど俺、役員をやってたんで、「農業の副業として、冬の期間の収入を得るために、タラノメやる希望がある人、つくってみねぇか」っつったら、鴫原文夫さんとか佐野太さんとか佐藤明康さんだとか佐藤実君とか、鴫原昭二《てるじ》と、俺を含めて七人、手をあげた。「ほんじゃ、一緒にやっぺ」と。

村の補助は、苗を買うときの補助金が五十パーセント出る。あとは自力。で、役場に行って相談して、「長泥たらっぽ会」を結成して、部会をまとめて。圃場整備して、三年で軌道に乗せた。一年目は収入がない。二年目から少しずつ出る。三年目になると、一気にグッとあがる。販売網も確立して、東京の大田市場に出荷するぐらいまでになって。飯舘村で長泥地区がいちばんの生産量をつくるようになった。なんでかというと、面積が多いんで。で、飯舘村長泥にはヤーコンとタラノメがあるよと。わたしは、南相馬の「道の駅」の駅長さんと意気投合して、タラノメを「道の駅」で販売してくんねぇかと言ったら、いやぁ、喜んじゃってよぉ。「じゃあ、ブース設けておくから、いつでも持ってこい」って。ほんで、俺は、毎年、必ず出荷して。農協に出すより、そっちのほうがカネになんだ。一ヵ月で七十万ぐらいになる。農家っていうのは、やり方次第では、苦労はすっけども、収入があげられる職業なの。「長泥たらっぽ会」をつくって、軌道に乗って、二〇一一年の三月で止まった。ぜんぶ、終わり。九年目だったかな。

原発事故で石材業は壊滅

初男　石は、飯舘の国産の石を、主に東京方面に出荷したんですよ。飯舘村の商工会には、昭和六十三年、俺が石屋を始めるころは、石材部というのはなかった。そのころは、掘り出した原石のまま売ってたんです。ところが、付加価値を高めないで原石で売ったんではなんにもなんねぇ、加工して売ろうと。じゃあ、加工工場をつくろうっていう雰囲気になって、それにわたしも乗っかった。だから、昭和六十年代から平成十年ぐらいのあいだは加工工場がいっぱいあったんですよ。最大で十四社ぐらいあったのかな。注文が多くて、大変だった。

千葉、東京、神奈川、茨城では、飯舘の白御影石は、値段は安いし、色落ちもしねぇし、色はブルーだし。お墓では人気があったんです。白でないの。ブルー。濃い青。その当時、加工が始まって、はじめて商工会に石材部が誕生して。いままでは建設部会とか商業部会、女性部と青年部ぐらいしかなかった。あと、建設部があったんですけど。で、石材部をつくって。初代の石材部の部長さんが、四、五年やったのかな。で、二代目にわたしが、商工会の理事になって、石材部長をやって。そのころはもう花盛りだったですよ。飯舘村の農政課と相談して、飯舘村の特産としてインターネットに載せたですよ。載せて二年後に、石材部の部長を辞めて。辞めたのがバブルがはじける直前だった。

バブルがはじけても、飯舘産の石は、ずうっと生産が続いてたんですよ、震災直前まで。だから、わたしは、石屋をやってれば、生活はまったく違ったね。避難してからは、もう生産ができないんで、収入はまったくない。いちばんダメージが大きいんですよ。職業によっては、商業部会の、食堂を経営したり小売店をやったりというのは、小さな店を構えてでもできるんですよ。建設部会というのは、原町とか福島に事務所を構えて下請けに入れば、仕事はどんどんできンですよ。いま、仕事があるから。ところが、石材部はできないですよ。飯舘村産という名目で作ってるんで、原石がぜんぶ中止になっちゃった。みんなね、苦しい、苦しいって言ってっけど、それなりに事業再開して、収入を得てんですよ。でも、石材の加工工場は、アウトなんです。生産ができないです、やりたくても。

　石材の工場では石を切るときに水を大量に使う。一リッターなんぼで買って使うような水を使ったんでは、ハァ、水代だけでまいっちゃう。地下水からガンガンガン汲み上げないと。あと、騒音問題がある。機械で石を切るんで金属音がする。キーン。で、コンピューターで切るんで、二十四時間、夜中通して機械を回すんで、機械の音が凄いんですよ。飯舘の条件がぴったりなんです。まわりが百メーター、百五十メーター離れたところだからこそ、工場が成り立つんですよ。こういう平場では、全然ダメです。

「お父さんも逃げろ！」

初男　震災の日は自宅におりました。工場で機械を回して、仕事してました。セットして機械を回して、ちょうど自宅に帰ってきたときに、ダーッと。揺れてる最中は、ちょっと行けないんで。おさまってから、工場に行ったら、切ってる石がドンと、石が動《いご》いちゃった。石が動《いご》いてっから、ブレードに負荷がかかって。自動で電源がバチャーンと。モーターもいっぺんに、バチャーンと。あれ焼けなかったからよかった。あれ回ってたら、モーターから火が出て。

　でも、地震直後に、こんど、大熊の義理の息子から、電話もらって。「お父さん、東京電力の建屋、ぜんぶ電源落ちたから、原発危ねぇぞ」と。その日の夕方。婿は東京電力の建屋の中にいたんだ。作業員として。いまは、東京電力の作業員の主任になって、上にあがってますけど。当時は建屋の中にいた。「電源がみんな落っこったんで、俺、建屋から逃げるときに真っ暗で、なにも見えないところで、非常口から出た」。で、「なかなか、お父さんところに繋がんなくて」。ケータイがたまたまうまく繋がって。で、「発電所の電源が落ちてて、もう、危ねぇ」と。「作業員はみんな避難しろっていう指示があったんで、おらは新潟のほうに逃げる」と。「お父さんも逃げろ」って。でも、距離が四十キロぐれぇあるから、まさか放射能がこっちまで来っと思わなかったから、すぐには逃げなかったね。

工場を片付けたり、機械を片付けたりして、そのあと逃げる準備をして。原町から娘ら夫婦が避難してきたんで、準備しろと。十二、十三、十四、十五日と準備を整えて、十六と十七に、みんな出した。会津と新潟。子どもたちを、孫も含めてぜんぶ避難させてから、うちは家内とお袋と跡取り息子と十八日に。もう、放射能を大量に浴びてな。十五日がいちばん線量が高かったんです。

逃げるの大変だったっていうより、何を持っていったらいいかわがんねぇんだもの。生活するおカネだけ。だって、乗用車で避難するんだもの。

息子を残して長泥に戻る

初男　三月十八日に、お袋と家内と息子をつれて、成田市内に避難したんです。たまたまわたしの知り合いがおりまして。電話かけたら、「泊まるところもあっから、うちに来い」って言われたので、じゃ、とりあえず、避難先をそこに。できるだけ遠いところにと。

知人を頼って行ったんで、やっぱり、十日間ぐらいが限度ですよ。十八から二十八日まで。二十三日あたりかな、テレビで大々的に、日本全国に流れたの。飯舘村の滝下浄水場の水、この近辺の上水道、飲み水で利用してたんです。そっから放射性ヨウ素が大量に出たと。それが二十六日あたりだっけかな、もう、だいたい飲めるぐらいまで線量が下がったということで、じゃ、それを目安に戻ろうかと。線量はまだまだ高いっていうのはわかってたんだけども、水が安全なレベルぐらいまで下がったっていう情報をもらったのをきっかけに、じゃあ、帰ろうと。で、お袋とわたしたちはムラに帰ろうと。息子はまだ若いから、まだ二十九だったんで、「おまえは、若いんだから、こっちに残れ」と、息子を置いてきたんです。

震災の影響で家族バラバラになったっていうのが、息子のからだを壊すひとつの大きな要因だった。独り、まわりに友達がいねぇべ。俺らは飯舘に帰ってきたが、息子は放射線の高いとこには戻すわけにはいかねぇべ、基本的には。これは、俺は正しいと思ってる。ただ、まさか、そんな感じで息子がからだを壊すことになるとは、夢には思わなかった。息子は今年の五月に亡くなって。つらかったですね。

震災後七ヵ月は宮城で仕事

初男　二〇一一年の五月二十七日、ここに避難してきたんですよ。借り上げアパートです。その当時は、仮設住宅がまだ準備できてなかった。その後、その年の十二月いっぱいまで、宮城県遠田郡《とおだぐん》美里町の小牛田《こごた》っていうところに仕事を兼ねて行っていた。石材の仕事です。うちの家内とふたりで。宮城県の石材店から依頼があったので、すぐに、お袋を埼玉の戸田の弟に頼んで、仕事に行った。ここは、仮に、一晩二晩泊まる部屋にして。

こっちの墓石も大被害なんだけど、こっちは直す仕事ができなかったんですよ。なぜかというと、飯舘は放射能でみんな避難しなきゃなんない。浜通りも放射性物質で仕事ができない。宮城県の石巻方面は大被害なのよ。福島よりも被害が大きかった。全滅ですから。業者さんが一軒や二軒ではもうやりきれないほど、墓石がみんな倒れちゃったから。だから、「倒れたお墓の修理、手伝ってくれ」っていうことで、依頼。十二月いっぱいまで、むこう応援して。小牛田駅の目の前にある旅館に泊まって仕事した。つらかったですよ、それも。全然わからないところで。十二月になれば、こっちもそろそろ仕事が入れるようになったんで、年明けからは福島での修理。

二重課税ではやっていけない

初男　気持ちをふっ切るとまではいかない。やむをえず、諦めるしかないのかな。踏ん切ることはできねぇスよ、スパッとは。やむをえねぇから、こっちに仮住まいをつくる方向で考えている。やむをえずな。うちの家内もそうだけど、喜んでうちを造るわけでないので。ただ、わびしいだけで。

〔平成〕二十九年三月で、基本的には借り上げがおしまいですから。帰還困難区域は、あと二、三年伸びっかもしれないけども、それまで待っていることはできねぇので。その前に造ろうかなと。あと、消費税が十パーセントにあがる前に。

住宅つくるんだって、やむをえず造るわけですから。自然災害と違うので、国の責任は大きい。ふるさとに残してきた固定資産税と、新しく構える固定資産税。これ、飯舘の資産に対しては、いままでどおり、住めなくさせた国には、評価額をゼロにずうっとしていただきたい。課税はすンなよと。二重課税ではやっていけない。ダムや道路で土地がなくなったのは、これは収用で、ぜんぶ土地を国が買い上げるけど、われわれは土地はまるっきり残してきてるわけですから。それを俺はいちばん心配してるの。早く安心して生活できるように、放射能で避難した帰還困難区域の固定資産の評価額は、ある一定期間、二十五年、三十年、安全に生活できるまで、評価額をゼロにしてもらいたい。そのぐらいは国の責任だべ、と。

✺　✺　✺

新天地でハウス農業をスタート〔平成27年6月7日聞き取り〕

高橋　与吉　昭和6年生まれ（五組）
静子　昭和10年生まれ（五組）
幸吉　昭和29年生まれ（五組）

終戦後、四町の山林を開拓した

与吉　家は古くはない。俺は二代目だから。父親の生まれたところは福島の茂庭《もにわ》という、摺上《すりかみ》ダムの沈んだところがあって。俺は昭和六年生まれだから、入るのは、その一年か二年前。昭和になってからだ。うちの親父、あとじいちゃんで〔婿に〕入ったから。前のオヤジが亡くなって。俺の父親は、山仕事で行って働いてて、「この人がいいんでねぇか」っていうようなあれで、後迎えに入った。七人いたんだ、先のとうちゃんの子は。きょうだいは全部で十人。昔は表彰されたのなぁ、十人もなした人は。アハハハハ。産めよ殖やせよの時代だ。最初はそんなに畑はなかった。終戦後、開拓がブームになってな。で、開拓で、増反、増反で。自給自足で、生活しなくちゃなんないから。

尋常小学校のあとは高等科っていうのがあって。俺は、中途でやめた。ちょうど戦争が終わったげで。うん。あとはずうっと農業。農業しなくては、食べらんねぇからなぁ。

開拓の手伝いはたいへんだ。山、木は伐って、唐鍬《とうぐわ》で、みな。機械はなかったから。開拓したのは四町歩っくらいだな。みな、三町、四町なくては、生活できねぇって、やって。政府のほうで、国有林、こんど、開放するとなったからな。その四町歩はずうっと持ってた。現在も残ってるわい。

最初は炭焼き。カネ取りは、炭焼ききり、なかったの。あんまり木炭使わなくなってからは、こんどは、パルプで、山で切った、一メーター八十に切った木を集めて出す。親方って、山買ってやる人いたんだ。一石《いちこく》なんぼで。運搬車で、山から自動車の利《き》くとこまで出し方。

住み込みでなく、通う。近場で。ずぅっとハァ、それ専門で生活した。雪積もってもできないなんていらンねぇ、やんなくてはなんない。炭焼きの頃は、深く積もって一メーター以上積もったときもあったけども。ほいづはまれにだから。あとは三十センチくらいだから、みんな。

古い写真は、古峰ヶ原《こぶがはら》、栃木県の。日光見物して、帰ってきたの。あのころは、車でハァ、行って日帰りする、お参りして。会費で、みんなから一人なんぼで二千円とか三千円集めて、ほのカネで五人くらいで、代表でお参りしてきて。遠くの神様のほうがありがてぇわなぁ。アハハハハ。日光東照宮でなくて、古峰ヶ原神社っつうのあんだな。火の神様で、魔除けの。で、みんな信心もっていたんだべ。旅行かたがた、な。もうちっとで、百回記念だかなったんだけど、震災があったからハァ。

お地蔵さんが夢に立った

静子　わたス、震災《しんさい》でこう、ずっと、避難してるってったべ。川俣町の小島《おじま》まで行ってきたから。お地蔵さん、丸子《まりこ》さ来たらば、毎晩夢に立ったの。ほんで、〝ああ、おれに着物縫ってもらいてぇんだなぁ〟と思って。ほぅして、縫いやだった。縫って着せたはいいが、赤い布《きれ》がなかったの。ほぅして、黒っぽい布《きれ》で縫ったから、「静子さん、赤い布《きれ》で縫ってくれればいいのに」ってこう、言わっちゃから、一時はやめだったんだった。うん。だけンど、こんど、孫来たから、孫に「赤い布《きれ》ねぇか?」っつったら、「ある」ってやっち。ほぅして、ほの着物縫って着せたら、熱出んの治ったの。毎晩熱出てたの。逃げてっとき。丸子さ来たとき、毎晩熱出て。ほしてあの、医者さ入院もしてきたし。ほしてほの、地蔵さんさ着物縫ってって着せたらば、夢には立たない。あとは一回も来ない。
お地蔵さんが夢に立ったの、今回初めてだよ。うん。お地蔵さんの形になって、赤い前掛け、掛けてきたの。それだけだよ。お地蔵さんだってわかったよ、うん。おれとこさ来たから、「おれ、縫って着せるわぁ」って言って。うん、着せたんだ。どんなふうで来たんだか、わかんないけど。ほいづ縫って着せたらば、こんど、熱も出なぐなって。おれ、お地蔵さんのおかげだなぁと思って、うん。いま、ひとっつ、縫ってってとこだ。こんど、おっきい地蔵さん、着せっぺと思って。うん。

半分の上は帰りたいよ

与吉　家族、みんな一緒に暮らすようになって。おっきな家の借り上げ見つけて。去年の、十一月二十三日だ。ここさ来たの。

静子　もう帰れない。いやぁ、半分の上は帰りたいよぉ。半分の上は帰りたいよ、家さ。うん。だから、「家さ行ったら、じいちゃんと二人《ふたんり》で暮らすか」って言うんだ、行ぐときは。うん。

与吉　若い人たちは、もうハア、こっちで生活するように段取ってっから。もう帰らねぇんだから、おらはあきらめ、ハハハ。それこそ、近くさ花つくりやってるから。花出しだけ、卸やってるから。こんど、ここで施設つくってもらったから、ハウスがな。まぁまぁ、軌道に乗ったところだ。うん。土地は、いっぱい売る人あっけども。ハウスのそばさうち作るってなったら、ぜんぜん市で許可ンなんねぇんだ。農地だから転用できないって。で、たまたま、ここ空いてる宅地があったんで。ちっと離れたけれども。

静子　だから、「ばあちゃんら、あっちゃ行っだって、おれらはここに仕事してンだから。ばあちゃんらのことをみねぇわけにはいがねぇから、あっちゃ行がった、こっちゃ来たっつうと、おら、疲れっちまうから、ここにいてくれろ」って言われました。だから、家さは行がにぃわ、うん。なんぼ泣いだって、放射能は消えねぇもんな。ずいぶん泣いたよ。一生懸命稼いだって、友達来て、お茶飲んだぁなんだって、いたべ。ほれがこんだ、友達は離れ離れになっちゃったでしょう。なぁ。ここさは、自分ひとり。年寄りは、じいちゃんとここで二人、毎日いるようで。じいちゃんが畑さ行ぐっていうと、おれは足が悪いからここさ一人でいるほかねぇべ。じゃから、やっぱりな。こう、心さびしいっつうか。でも、ここさ来て友達はでぎた。うん。友達五、六人できた。みんないい人だわ。こうやって、ここに家にいで、出ねぇでっつうと、「ばあちゃんは具合悪くなってんではあんめぇなぁ」って、みんな心配《すんぱい》してんだって。うん。長泥の友達には一年に一回は会える。あの、大鳥〔旅館〕さ来てな。長泥、みんな集まって、うん。ほンときは、一回は会えっけど。あとは……。

長泥では、いやぁ、遊びさ来たわ。ほら、バーッとお茶飲んだり。うん。「柏餅作ったから、来ぇ《け》よぉ」なんて言ったりして。ほの、柏餅は食べらンねぇわな、いまは。柏ねぇもの、ここに。ずうーっと探して歩ってっけンちょも。家には柏の木があった。美味しいよな。美味しいよ。売ってる柏餅と違うもの。買った柏餅は、ペタペタっつうべ。それが、うちで作る柏餅は、スッカスッカするの。柏餅作っておぐと、喜んで食い食いした。学校から帰って来て、みんなして。うん。いろいろ作ったよぉ。孫だちいっから。餅を搗いて、ほら、大福にして食《か》せだぁ。あと、おふかし作って食《か》せた。おふかし。お餅でねぇく。おごわ。米をふかして、鶏肉だの、いろんな混ぜて。ふかし作って、食べさせたよぉ。ほぅすっと、このやつのおっかあは、「ばあちゃん、ほぅやって、いっぱい食《か》せっから、太ンだわ」、怒らっちよぉ。太るっつうの、わかんねぇんだろうなぁ。さわがってなぁ。だって、食うのはしょうねぇわいなぁ。

営農は息子らがやりたいって

幸吉　震災後、俺は行くとこねがったから、とりあえず赤川屋。旅館、飯坂の。そこに、二ヵ月っくれぇいたのか。住宅探ししたの。もう、仮設はダメ。「うちは、数多《あまだ》家族なんだから、仮設、おっきくしろ」って言ったの。結局、作ってもらわにがったっけ、ほれは「できません」って。ンでは、借り上げで住宅探すしかねぇかなぁと思って。で、ほっちこっち探して。で、たまたま、丸子さ物件あるよっていうかたちで、一軒家あったから。車四台ぐらい停められるし。部屋が四つあったのな、全部で。で、いいなっていうんで、借りて、二、三年いると。たまたまここさ、近くさ畑があって、「貸すよ」と。営農できる。だから、一年ぐれぇ通ったなぁ。

あそこ、片道三十分かかんだけンどぉ。朝四時ごろ、起きて。帰りは十二時ごろまで。ほれで、そこで、営農してたために、家つくられちゃった。息子らが「やる」っつうから、「では、やりましょう」。基盤つくっておけば、食ってかれるって。後継者いない人はたぶん、やれる気になんねぇども。後継者がほれ、「やってもいいよ」っていうかたちだから、やる。子どもは四人。男、女、男、女。長男と、下の男も、「やる」って。上が三十七かな。そして、下が三十ぐらい。曲田にいたときも一緒にやってたの。長泥さ、いたときの仕事、継続してっから。ただ、牛、いねぇ。田んぼ、ねぇ。

田植え踊りで全国大会へ

幸吉　田植え踊り？　やりましたよ。二十一、二か。最初、俺はトラック運転してたかなんかで、とっかさ行ってた。たまたま俺、うちのばあちゃん亡くなって、帰ってきて、ほンで〔青年会に〕「入っか」って言われて、入ったから。ほンときは、一年前に始めた頃。昔やってた地元の人に教えてもらって。男だけやるの。男でも、着物を着て、早乙女っていうかたちで、男が女の格好をして。女、踊ったらダメ。不作になる。踊るのは十一人か。「道化」が二人。そして、「太鼓」二人。して、「早乙女」が四人。あと、「歌あげ」が二人。で、十一人。

俺は道化。あの、まじめに踊る道化が二人。軍配もってる人だけが、ちょっと、おもしろおかしく。俺は、両方やった。うーん、どっちがおもしろいって、やっぱり、ひとを笑わすのはたいへんだよね。アハハハハ。

いちばん最後の「軍配もち」っつうのが、ひとを笑わすっていうことは、結局なんつうんだ、踊りのミスをカバーするっていうかんじで、アハハ。こっちさ出るよぉ、っていうかんじで。そこをやったときに、おもしろおかしくやってくれるのが、いちばん最後の「道化」の仕事なんだ。太鼓は踊りながらやる。丸太鼓って、小太鼓。片方さ持って片方さバチ持って、ほぅして踊るのよ。これが重いんだよ。だから、それをこう振ってあげて、こう、ターン、って。

一時間はかかんないけど、座ってられねぇの。集会所でこう、踊るんだけンど。喉渇くから飲んで。真冬でも汗かいて暑くて。師匠には「もうちょっと腰、低くしろ」って、アハハハ。

「早乙女」は、田植えたり、煽ったり。「歌あげ」は歌だけだ。立って歌ってる。羽織袴で、白い顔して。神様のやつ、持って。幣束ね。全国大会まで行ったよ。相馬でやって。そして、たまたま優勝して。で、全国大会、日本青年会館か、うん、行って。

踊ってたのは、だいたいはムラの神社のお祭り。あと、四十の厄流しなんかに頼まれて。だから六畳間で「踊ってください」っていえば、ここで踊ってられっけど。押しかけては行かねぇ。お酒振舞ってもらって。ご祝儀もらったり。衣装はみんな自前。あとは、よくやったのは、新年会の宴会の席で。正月休みに三日間ぐらい、押しかけて歩った。おひねりあり。縁起モンだから、「来ンな」っては言えない。アハハハ。

早乙女は、小柄で女っぽい人。道化は、背の高い人。早乙女がいちばん楽でない。着物着て、踊ンだもんなぁ。こうやって、腰低くしなきゃ。笠、重いんだ。花笠音頭の、こう、花飾って。アハハ。

この地を守らにゃあ

静子　女の集まりあったよ。コプタ講っていうの。子ども育てるの、コプタ講。ここで集まっつうと、お膳つくって、な。お餅ついて、味噌汁つくって、みんな御馳走《ごっつぉ》になって。酒飲んで、大騒ぎした。誰かの家へ集まって。今年はここでやったら……。

与吉　年二回。

静子 秋、春と。
与吉 コプタ様って、女の神様なんだって。ほいつのお祭り。
静子 お地蔵さんあったとこの、高いとこさ、白鳥神社の、下の神様で、お参りしたの。
与吉 男の人たちは男の人たちで、山ノ御講ってやった。山の神様のお祭り。十月と正月にやるんだもんな。
静子 お彼岸には、なんだった？　念仏講って、あれは仏様。
与吉 自然と、なくなってハァ。
静子 なくなって。うちでは仏様、連れて来たから。神様仏様、連れてきてもらったから。うん。あっちにはいねぇんだ、神様も仏様も。こっち。お墓は、放射能あったって、死んでからはかまわねぇべ。
与吉 先祖がやっぱり「ここの地がいい」って、選んだとこだから、それを守らにゃあ。アハハハ。

＊　＊　＊

長泥に住んで〔平成27年11月30日寄稿〕

川原田陽一　昭和26年生まれ（五組）
幸子　昭和27年生まれ（五組）

移住先を探しました
私達夫婦が飯舘村長泥に移住を決めたのは、もう十年も前になります。幸子が岩手県出身であり、陽一は北海道。私達が知り合ったのは仙台市です。仙台市は札幌にくらべ雪も少なく、梅雨も関東関西に比べれば過ごしやすく、「終の棲家は仙台近辺が良いね」が二人の合言葉でした。それから数年にわたり旅行を兼ねて移住先を探しました。南房総から別荘地那須高原、都路《みやこじ》、最後になったのは長泥です。土地が南斜面、冷涼な気候、湧き水、緑いっぱいの自然、一言で言えば「北国情緒が感じられる南東北」でした。関東に住む息子夫婦も車で五、六時間の距離で陸続きで、当時常磐自動車道が富岡まで開通し安心感がありました。

長泥を知る最初のきっかけは、田舎暮らしを実現する情報誌『月刊ふるさとネットワーク』でした。本部が東京都新宿区にあるのですが、現地案内を申し込むと即座に対応してくれて、さらに前の持ち主である村岡さんが案内してくれました。住人だった村岡さんから、村のこと、村長のこと、農業のこと、区のこと、班のこと、気候のいろんなお話を聞かせてもらい、納得して移住の決断をしました。

最初は札幌と長泥を行ったり来たりして、数年間は五坪のプレハブで寝泊まりしました。冬は寒く底冷えして、風呂はないので毎日、宿泊体験館「きこり」のお風呂通いでした。いよいよ、家を建てることを決め、設計に当たり杉下初男さんの屋敷を内覧させて頂き大変参考になりました。

出会いがいっぱい

産直「森の駅まごころ」の平飼有精卵、気に入ってからは鶏舎に直接買いに行きました。田中一正さんの搾りたての牛乳、毎回一リットルずつ分けてもらい、時には初乳を頂きチーズに似たものが出来、美味しかったです。東隣の高橋さんのおばあちゃんの郷土料理、いろいろ教えてもらいました。特に皮付き子芋の煮っころがしが少し甘辛く美味しかったです。山菜、高橋亮一さんにはキノコ類、コウタケ・コシアブラ・ゴンボッパの採り方、食べ方を教えてもらいました。キノコではコウタケが最高でした。コシアブラのてんぷらも初めての食味でした。

ひとつ目は、ある夏の七月、プレハブでの夜。小用を済ませるために外の簡易トイレに出たところ、湧き水付近に小さな青白く飛ぶものを発見。なんと蛍だったのです。それまで売主の村岡さんを始め近所の人も誰一人、「ホタル」という言葉を発しなかったのです。「何ということでしょう！」地元の人はごく当たり前のことだったのです。その時すぐ村道に降りましたら、三百六十度蛍が乱舞していました。素晴らしい光景でした。

ふたつ目は、ダッシュ村が近くにあったことです。有名グループＴＯＫＩＯが出る田舎暮らし番組で、私の理想でもあったのです。このことも土地を買った後数年間知りませんでした。

四反ほど蕎麦を栽培し、初めてＪＡを通じて出荷しました。自分でも石臼で籾摺り、製粉、蕎麦打ちを初めて体験し、到底人には出せない細太入り混じったいびつな蕎麦を、「腕を磨くぞ！」と反省しながら少しほろ苦く美味しく頂きました。

蕎麦の基本も知り、水田もこれからという時です。東日本大震災、東京電力福島第一原子力発電所の事故、帰還困難区域に指定。私は移住組ですので、出戻りすれば済みます。しかし、長泥で先祖代々暮らしてきた村民の皆様の御苦労は、察して余りあることと思います。

✺　✺　✺

夢を見た者としての愛着

〔平成27年7月18日聞き取り〕

田中　一正《かずまさ》　昭和46年生まれ（五組）

酪農を学び、三十歳で長泥へ入植

生まれは東京です。中学生のときに親の仕事の都合上、新潟に。親はサラリーマンです。高校卒業まで新潟にいまして、そのあと北海道の酪農学園という学校に進学しまして、卒業して栃木県の牧場に就職しました。栃木県芳賀郡市貝町。そこに勤めて。それで、二〇〇一年に新規就農として、独立してですね、飯舘村に入ってきたと。

日本でいちばんでかい牧場に勤めてたんです。そこでマネージャーやってて。入植先は新潟だとか、いろいろとあたったんですけれども、なかなか思うようにいかずに。当時、実家が新潟にありました。わたし、栃木県にいました。福島を通って新潟に行くわけなんですけれども、福島県庁とか福島県農業会議とか、そういうところに顔出して、いろいろと情報仕入れているうちに、「じつは飯舘村というところがあって、ひじょうに畜産が盛んで。よかったら紹介するよ」っていう話になりまして。で、飯舘に決めたっていう経緯です。牛舎があって、空き家になってるところを譲ってもらって。面積的には全部で六町八反だか七反だかですね。とりあえず二十二頭だったかな、牛を集めて。それで十月の二十五日に入植したんですけれども。で、だいたい次の年明けあたりから、牧場の運営開始っていうかんじですね。

酪農の仕事をいちばんに考えてやってきた

部落の総会は年一回ありますね。出なければ罰金五千円なんですよ。〃えーっ、五千円？〃って（笑）。やっぱりさすがに忙しくて。酪農っていうのは、朝と夕方がいちばん佳境なんですよね。牛乳搾りをしないといけない。なので、四年目以降は、部落のそういう行事っていうのは休ましてもらってました。区費っていうんですか、そういうのはちゃんと払います。で、回覧板とか回してもらえば、隣の人には持っていくし。ただ、朝の草刈りとかっていうのは、「それはちょっとお休みにさしてね」って。朝六時つったら、バリバリ牛乳搾ってんだけど、っていう。

五組のほうの集まりもありますよ。だから、「行けるものは行くよ」と。極力参加するけど。でも、行けないものは行けないし。わたしも生活あるんで、やっぱりできることとできないことがあるんで、そこはちょっとケジメつけさしてもらうんだけれど。そういう立ち位置は崩してなかった。入植したばかりのときは、捻じり鉢巻きめて、それは頑張りましたからね。

ピーク時六十頭、酪農は計算ができる

二十二頭から始めて、いっときは六十頭までいきました。ですけれども、忙しくなってきちゃって。半年ばっかり、ちょっとお手伝い頼んだんですけれども。〝まぁいいかぁ、好きで始めたことだし〟って、頭数を減らしたんです。当時は、家族を養うっていうことがあって、それなりの暮らしをと思えば、そうやってどんどん頭数を増やさざるを得ないわけですけれども。ハッと我に返ったわけですよね。べつにそうムキになって増やす必要ない。結局、経営なんて全部そうなんでしょうけれど、〝いったい年間なんぼおカネ必要なんだい〟っていうとこから始まるわけですよね。で、自分の能力も含めたうえで、四十～五十頭いれば、それなりにちゃんと暮らしていけるよねっていうのがだいたい読めて。

　酪農っていうのは、畜産業のなかでは、半年先まで計算できる産業なんですよ。乳牛は、何頭牛乳搾ってます。一日一頭あたま平均乳量は何キロです。で、妊娠したら二百八十日で子ども産むわけです。全部そういうの数字を出していけば、〝ここ何ヵ月は、休ませる牛もいなきゃ、子どもを産む牛もいない。この頭数のままであれば、来月はだいたい何キロぐらい牛乳出る〟っていうことは、仮に単価一リッター百円とするならば、何万円収入があるっていうのは、ぜんぶ読めるんです。で、妊娠を確認すれば、六ヵ月後に子どもを産むわけだから、牛乳増えるよね、とか。その前、二ヵ月ぐらい休ましたりするんで、ちょっと乳量減るよね、とか。全部もう計算できるんですよね。だから、すごくそういう意味からすると安定的な。それでしかも、毎月二十日過ぎぐらいに乳代《にゅうだい》っていうのが入ってきて。もうお給料みたいなもんですから。経済的な意味で、自分の人生とか生活設計とかっていうのも組みやすい。

震災後、牛乳を搾って捨て続ける

地震が起きたときは、確定申告の帰り道で、役場から長泥に戻る途中でしたね。車の中で。バーストしたかと思いましたよ。ハンドルとられちゃってもう、運転できなくて。こっちはほら、確定申告終わって舞い上がってるわけです。気分よくなっちゃって、〝やった、終わったぁ!〟っつって。ほんと、車がぶっ壊れたか、自分の三半規管がおかしくなったのかと思って、車を停めて。電柱がこう揺れてるのを見て、〝地震なんだわ、これ〟。で、二回起きましたよね。揺れて、止まって、また揺れて。二回目に揺れたときは、〔揺れが〕止まったとき、そこらへんの家の人とかもバーッと飛び出してきたんで、〝よっぽどなんだわぁ〟と。で、慌てて帰りましたよ。家潰れたり、とか。牛飼ってるんで、牛、大暴れして、柵やぶってブワーッとか逃げてねぇかな、とか。他人に迷惑かけてねぇかな、とか。

牛はもう、どこ吹く風でしたね。いや、そのときは暴れたのかもわかんないですけれども。役場から長泥は、どんなに頑張ったって十五分はかかるんで。止まってから十五分も経てばまぁ、それなりに落ち着いてて。ただ、牛舎の中の棚とかは倒れたりとか、物が落ちたりとかっていうのはありましたけど。全体としてね、使えなくなるぐらい、こう、傾きましたとか、そういうのはないですね。

もう、月曜日の夜の六時まで、停電で過ごして。だから、牛乳搾れなかったわけですよ。毎年停電が起きるんです、長泥って。雷落ちて。で、だいたい夜の九時ぐらいに復旧が終わって、電気つくとかっていうパターンは、年に一回、二回あるんです。テレビも映らないわけですし。で、しばらく停電続いてるから、明るいうちにできることをやっちゃおうって、餌をやったり。あとは牛乳搾って終わりねっていうところまでは、全部終わらして。電気復旧されるのを待ってたら、おなじ部落の消防の人たちが「ちょっとえらい騒ぎになったようだから、これ、そう簡単に電気こないから。なんとかしたほうがいいよ」っていうアドバイスくれて。その消防の人が「飯舘全域で停電になってるから、発電機探そうと思ったら、飯舘では見つかんないよ、絶対に」。みんなも停電なら、とうぜん使ってるってことですよ。で、ピーンと弾《はじ》けたのは、裏の津島、浪江町津島。浪江って水力発電してるんで、あっちは停電なってないんですよ。むこうは発電機は必要ないっていうことですよね。で、むこうへ行ったら、うまく見つかって。「ちょっと貸して」つって。で、搾り出したのが夜の十二時過ぎ。終わったのが二時ごろ。なんとかとりあえず、機械で絞ることはできた。で、その発電機、しばらく借りてたんで、毎日毎日、牛乳は搾ってたんですけれども。捨てましたよね、とうぜん。

もう次の日から、出荷はない。ないっていうか、〔取りに〕来ない。最初の日なんか、牛乳ちゃんと冷やして待ってたのに。もったいない。結局まぁ、捨てちゃいました。七百キロぐらい牛乳搾ってたんで。七百リッター。毎日毎日捨てるのは、ちょっとせつないよね。

しばらくは、その、原発うんぬんっていうのは、なかったですよね。はっきり覚えてますけれど、消防の人たちが「未確認情報なんだけれど、鉄塔が倒れたみたいだ、地震で。そう簡単には復旧できない」。まぁほんとに倒れたんだかどうなんだかっていうのは、結局わかんないですけれども。〔停電の〕直接的な原因をそんなふうに言っていた。で、津波が起きたことも知らないし。その日なんてもう、ほんと、さっぱりわからずじまいで。あとになってからですよね。

月曜日の午後六時です。十四日ですね。六時ちょうどですよ、わたし、はっきり覚えてます。牛乳搾ってました。牛乳を搾る機械だけ、電気通してるんで。こういう蛍光灯とか点けてないわけですよ。それがいきなり、ババババババッて点きました。「おおっ」つって、時計見たら、六時ちょうどで。そのときは電気のありがたみを感じましたよね、すごく。〝ああ、電気って素晴らしいなぁ〟って。

十三日〔の日曜日〕は雪でしたよね。いやぁ、寒かったんだぁ。いや、もう、金土日っていうのは、ひどかったですよ。結局いまのご時勢って、ストーブ、ブルヒーターからなにから、結局はコンセント挿さないと、いくら灯油入れようがなにしようが火が点かない。まぁ酷かったですね。死ぬかと思いましたよ、ほんとに。牛舎はべつに、あっためたりしない。ホルスタインは、寒さには強い生き物なんで。

放射能の深刻さがジワジワと

「そのぅち」「放射能が流れて、黒い雨が降る」とかなんとかって。「へぇー」って。「黒い雨が降る」どうのこうのって言ったところで、〝あんなはるか遠いところでねぇ。直接被害なんてあるわけないじゃん〟ぐらいにタカはくくってましたよね。だからその当時、雪が降ったときも、表で、通常の仕事をしてましたし。あのとき、なんとかカウンターでピーッとかってやったら、さぞかしすごかったのかなぁとは思いますけどね。

　事態が深刻なんだって感じたのは三月の二一日前ぐらいじゃないですか。十五、六、七じゃないのかなぁ。いや、たしかに、ジワジワと。うちのお袋が騒ぎ出して。そのときは両親がこっちにいたので。テレビ点いてからだと思いますねぇ。あと、コレステロールだか高血圧だかなんだかの薬もなくなるし、「なにがなんでも東京帰りたい」つって、騒ぎ出して。強行したんです、二十二日かなんかに。どうしても親は「東京に行きたい、行きたい」って騒ぐんで、連れてったんですよ。とんぼ返りで、わたしは戻って来たんですけれど。そのときには、「放射能がどうの」って大騒ぎしてたんで、完全に理解はしてたんですけれど。じゃあ、いつからだいって言われると、ちょっと。電気点いたあと、月曜日以降ですけど、農協に行ったら、みんなして「なに、シートベルトォ？」とかつって、言ってたもんな。「いや、ちがう！」そんなレベルですよね。

　なんだっけ、長崎大学の。長泥の公民館に来ましたよね。大字三地区、長泥と比曽と蕨平を集めて。若いほうの……。タカムラだか、タカヤマ。行きました、行きました。おもしろそうなんで。その先生は「ちっちゃい子がパンツ一丁で走り回っても大丈夫だ」と言ってましたよ。「そのぐらい屁でもない」と。そのときは、どっちかって言ったら、日々の生活のほうが大変。ようするに、牛乳は出荷できないし。お先真っ暗、みたいなところ。放射能が直接わたしにどうこうっていうよりも、それのせいで自分の生活環境が変わるということのほうが、まぁいまでもそうですけれども、ガツーンとくるものがある。放射能怖いとかっていうよりも、そっちのほうが強かったですよね。まあ後学のためにというか、ひやかし半分で、フーンつって、聞きに行った覚えがあります。

そこを離れなくちゃならない、という感じは四月ごろ。全体の流れ、雰囲気、動きとしては「避難させろ」って。そうなってきたんですよね。決まったことについては、それはとうぜん、従うっていうのは、それならそれでかまわないんだけれど、牛いるんだけどっていう。自分の百パーセント思い通りにしてくれるんなら、べつに、なんでも言うこと聞きますよ。だけど「そのままブン投げて、逃げなさい」とかっていわれると、それは無理な話だぜっていうか、どうしたらいいんだろう、なにが正解なんだろうっていう悩みは、とうぜんあります。

退路をふさがれたという恨み

四十何頭の半分ぐらいは屠場です。半分ぐらいは、とりあえずは人手に渡して。まぁ、売っ払ったかたちですよね。それは、六月だ。六月の何日だったかは調べればわかりますけれども。わたしは五月三十一日に避難しました。西白河郡、福島県内の。西郷村っていうところ。

牛そのものは、生かせるやつは、とりあえず、とある避難場所に行って。そうじゃない奴らは、順次、家畜車の手配がつくとか屠場の枠とれるたんびに、出しました。優先順位っていうの、自分ちの牛ぜんぶ付けて、いちばん上からいちばん下まで。結局は半分ぐらいになっちゃいましたけれども、半分、他人に渡せたし。若い牛とか、妊娠してて未来がまだあるような牛っていうのは、助けられました。〝こいつは俺んちだから生きてんだよね、他所じゃあしょうがないだろう〟っていうのは、やっぱりダメですし。いや、そのときは、〝半分も殺してしまった〟っていうのもあったんですけれども。でも、いまにして思えば、ああいう状況下で半分も救うことができたから、ギリギリの線で、酪農家としての責務っていうのはちゃんと果たせたのかなっていうふうには思っています。

あの手この手、ずるいこと考えるんですよ、やっぱりわれわれも。あの、グチャグチャしてる四月とかの頃に、〝なんとかなんないか〟と思って。法律というか条例というか、国だとか県だとかが締め付けをするわけですよね。ということは、裏を返していうと、こういう逃げ道あるでしょう……っていうふうなずるいことを考えて、なんとかしようとするんです。だけどしらみつぶしに退路を塞がれて大変でした。

なんていうんですか、牛なんていうのもそうですし、犬猫もそうですけれども、結局、人間の都合で改良されてきてるわけですよね。もともとは野山駆けずり回ってたものを、人間の都合で、牛乳がいっぱい出るように改良したりだとか、おいしい肉になるように改良したりとか。人間の都合で、種《しゅ》まで、こう。和牛なんてそうですよね。明治時代まで「和牛」なんていうのは存在しなかったんですよ。日米和親条約とか、アメリカと付き合うようになって、牛肉を食べるっていう文化が、あるとき初めてできたんですよ。で、日本中の人が「バッファローとなんとかと」って、外国から牛を連れてきて、但馬とかいろんなそういう地域で掛け合わせして改良した結果、いまの黒毛和牛っているんです。だから、ひじょうに歴史は短いんですよ。だから、新しいそういう種まで作ってしまっている。

で、自分の都合だけで、「そら逃げろ、ほっといていいから」って。それ、違うでしょう。野良犬にしても野良猫なんかもそうだと思うんですけれども、人間の都合で改良したあげくに、ペットにして、それでいらなくなったら捨てちゃいましたと。違うんじゃない？ それで捕まって、保健所行って、ガス室送りって、おかしいと思いません？ と、わたしは思うんです。やっぱりこれは人間社会として、きちんと面倒をみないといけないんです、税金使ってでも。首チョンパっていうんじゃなくて。そうやって長い人間の歴史のなかで、そういう、その種を蹂躙《じゅうりん》するようなことをしてしまったんですから、これはもう、人間の手で、きちんと最期まで面倒をみるっていうのが、わたしは筋だと思う。

「牧場お助け人」の日々

まず、西郷村というところに、一次避難として行ったんですけど。これは福島県酪農業協同組合のほうから。わたしたちの地区ではないんですけれども、よその地区から、空いてる牛舎を間借りして避難さした牛たちがいたんです。「どうせ暇だったら、管理人やってみる気、ない？ アルバイトで」って。じゃあ一次避難がてら、そこ、一ヵ月間。六月二日にそれは競売に掛けられるから、まぁ五月末日まで。「ちょっと管理して、餌やりとかウンチ出しとかやってくんない？」って言われて、お手伝いしました。

七月から、こんど……。まだ飯館にいる頃なんですけれども、山形の酪農組合の組合長さんがうちまで来て、「抱えてる牧場あんまり調子良くないんで、ぜひとも、避難がてら手伝ってくんないか？」って言われて。「六月いっぱいはそっちのほうを約束しちゃってるから、七月から行ってあげるよ」。二次避難がてら、こんどは山形行ってやるよって。で、山形県の牧場そのものは飯豊《いいで》町というところなんですけれど。わたしは、高畠《たかはた》町っていうところに、二次避難でアパート借りて。そこで二、三年、ほんとはいるつもりだったんです。借り上げで。しょうもないアパートに、押し込められて。二、三年はまぁ、そこの牧場手伝って……。牧場としての管理状況は良くなかったんですけど、でも、そこで若い人たちが働いてるんですけれども、できないなりにも一生懸命やってるんですよ。こんだけ一生懸命やれば、やり方間違えなけりゃあ、ぜったいうまくいくわけだし、手伝ってあげたいよねっていう気持ちでいたんですけれども。

この近く、二十分ぐらい行ったところに福島市松川町ってあるんですけれど。そこでこんど復興牧場を立ち上げるということで、福島の酪農組合から「おまえ、戻って来い」っつって。で、戻ってきて。二〇一二年五月。教育ファームだとか、ちっちゃい子呼んで、ちょっと牛いじらしたりとか。いままでずっとわたしなんかは、経済牧場っていうんですか、牛乳搾って仔牛売って、おカネにして生活っていう。それはそれでやるんですけれども、そうじゃなくて、もっともっと牧場の魅力をね、幅広く、ちっちゃい子とかにも、生き物の大切さとか伝えていくこともやる。そういうのは新鮮だったし、試みとしてはいいことだなぁと。

で、わたし自身、非農家出身ですよね。なので、わたしはずっと常々、〝農家のせがれだけが農家じゃねぇよ〟っていう、閉塞感っていうんですかね。まぁ行政のいろんなシステムもそうなんですけれども、もっともっと農業を発展させるには、農業をやりたいと思った奴が誰でも参入できる、やっぱりそういうふうなシステムにしていかないと、っていうのはずっと前々から思ってたことなんです。そういう意味からすると、牧場の試みに合致してるなぁと思って。いちおう「場長」っていうかたちで呼ばれて。で、五月から働き出して、去年の八月までいました。こんど、ここの牧場始まるんで、アハハハ。もうなんか地に足つかないんですけれども。いろいろと肩書きは変わるんですけれど、もう、いつごろからどうだったなんて覚えちゃいないし。

酪農組合に頼まれ、十三億で大規模牧場

ここはまぁ言ってしまえば、酪農組合のほうに頼まれて。その、なんていうんですか、人員も確保せずに、復興支援事業、国の補助金もってきて、話進めちゃって。引っ込みつかなくなったんですよ。カネ、もう「取った」と。「取って、始めるんだけど、誰も手ぇ挙げてくれないから。お願い！」って。十三億。やるのは五人ですね。全員被災者です。一名は、南相馬の人なんで、厳密にいえば、もう家に戻れるんだけれど。飯舘がもう一人いて、あと浪江が二人。いちばん上で五十五とかそのぐらい。いちばん下は三十五だか六だかですね。

頭数は五百頭に絞ろうと思ってるんです。もともとその、新卒で行った栃木の牧場なんていうのは、わたしが三十で辞めるときは千三百頭いましたからね。乳牛だけで千三百。肥育牛合わしたら四千五百とかいたんで。そういう意味からすると、頭数的にはべつに驚くような話じゃなくて。まぁ、そんなに難しい話じゃない。牛を飼うという意味ではですけど。で、さっきも言ったとおり、酪農って意外と、計算でき

ちゃうんで。儲かんないっていうのも計算できちゃう部分もあるんですけれども。うまくスケールメリットだとかを利用しながら、前に勤めてた、そういう大型の牧場の二番煎じをすれば、なんとかやっていけるかなぁっていう。

十三億の八二・五パーセントが補助。そっから考えると、まぁまぁなんとかやれるかなぁ。まるまる十三億なんて返せないですよ。返せない、返せない。箱物に関しては酪農組合の持ち物なんですね。で、こんど、われわれその五人が株式会社立ち上げたんですけれども、そこを借りて運営するっていう。正直なことを言うと、そうやって大きい牧場にいても、やっぱり面白味がないんですよ。もう金儲けに特化してるし。大企業になればなるほど、とある歯車のひとつにしかなんないわけですし。わたしが社長ですが、社長だろうがなんだろうが、うん。それじゃおもしろくないよね、と。で、〝ちっちゃくてもいいから、自分の責任のもとで、自分の思い通りに、自分の考える牧場つくりたいよね〟と思って、飯舘まで行って新規就農したんですけど。十年の歳月をかけて元に戻りましたね。こんなんだったら俺、辞めないでずっと栃木にいりゃあよかったよ、とかって。淡い淡い夢は終わった。

従業員はトータル二十名弱ぐらいにはなんのかなぁと思いますけれども。で、だいたい集まりそうかなぁと。

青写真は「牛二頭で隠居生活」

五人、みんな組合から名指しで声を掛けられた。かわいそうに。

わたしの青写真は、まぁいつの日か、避難解除になりますよね、どっかのタイミングで。そしたらあそこに戻って和牛二頭飼うんだー、って。趣味です、趣味。だから、わたしは六十歳前ぐらいに隠居して……。メスって、二十一日に一回、発情がくるんですよ。発情になると、騒ぎ出しますから、精神が高ぶるんで。メス二頭いると、表ぶんなげててもわかるわけですよね。〝おっ、なんか発情きたな。じゃあ種付けだな〟と。双眼鏡でこうやって見てて。一頭だとイノシシと喧嘩してんだかなにしてんだかわかんないけど。二頭いりゃあ、暴れまわるんで。で、そうやって遊びながら、ブラブラと優雅に暮らせたらいいねぇとは思ってるんです。

あそこの土地に賭けて、ほんと、死ぬときはあれですよ、うつ伏せになって、牛舎で死んでやるっていう、そういう気でわたしは入植したわけですし。その気持ちはべつに、その場所は替わったって、こんどはここの牧場で、そういうつもりでやるわけですし。あそこはあそこで、そういう愛着あるし。一線退いたら、あそこでまた、ねぇ……。

好きなんです、自分ちのこう、敷地をウロウロして。あの、いろんな発見があるわけなんです。〝あ、俺んちって、ホタルいるんだぁ〟とか。〝ここの小川にサンショウウオがいるんだぁ〟とか。そういうのを見てまわったりとか、犬の散歩しながら。それが好きなんですよ。で、まぁ、そう、ね。時が経ったら戻りたい。そういう意味ではだから、そうやって、愛着があるんですよ。

❦ 長泥の神々〔平成27年3月28日聞き取り〕

多田　宏　昭和22年生まれ（草野綿津見神社宮司）

飯舘村、旧比曽村、長泥の神社について

多田家は代々草野綿津見神社の宮司を務めている。綿津見神社は草野神社と綿津見神社の両社が祀られている。草野神社は、延喜式神名帳陸奥国百座にも記載がある豊作と水の神様。元々は現浪江町にあったが、多分津波か何かで流されたのではないかと思われ、大同二（八〇七）年にこちらにお迎えした。浜通りには綿津見神社が多く、海上交通と天候（水）の神様とされている。飯舘村内の草野の綿津見神社と佐須の山津見神社はお互いに関係ないが、佐須の山津見神社と長泥の山津見神社は、山で生計を立てた人達が崇敬したので関係があると思う。

比曽村には羽山、稲荷、田、愛宕の四つの神社がある。これらの神社は、長泥・蕨平まで崇拝の対象になっていた。比曽の人が蕨平の端の風兼《ふがね》までお札を配りに行ったという話も聞いている。羽山神社は山の頂上に建ち、託宣（神の言葉を伝える）を行った神社で、明治時代には千人の信者が集まったといわれている。稲荷神社は高台にあり、森に一羽の鶴が舞い降りたという伝説が古文書に書かれている。田神社は田んぼの真ん中にあり、愛宕神社は岩屋の中にある。

一方、長泥には白鳥神社と山津見神社と、社がなく石碑をお祀りしている長泥十文字の神様があり、蕨

平には大雷《だいらい》神社がある。崇敬神社としては戦山山頂には金花山神社が祀られている。

元々白鳥神社は長泥の氏神であったが、戦後になって、長泥では白鳥神社だけをお守りしようということになったと父から聞いている。白鳥神社では、土地の開拓神である日本武尊《ヤマトタケルノミコト》を祀り、日本武尊が亡くなられたとき白鳥になって飛んで行くという説話が神社名の由来である。棟札を見ていないので、今の社殿がいつごろ建てられたかはわからないが、比曽の四社から離脱したのが戦後で、それまでは四社の下に置かれていた。分離する前から草野綿津見神社の宮司が白鳥神社の宮司を兼務していたが、神社としては両社には関係がない。また白鳥神社では、かつて神習教《しんしゅうきょう》（教団）の人たちがご祈祷をしていた。神習教は、伊勢神宮の神主であった吉村正秉がひらいた。天理教、黒住教、出雲大社の大社《おおやしろ》教なども同様で、それぞれ独自の教典がある。神社神道とは別に明治政府が公認した神習教は教派神道のひとつで、神道十三派の中に含まれる。戦後まで長泥地区で行われていたが、今はない。

山津見神社は、薪炭など山仕事の神様である。昔は、山から山へと渡る炭焼きなどがおり、山仕事は現金収入を得る唯一の道であった。

十文字の神様の石碑は、猿田彦命と駒形と粟島様で、祀られている猿田彦命は、目がホオズキのように照り輝いているということから、目の病に効く神様といった信仰にも結び付く。「サル」の音が庚申講とも結びつけられ、その下に見猿・聞か猿・言わ猿が彫られているので、猿＝猿田彦の信仰と結びついた。庚申とは庚申待ともいい、三尸の虫が人間の休内にいて悪事を天帝に告げるので、その晩は夜を明かす。駒形は家畜の安全（と高値で売れるようにと）を司る神様で、粟島様は婦人の病いの神様である。

長泥の白鳥神社と山津見神社、十文字の神様には関係性はまったくない。日本の神々は西洋の神ＧＯＤ（一神教）とは異なり、職業により効力が違うので重なっていてもよく、職能に応じて神様を崇敬してきた。そういう意味では、開拓の神様である白鳥神社が一番古い。白鳥神社は未登録神社で宗教法人になっていない。宗教法人になると毎年負担金が発生する。例えば、比曽の田神社は昭和二十七年九月付けで登記されている。登録された神社は必ず宮司（代表役員）を置く必要があるが、兼務でもよい。

相馬藩の嘉永元（一八四八）年通達の村々調べには、比曽の羽山社・稲荷社・田神社・愛宕社は載っているが、長泥は一社も載っていない。ということは、当時あまり人が住んでいなかったのではないかとも思われる。

長泥の神事や田植え踊り、氏神様など

長泥住民のほとんどは白鳥神社の氏子になっている。例祭には四十～五十人が集まっていた。各組に世話人がいて、例祭に来れなかった人のお札を持ち帰った。十文字の神様も例大祭は白鳥神社と同日で、氏子は十文字の神様にお参りしてから白鳥神社に移動する。祭りは春秋にあり、十文字では、春は駒形、秋は猿田彦を祀った。山の神は、春のお祭りで田の神になり、収穫が終わると秋のお祭りで山の神になり、里と山を行き来するという説もある。山津見神社の例祭は旧暦の十月十七日で、山津見神社も十文字の神様も集まる人々は同じだが、白鳥神社ほどは集まらない。

白鳥神社の前のお地蔵さんは、新しく奉納されたもので、高橋力授さんが震災後に奉納した。白鳥神社の木造の鳥居の近くには小牛田神社がある。宮城県遠田郡美里町鎮座の小牛田山神社を崇敬する講中が建てたもので、子育て、安産の守り神として講中（コプタ講）を組んでいた。

田植え踊りは、旧正月に最初に神社に奉納してから部落をまわる。今年も良い年であるように願う地区の豊作を祈る予祝《よしゅく》行事である。（トム・ギルの聞き取り調査によれば、田植え踊りでは、白鳥神社と山津見神社と、長泥の二つの氏神である十文字の菅野恵一さんのお父さんがつくった猿田彦神社と曲田の高橋一仁さんの地蔵の四ヵ所を回ったという。）

（多田宮司の祖父が昭和初期に記録した飯曽村の氏神台帳によれば）小椋さんの裏庭に小さい祠《ほこら》があった。小椋さんの家は元々屋根（茅）葺き職人で、祠は草姫の神様を祀っている。水の神様も各家庭に祀ってある。

人が自由に選んで神様を祀る。例えば大工さんのうちでは聖徳太子を祀る。金尺を発明した人が聖徳太子であるといわれている。養蚕をやっていた人は蛇類を祀った。蛇はネズミを食べるから。熊野は熊野三山を祀る。金山彦は金属の神様で、鍛冶屋なのか。妙見は相馬の鎮守をお祀り。薬師は、誰か病気になった人のために薬師如来をお祀りした。共拜社（個人が共同でつくった社）もある。うちにも祠をつくりたいという人がいた場合、元の祠から土を一握り新しい場所に持って行って魂を入れる（分祀）。

天明の飢饉、これからのこと

（村史にはない、つい最近発見された給人郷士の家系図の史料によれば）天明三（一七八三）年から六（一七八六）年の飢饉の時、長泥の役人、境目付木幡七兵衛（小椋さんの後ろに屋敷跡がある）は、十九石の石高を取りながら餓死したといわれている。それだけみんなから年貢を取らなかったのではないかと思われる。長泥は天明の飢饉で、いったん絶えた可能性がある。

大字比曽全体で天明三年には百十三軒あった戸数が、嘉永年間（一八四八～五三年）の記録によれば二十九軒しかなかった。草野村も天明三年には七十八軒あったが、嘉永年間には五十七軒しか復活しなかった。天明の飢饉の影響が嘉永年間まで続いたということ。大正時代に初めて、天明の飢饉の前の人口百二十軒以上に戻った。自然災害で、元に戻るまでに約百年かかっている。今回の人災では何百年かかるかわからない。

飯舘の住民たちは、避難後、当初村が帰還の目安とした二年を心待ちにした人も多かったが、三年目以降であきらめの気持ちに変わった。

私が生きている限りは、草野綿津見神社をお守りしていきたい。お参りして気持ちが楽になってもらいたい。それが本当の宗教的ケアかと思い、事故後もずっとここに住み続けている。

私は、神の領域である原子力を、科学の力を過信して人間が利用したことが間違いだと考えている。科学技術の進歩や地球温暖化に対し原子力に頼ろうとする考え方もわからないではないが、これほど害になるものの捨て場も決まっていない段階で、はたして進めてもいいのだろうか疑問に思っている。問題は核廃棄物をどうするかということ。

人の住まなくなった長泥の神様のことも考えなくてはならない。

✺ ✺ ✺

長泥は相馬藩山中郷の要所だった
――比曽の在郷給人の末裔に生まれて

〔平成26年2月23日聞き取り〕

菅野 義人　昭和27年生まれ（比曽行政区）

専業農家の息子として比曽に生まれた菅野義人さんは、在郷給人（普段は農業に従事し何か事ある時に武士として働くという相馬藩独特の給人制度）の末裔で、先祖が慶長十二（一六〇七）年に比曽に移り住んだ記録がある。義人さんで十五代目に当たり、小さいころから飯舘で生きていくと思っていたという。

長泥を含む旧比曽村の歴史について

長泥・蕨平を含む旧比曽村の生い立ちは他の飯舘の地区とは異なり、分村ではなく、新村として発足した。

私の先祖が慶長十二（一六〇七）年に比曽に開拓に入った時に、津島から人が来て、ここを開拓するなら我々の手下になれと言われたという記録がある。手下にはならないということで相馬藩に申し入れたところ、当時の家老泉藤右衛門から、開拓するのはよいが、開拓してから人を住まわせろというおおらかな差配が出たという。慶長十二年の頃には相馬藩の領地であったようだが、まだまだ空白地帯だったのかもしれない。義人の家に伝わる文書では、比曽を開拓した人々はいずれも（浜通りではなく）飯野や三春など中通りからやってきている。

江戸時代中期の話として、長泥は在郷給人ではなく、もっと禄高の高い境目付（木幡七兵衛十九石）がいた土地であるという記述が古文書にある。在郷給人の禄高は三石ほどだが境目付は十数石の禄高を持っていた。調べきれてはいないが、長泥以外の山中郷《さんちゅうごう》のなかにも他に境目付はいなかったと思われる。したがって当時の相馬藩にとって長泥は重要視された土地、大切な場所であった。

（古地図を示しながら）長泥には「長外路」「永外路」「永とろ」などいろいろな表記がある。かつて長泥には、今の川俣町や浪江町の津島との境界、当時の三春藩と接するあたりに境目付が置かれていたと思われる。川俣町のまとめた歴史資料の中には、このあたりでの争いがあった記録も残されている。

天明の飢饉という非常に大きな出来事が二百三十年前に起き、比曽村で九十一戸まで増えた戸数が一気に激減した。正確な資料はないが、言い伝えの中で、わずか七戸だとか三戸だとかいわれている（飢饉直後の記録はどこにも残っていない）。相馬藩内でも山中郷は被害が大きく、その中でも標高の高い比曽村は最も厳しかった。

歴史から生きる力をもらう

その後、文化年間からいろいろな殖産政策があり、移民があったりした。ほとんど一家離散の状態で人が減ってしまったところから、再び人を増やす政策で徐々に人口が増えていった。長泥のほとんどは、天明の飢饉以降に何らかの形でこの土地に入ってきたと思われる。それが相馬藩の移民政策で来たのか、実家からの分家で来たのか、あるいは戦後の入植で来たのか、そのあたりを洗い出せれば、いろいろなつながりが見えてくる（たとえば長泥の鴫原姓は比曽地区の鴫原寅蔵の末裔と思われる）。そのような歴史がこの土地にはある。

そのことを考えると、今回の原発事故被災にも何とか手だてがあるのではないかと私は思う。この時代を生きた人たちは、後の時代に楽な暮らしを残そうとものすごい努力をしたはずで、その努力を無にしていいのだろうかと私は思う。そのことを今の時代に思い返すと、少しでも力が湧いてくるように思う。

長泥の歴史資料は少ないかもしれないが、戦後の地域づくりを熱心にやってきたところなので、中山間事業の取組みなどは大変なものがある。国道三九九号の取組みなども、アジサイにしたって桜にしたって長泥地区全員の協力がないとできないことで、他の地区ではまねのできないような取り組みをしてきた。

比曽地区でも取組みを検討したことがあるが、やっぱり長泥の人たちには負けるよねということになった。そこで比曽地区では、自力で比曽地区史をまとめることになった。『飯舘村史』第二巻の資料に記載されている古文書の人別帳（当時住んでいた人の名前、年齢、飼育している馬の頭数などが記録されている）と聞き取り調査で、弘化五（一八四八）年以降の比曽地区の誰の先祖かは全部調べ挙げた。その結果、今の誰と誰が縁戚関係になるかもわかってきた。そうすると現在の人間関係の見方も変わってくる（例えばこの人の酒癖の悪さはこの爺さんからの遺伝であるとか）。みんな結構面白がって喜ばれた。材料が少ない中でも聞き取りによってつなげることは十分に可能で、歴史の正史からではなく俗史からでも十分に力をもらえる。人別帳には、長泥の人も載っているので、今の誰の先祖か照合できるとよいのではないか。

私を含め、昔は先祖が何をしてきたか知らずに家を継ぐことはできないと言われてきた。

歴史に学ぶというと大げさかもしれないが、比曽にしても長泥にしても三代、四代とそこに住むために大変な努力をしてきた。ましてや飯舘の中心ではなく外回りにある比曽や長泥にとって、その努力をそれぞれの立場で受け継いでいくべきだと思う。

長泥の人たちは特にそうだと私は思う。不幸にもああいうことになったが、ふるさとを離れても時間とともに思いを断ち切れるものではなく、むしろ思いが募るのだと思う。自分の生まれを辿っていくこと、ルーツを探ることは人間にとって大切なことだと思う。先祖がこんな努力をしたということがわかると生きていく励みになると思う。

✳　✳　✳

長泥小学校で教えた頃の思い出〔平成27年11月27日寄稿〕

菅野レイ子　昭和19年生まれ（南相馬市原町区在住）

長泥小学校の校歌に寄せて（学級文集から）

当時私は、教員三年目の未熟な先生でした。教育技術は十分でなく、今思うと、父母や子どもたちに申し訳なかったと反省しきりです。しかし、下手なガリ版刷の当時の文集から、なんとかしていい子どもに育てたい、父母の理解を得たいという一生懸命な気持ちがあったのだなあと、自分のことを回想しています。

この文集の中に、なつかしい校歌の楽譜がとじてありました。福島市生まれの小林金次郎氏の作詞。飯舘村立臼石小学校の校長をしておられました。作曲はいわき市生まれの石河清氏です。このコンビで多くの学校の校歌、村民歌、音頭などが生まれました。長泥小の後、六校ほど転勤しましたが、校歌を今でも覚えているというのは少ないです。長泥小の校歌は、今もきちんと歌うことができます。心にしみる、口ずさみたくなる校歌でした。子どもたちも、いい顔で、いい声で歌っていました。忘れられません。

（一）松の緑が朝日に燃えて　楽しく小鳥が歌う山
白ゆりかおる長泥よ　ああわたしらの学びやよ
大きな希望に胸はって　そうだみんなとがんばろう
（二）峰も林もにしきにそまり　黄金花咲く幸の里
わたしの村よ長泥よ　ああゆめがわく学びやよ
あらしも吹雪ものりこえて　そうだみんなとがんばろう

長泥小発展のために尽くされた先輩の先生方のこと

長泥小学校発展のために尽くされた方はたくさんおられましたが、その中で忘れられないのは三浦ミサヲ先生です。三浦先生は、長泥生まれ長泥育ち、長泥のことは何でも知っていました（二十一年間長泥小勤務）。当時長泥には、新任の校長、教頭、新卒の教員が、お約束のように二年間勤務し下へおりる（町の学校に転勤すること）ということが繰り返されていました。三浦先生はご主人を早く亡くされ、女手一人で子どもを育て、またお父様のお世話をされていました。時々ご飯をおよばれに行きました。そして帰りには、持ちきれないほどの食料を持たせてくれました。体調が悪い時は、たまご酒を作ってもらいました。助産婦さんの資格をお持ちだったようで、私たちも子どもたちも適切なアドバイスをいただき、落ち着くことができました。授業中酔っぱらった父兄が入ってくる時がありました。私たちはオロオロするばかりでしたが、長年長泥に住み教員をしていた先生は、そういう人にすばやく適切な説教をして、帰ってもらうこともありました。長泥では、幼い子をのぞいて、三浦先生を知らない人、お世話にならない人はいないような気がします。

三浦先生とともに忘れられないのは、飯舘村草野在住で長泥小に永く勤務されていた川村武先生です。川村先生は飯舘のすみからすみまで何でも知っておられました。そのパワーで地域の人や子どもたちと密接にかかわっておられました。私たち若手にとって、頼りになる大先輩でした。

長男の育児日記から

私は、昭和四十三年四月から四十五年三月まで、長泥小に勤務しました。一年目は、十文字の菅野芳吉さんのはなれの二階をおかりして住んでいました。お風呂にも入れてもらいましたし、漬物等（ばあちゃんが上手だった）もいただきました。トラックで木材運搬をしていたご主人芳吉さんには、用足しや荷物運びなど、お世話になりました。

二年目は結婚したので、学校の東の方にあった教員住宅に入れてもらいました。二間と台所と風呂の造りだったような気がします。夫は、隣の比曽小学校にバイクで通勤していました。風呂は薪風呂、薪はたくさんあるので困らないが、煙突がつまっていると風呂中が煙だらけになりました。そこで二ヵ月になったばかりの長男を入浴させていました。今のように優れた暖房器具もなく、すき間風がどこからも入ってくる住宅だったので、長男には着物の上にさらにおくるみをまいて寝せていました。当時は布おむつでしたので、洗濯竿に干す順からカチカチに凍ったことも忘れられません。私たちも蒲団をかぶるようにして、顔の表面が冷たい空気にあたらないように工夫していました。

一月十二日より、産休明けの勤務が始まりました。保育所などあるはずがありません。そこでお願いして、十文字から少し南に行った所にあった鴫原商店に預かってもらうことになりました。鴫原定良さん幸子さんご夫妻が、とっても大切に育ててくれました。鴫原商店は、食料品・日用品をあつかっていました。店にない魚や肉をお願いすると、定良さんが仕事の合間に町から仕入れをしてくれました。このご夫妻は、二人ともとてもやさしい方で、村中の人が寄りたくなる場所になっていました。郵便配達の人、おとしより、仕事が休みの人、何もすることのない人、先生等、鴫原商店の茶の間はいつも人でいっぱい、笑い声でいっぱい、お茶のちゃわんがいっぱいでした（お茶やお酒をふるまっていた）。その茶の間にベビーベッドを運び、長男をみてもらったのです。定良さん幸子さんはもちろんのこと、この茶の間に集まった多くの方々に見守られ、長男は成長しました。現在四十六歳、三人の女の子の父親となりました。

この年は雪が多く寒さもきびしく、連日吹雪でした。吹雪の中を赤ん坊がどこにいるかわかんないほどくるんでからおんぶして、鴫原商店に通いました。予防注射は、飯樋までいかなければできませんでした。私は勤務があるので、鴫原さんご夫妻が連れていってくれました。ジョンという大きい犬もいました。庭には大きな池があり、そこには鯉が泳いでいました。息子は犬も鯉も大好きでした。生きているおもちゃでした。庭から見える田んぼの中の巨大な石も忘れられません。

息子は山（長泥を山ともいった）を下りてからも、鴫原ご夫妻を山おんちゃん、山おばちゃんと慕い、年に一度は家族でお訪ねしていました。何年前になるか忘れましたが、山おばちゃんが持病の心臓病で亡くなられました。突然の訃報におどろき悲しみ、家族でお悔やみに行きました。その頃はまだ土葬でした。山の中腹あたりのお墓に深い穴がほられ、そこに山おばちゃんの棺がおかれました。穴の底にしずめられる時の棺のきしむ音、土をかけた時の棺に落ちる土の音、今でもはっきりおぼえています。

山おばちゃんは、放射能に汚染され誰も住めなくなった長泥の山に今もねむっていると私は切なくなります。どんな気持ちでいるかと思うときもあります。原発事故というのは、今生きている人だけでなく、長泥の発展のためにがんばってきた先輩の方々をまで、粗末にさみしくしてしまっているのです。山おんちゃんは、その後長男家族とともにすごされたということを聞いておりました。

担当区について

担当区というのは、前橋営林局原町営林署の長泥出張所みたいなものです。当時長泥には、立派な出張所がありました。教員住宅の造りとはくらべものにならないほど、広く立派なものでした。私たちが結婚して長泥の教員住宅に入ったと同時に、結婚まもない夫婦が担当区に着任しました。その歓迎ぶりがすごかったです。ほとんどの村人が集まって、引っ越しのお手伝いをしていました。家の周りなども、とてもきれいに片づけられていました。見たわけではありませんが、歓迎の宴なども盛大だったかもしれません。教員の着任とは全く違っていました。後になってその訳が分かりました。長泥は、国有林が多かったのです。その国有林を守り、収益をあげるために、村人と密接な関係を保つ必要があったのです。成長した木を伐採する、植林をする、木の成長を促すため下刈り、伐採した木材を貯木場まで運ぶ等の仕事を進めることが担当区の役割でした。これらの仕事は、すべて村人によってなされました。村人にとってこの仕事は、現金収入を得るために大切なものでした。当時は今のように会社などはなく、出稼ぎ、山仕事が主な現金収入となるものでした。ですから村人にとって、担当区はとても大切な所だったのです。

教員住宅時代、生鮮食料品をどのようにして手に入れていたか

現在のように、自家用車、宅配便、冷蔵庫などありません。夫は釣りが上手だったので、住宅の前を流れる比曽川で魚釣りをしました。エサはミミズで、ねらったのはウグイとかヤマメでした。清流での釣りは気持ちよかったようでした。またよく釣れました。私はそれを唐揚げにしたり、大きめのものは焼いたりして食べていました。ほとんど毎日です。肉屋も魚屋もない長泥では、貴重なたんぱく源でもあったのです。

長泥は山菜の宝庫でもありました。フキ、ワラビは住宅のまわりにもたくさんありました。きびしい冬のために、樽みたいなものに重石をして、塩蔵しておきました。キノコ採りもしました。私が印象に残っているのは、アミタケの群生地をみつけたことです。低いアカマツの林の中に、黄褐色のものが一面にありました。採っても採ってもまだあるという感じでした。長泥から南へ、手七郎へ行く途中の坂道でした。夫はマツタケだけはさすがに採れませんでしたが、その他のキノコをたくさん採ってきました。食べきれないものは、フキと同じように塩蔵しました。山の生活の知恵というか、きびしい冬をのりこえる工夫を

いろいろしていたのです。

当時の若い教師の交通手段は？

当時の学校は、土曜日の午後と日曜日には日直という当番があり、女子教員が配当されていました。男子教員は宿直というものがあり、宿直室に泊まり、決められた時刻に校舎を巡回するという役目がありました。わずかの手当があったと思いますが、このためになかなか帰省できないという状況にありました。運よく帰れるようになった時の私の交通手段は、五十ccのスーパーカブ号、実家は現在の南相馬市鹿島区でした。高校の時に免許はとっていたので、すぐ乗ることができました。夏は気持ちがよくルンルンでしたが、初秋の頃からは寒さがきびしく、手が凍えました。手袋は三枚ぐらい重ね、下ズボンもぶ厚い物をはき、靴はレインシューズ。先輩に教わった必殺技は、お腹の部分に新聞紙を折って入れる。そうすると風を通さないというものでした。帽子は、目の部分だけあいているものをすっぽりかぶるという完全武装でした。長泥の七曲り（現在三九九号線）の頂上で一息つくのがほっとする時でした。近くには長泥の集落、遠くには太平洋がぼんやりと見えました。なんともいえない、いい景色でした。

バイクのない女先生はどうしたかというと、最も近いバス停（福浪線）まで歩いて行く、または男先生のバイクの後ろに乗せていってもらうという方法をとりました。道路は舗装されていないので、デコボコです。町から来た女先生は、またを広げるのを恥ずかしがっていたので横坐りで乗って、途中で落っこちてしまったこともありました。男先生が急に軽くなったと思ったら、女先生がいなかったというエピソードもあります。現在は、皆さん自家用車お持ちですから、聞いても夢のような話でしょうね。

最後に

震災後、ＪＲ原町駅から東京へ行けなくなりました。いわきに住む娘の家に行くには、バスで原町から飯舘・川俣を通って福島へ、福島から磐越道でいわきへ。東京に住む二男の家に行くには、原町から飯舘・川俣を通って福島へ。そして新幹線というわけで、必ず飯舘村を通ります。日に日に朽ちていく廃屋と黒袋の山。田んぼの中に増え続けるセイダカアワダチソウ等、いやおうなしに目に入ります。とてもつらく悲しいものです。バスから長泥・比曽の方に向かって手を合わせます。なんとか昔のあの風景をとりもどしてほしいと願うのです。

おわりに

膨大な量の写真データと住民の語りを一冊の書物として編集する中から、改めて見えてきたのは、長泥がコミュニティの結束を大切にしてきたということである。厳しい環境の山村で生きていく以上、健全なコミュニティを維持し、一年を通して様々な仕事を共同で行う必要があった。都市に住む者からはおよそ想像できないほど、種々様々な、しかも重い仕事をこなしてきた。しかもそれらの仕事は、単なる役務としてではなく、集落の住民ひとりひとりが主体的に関わり、そこに喜びをも享受してきた。

長泥は飯舘村内の二十の行政区の中でも、とりわけ団結力が強いといわれてきた。結束の強さは、厳しい環境の下で一年を通し様々な仕事を、何世代にもわたって続けてきた証でもある。それをもって長泥という集落共同体がつくられてきたのだろう。

そしてそれが、日本の山村ではごく普通のことなのかもしれない。

事故後五年を経て、住民は戻れないふるさとを諦めながらも、心のどこかで長泥の地に戻れる時を待ちながら、否応なく各地に分かれて暮らし始めている。

本書の編者である長泥記録誌編集委員会は、現行政区役員四役と区長経験者三名による七名の地元委員と、事故後の長泥に関心を寄せる大学関係者・写真家・行政職員・報道関係者ら十名の外部委員によって構成されている。そして、四回の編集会議とその間の緊密な協働作業によって本書が生み出された。

第一回・第二回編集委員会の議論の末、出版企画書がまとめられ、長泥行政区で用意した印刷予算の助成をつけて出版社を探した。六社へ打診したものの、「震災物は売れない」との理由で四社に断られ、企画に賛意を示した二社に定価設定の見積りを依頼し、もとめやすい価格を提示してくれた芙蓉書房出版に本書の刊行をお願いすることにした。

最後に、写真の収集と聞き取り調査に快く応じてくれた多くの住民の皆様と、限られた予算と時間の中で精力的に編集作業をサポートしてくれた芙蓉書房出版の平澤公裕氏に感謝の気持ちを表したいと思う。

〔編集委員〕（五十音順）

地元委員＝金子益雄（長泥行政区・元区長）

佐野　太（長泥行政区・元区長）

鴫原新一（長泥行政区・副区長）

鴫原良友（長泥行政区・区長）

庄司正彦（長泥行政区・庶務）

杉下初男（長泥行政区・前区長）

高橋正弘（長泥行政区・会計）

外部委員＝大渡美咲（産経新聞社記者）

トム・ギル（明治学院大学教授・社会人類学）

黒坂愛衣（東北学院大学准教授・社会学）

佐藤　忍（横浜市教育会館職員）

関根　学（写真家）

福岡安則（埼玉大学名誉教授・社会学）

本田晃司（福島県庁職員）

前田せいめい（写真家）

山中知彦（新潟県立大学教授・地域デザイン）

依光隆明（朝日新聞社記者）

〈資料編〉

長泥年表（江戸時代までは西暦を付す）

年	長泥関連事項
明応元 一四九二	・相馬氏が標葉《しねは》氏を滅ぼし標葉郡を併有
明暦二 一六五六	・相馬藩、総検地で石高十万二千石と定めた。比曽村が新村として成立し、七十四石（「相馬藩政史」より）
寛文八 一六六八	・「長泥ニ　高八石　本地　木幡八郎左衛門」との記述（「在郷給人御支配帳写」より）
元禄一〇 一六九七	・相馬氏が領内を七郷制（宇多郷・北郷・中ノ郷・小高郷・北標葉郷・南標葉郷・山中《さんちゅう》郷）とし、廃藩置県まで続く ・長泥は山中郷を構成する三十ヵ村（内現在の飯舘村に十八ヵ村）の中の比曽村に属し、当時は「永とろ」と記載されていた
年代不詳	・「赤地白亀　郷士　同（比曽）村内永とろ　境目付　高十九石　木幡七兵衛」との記述（「山中郷給人旗指物帳」より）

天明三 一七八三	・天明の飢饉　比曽村をはじめとする山中郷で壊滅的な打撃 ・
寛政以降 年代不詳	・「比曽村之内長とろと申候所木幡八郎左衛門と申て勝胤公御朱印之拾人ニ而肝人相勤申候其嫡子七兵衛と申人是モ肝入相勤候人也しが子供大勢十六人出生アリ候得共妻十六度之産ノ上ニ而死去致候其子皆々死去致シ追々困窮ニ相成男子壱人有之しか家も潰ニ成候而やしき跡斗　相成候家をうしろ通大辺なる杉山ニて有之ソロ右之男子末長氏之聟成居候所去申ノ正月初ニ妻ニ別込入居候名ハ市兵衛と申候」との記述（「寛政より村役人由来の覚」より）
文化五 一八〇九	・「高拾九石　給人　木幡七兵衛（祖先は）明暦四年（一六六八）正月十七日頂戴」との記述（「在郷給人古発中切郷士帳」より）
弘化五 一八四八	・「比曽村　家数二十八（うち給人一）　人数百五十　馬六十八」との記述（「比曽村人別帳」より）
安政七 一八六〇	・「比曽村　拾九石　木幡八□□」（□□部分は原資料破れにより不明）との記述（「在郷給人郷士知行旗調」より）
明治二二	・飯樋村と比曽村が合併し飯曽村誕生
大正九	・私設の分教場を開設（高橋与市蚕室使用）
大正一〇	・分教場設置を請願（高橋与市ほか三十二名）

大正一二	・飯曽・石橋組合村立飯曽尋常高等小学校長泥分教場を創設　・関東大震災
年代不詳	・初代区長に高野熊吉就任（史料焼失のため任期不詳）
昭和九	・東北地方大凶作
年代不詳	・第二代区長に高橋与市就任（史料焼失のため任期不詳）
年代不詳	・第三代区長に高橋市平就任（史料焼失のため任期不詳）
昭和一六	・飯曽国民学校長泥分教場と改称
昭和二〇	・太平洋戦争終わる
昭和二一	・第四代区長に高橋円治就任　・日本国憲法制定
昭和二二	・飯曽村立飯曽小学校長泥分校と改称
昭和二三	・長泥部落の規約策定（三十八戸が加入）　・長泥分校一教室増築、学校給食開始
昭和二五	・第五代区長に小椋清就任　・飯曽村立飯曽第一小学校長泥分校と改称
昭和二七	・第六代区長に菅野末吉就任
昭和二九	・第七代区長に高橋一就任　・長泥分校二教室を増築

昭和三一	・第八代区長に佐野寅治就任　・白鳥神社の参道の百段に及ぶ石階段完成 ・白鳥神社の遷宮を四月十三日と決定　・長泥墓地より曲田組の墓地の移転 ・飯舘村立飯樋小学校長泥分校と改称 ・飯曽村と大舘村が合併し、飯舘村が誕生（初代村長に長泥住民の高橋市平就任） ・十一月二十三日、長泥公民館が強風により倒壊
昭和三二	・救農失対事業募集登録開始　・白鳥神社の秋祭りの期日を十月三日に決議 ・十月三日、一年ぶりで長泥公民館が再建され、祝賀式を執行 ・十一月、下曲田「焼破橋《やっこればし》」の架け替え工事着手
昭和三三	・高橋市平（村長）宅に公衆電話の設置　・高橋市平宅火災で焼失（長泥関係資料含め） ・牧野利用組合農業組合の事業展開　・長泥分校教員住宅二戸建設
昭和三四	・第九代区長に高橋正七就任　・農村電話開通　・長泥診療所出張所設置計画
昭和三六	・大字（比曽、長泥、蕨平）地区開発協議会発足
昭和三七	・長泥小学校運動場設置　・長泥消防団屯所施設建設
昭和三八	・スクールバス運行開始
昭和三九	・長泥分校が飯舘村立長泥小学校として独立、校歌制定　・長泥小学校体育館落成 ・完全学校給食開始　・教員住宅の建設開始　・長泥小学校に電話設置 ・東京オリンピック開催

昭和四一	・東京電力福島第一原子力発電所運転開始
昭和四二	・長泥小学校新校舎落成　・農集電話の設置開始（全戸加入）
昭和四四	・第十代区長に小椋満延就任
昭和四五	・飯舘村村民体育大会始まる
昭和四七	・第十一代区長に杉下玄硯就任　・東北農政局阿武隈地域総合開発準備開始
昭和四八	・長泥小学校にプール新設、創立五十周年記念式典を挙行　・長泥部落老人会発足
昭和五一	・小学校統合の計画始まる　・郷土芸能の「長泥の田植踊り」が三十数年ぶりに復活
昭和五二	・救農土木工事の救済事業発令　・長泥小学校が閉校し、飯樋小学校長泥分室となる
昭和五三	・第十二代区長に小椋満延就任　・長泥子供育成会発足　・長泥公民館運営委員会発足 ・公民館管理人の設定　・長泥運営委員会の設置（青年会長、婦人会長、老人会長、消防団班長、体育部長、他各組長の計十名で組織）
昭和五四	・長泥部落運動会実施　・大字比曽球技大会開催
昭和五五	・白鳥神社遷宮祭実施　・長泥部落運動会実施　・長泥公民館管理人採用（住民の負担で雇用）

昭和五六	・七曲がり峠（国道三九九号線）に桜の木二十本を補植　・長泥部落運動会実施 ・長泥公民館に夜間照明設置　・盆踊りを長泥、曲田で開催決議（三日間の盆踊り大会）
昭和五九	・第十三代区長に鴫原定顕就任
昭和六三	・地区公民館が多目的集会場となる
平成元	・長泥婦人会設立　・飯舘村発「若妻の翼」海外に発進
平成二	・やまびこ運動事業展開／七曲り峠（国道三九九号線）を「花の里ながどろ三九九」と命名／記念樹として全世帯に吉野桜を一本ずつ配布　・長泥芸能保存会の設立
平成三	・飯舘村農村楽園推進事業「新やまびこ運動」取組み ・「若妻の翼」に長泥行政区から若妻が参加　・「長泥生産組合機構」改革 ・長泥青年会主催の恒例の盆踊り大会を会員不足により辞退
平成四	・第十四代区長に佐野太就任
平成五	・長泥公民館建替え工事建設委員会設立　・「花の里ながどろ三九九」にサツキとツツジを植樹
平成六	・第十五代区長に高橋正人就任　・長泥コミュニティセンター落成
平成八	・第四次振興総合計画事業展開（「ゆたかで活力ある住み良い花の里　長泥」を十年間で達成する目標を設定）　・「花の里のながどろ三九九」にサツキを植樹

平成九	・減反活性化営農対策事業参入　・大字（比曽・長泥・蕨平）地域共同取り組み作業展開
平成一〇	・第十六代区長に高橋章友就任　・ミニ情報再設備（防災無線）　・飯舘村農村楽園基金活用事業 ・「花の里のながどろ三九九」にツツジ、アジサイの苗、各五百本植栽
平成一二	・第一期中山間地域等直接支払事業制度に参入　・長泥転作営農組合設立
平成一三	・農地水環境保全会参入　・長泥防災会自主防災組織設立
平成一四	・第十七代区長に金子益雄就任
平成一五	・第五次新農村楽園推進事業に参入
平成一七	・あぶくまロマンチック街道（国道三九九号線の飯舘村臼石を起点に長泥を通り川内村役場までの九十五km区間で景観維持管理）事業の展開　・長泥峠の整備事業開始
平成一八	・第二期中山間地域等直接支払事業制度を継続
平成二〇	・第十八代区長に杉下初男就任　・「わいわいがやがやサミット会議」参加 ・長泥農産物加工施設完成
平成二一	・体育館補修工事完了
平成二二	・第十九代区長に鴫原良友就任　・後期第五次新農村楽園推進事業展開

平成二三	・三月十一日、東日本大震災発生 ・三月十二日に引続き、三月十四日に東京電力福島第一原子力発電所水素爆発 ・飯舘村への避難者におにぎり炊き出し配達（長泥では三月十五～十七日で合計千二百個提供） ・四月六日、長泥を会場に「原発事故の放射線の健康に対してのリスク」の説明会（長崎大教授） ・四月十一日、国が「飯舘村全村計画的避難区域」に指定　・住民はばらばらに二ヵ月位かかり避難 ・第三期中山間地域等直接支払事業制度継続　・震災で落下した白鳥神社の狛犬と灯籠修復 ・十一月、第一回長泥行政区研修交流会開催
平成二四	・七月十七日、長泥行政区は年間の放射線量が高線量区域のため、避難区域見直しにより「帰還困難区域」に指定され、区内入口四ヵ所にゲートが設置され完全封鎖 ・原子力損害賠償紛争解決センターへの集団申立て ・九月、第二回長泥行政区研修交流会開催
平成二五	・二月、「まげねぇどぅ！ながどろ」（区報）発行開始 ・十一月、第三回長泥行政区研修交流会開催
平成二六	・十月、第四回長泥行政区研修交流会開催
平成二七	・五月、長泥記録誌編集委員会立上げ ・十月、第五回長泥行政区研修交流会開催
平成二八	・三月、『もどれない故郷《ふるさと》　ながどろ――飯舘村帰還困難区域の記憶』出版

編集記録

表紙・裏表紙
〔編集〕関根学、前田せいめい
〔写真提供〕表紙：関根学
裏表紙：関根学、前田せいめい、長泥住民

前見返し・後見返し
フィールド・ノート（聞き取り野帳）トム・ギル

まえがき
〔執筆〕編集委員会（文責　山中知彦）

福島県相馬郡飯舘村長泥行政区の概要
〔執筆・編集〕本田晃司、山中知彦、依光隆明

第一部　写真で見る長泥
掲載写真は、長泥住民及び飯舘村デジタルアーカイブから提供を受け、写真家の関根学、前田せいめい撮影分を加え構成した。
〔写真構成、編集〕関根学、前田せいめい
〔写真提供〕
二〇～四三頁：主に前田せいめい
四四～六七頁：主に関根学
六八～一六〇頁：長泥住民
一四六頁の下二枚：飯舘村デジタルアーカイブ

第二部　聞き書きでたどる長泥

■一組（開墾）

長泥で育ち暮らして、仮設住まいは狭かった　庄司正彦
聞き取り／平成27年6月8・29日、福島市庭坂の自宅にて〔聞き手・音声おこし〕福岡安則、佐藤忍／〔編集〕大渡美咲、山中知彦

牛と花の専業農家として長泥の人間でいたい　鴫原フカノ・清三
聞き取り／平成27年6月8日、福島市松山町の自宅にて〔聞き手〕福岡安則、佐藤忍〔音声おこし〕福岡安則〔編集〕大渡美咲・山中知彦

長泥の山の恵みに囲まれて　伊藤やいこ
聞き取り／平成27年7月18日、相馬市大野台第六仮設住宅にて〔聞き手・音声おこし・編集〕山中知彦
「まげねえどぅ！ながどろNo18」掲載

私達の第二の人生の舞台　飯舘村長泥　中村敦・月江
平成27年12月10日寄稿〔編集〕山中知彦

退職後長泥へ――東京都で災害対策を担当　石井俊一
聞き取り／平成26年8月17日、東京都台東区御徒町の吉池食堂にて〔聞き手・音声おこし・編集〕山中知彦
「まげねえどぅ！ながどろNo10」掲載

■二・三組

女たちの長泥――戦前世代
菅野ツメヨ・菅野キシノ・高橋初子
聞き取り／平成27年7月19日、松川第二仮設住宅にて〔聞き手〕福岡安則、黒坂愛衣、佐藤忍〔音声おこし〕佐藤忍〔編集〕大渡美咲、山中知彦

乳牛はおらが持って来たんが始まりだったんだ　高野幸治
聞き取り／平成27年7月18日、松川第二仮設住宅にて〔聞き手・音声おこし・編集〕山中知彦

長泥の「サロン」、高橋商店を営む　高橋力授・キクヨ
聞き取り／平成27年6月7日、福島市内の新居にて〔聞き手〕福岡安則、黒坂愛衣、佐藤忍〔音声おこし〕佐藤忍〔編集〕大渡美咲・山中知彦

震災後長泥で脳溢血で倒れて　伊藤幸雄・ヒロ
聞き取り／平成27年7月19日、松川第二仮設住宅にて〔聞き手〕福岡安則、黒坂愛衣、佐藤忍〔音声おこし〕佐藤忍〔編集〕本田晃司、山中知彦

蕨平から伝わった神楽・田植え踊り・宝財踊り　高橋ナミ子
聞き取り／平成27年6月29日、「いやしの宿いいたて」にて〔同席者〕鴫原良友〔聞き手〕福岡安則、佐藤忍〔音声おこし〕佐藤忍〔編集〕本田晃司、山中知彦

祖父は飯舘村初代村長だった　高橋繁文
聞き取り／平成27年8月30日、庄司正彦宅にて〔聞き手〕福岡安則・黒坂愛衣〔音声おこし〕黒坂愛衣〔編集〕山中知彦

長泥の鴫原本家を継いで専業農家を　鴫原久子・鴫原昭二
聞き取り／平成27年6月28日、田村市内の借り上げ住宅にて〔聞き手〕福岡安則、黒坂愛衣、佐藤忍〔音声おこし〕福岡安則〔編集〕福岡安則、山中知彦

炭の仲買を生業にして　鴫原文夫・昌子
聞き取り／平成26年1月26日、松川第二仮設住宅にて〔聞き手・音声おこし・編集〕山中知彦　「まげねえどぅ！ながどろNo７」掲載

奪われた人生設計　佐野くに子
審問／平成24年12月27日、原子力損害賠償紛争解決センター福島事務所県北支所（以下、福島市市民会館）にて〔聞き手・記録作成〕小林克信弁護士〔編集〕山中知彦　「東日本大震災による原発事故被災者支援弁護団長泥班審問調書」（以下「ADR調書」）より

長泥行政区長と良友の狭間で揺れて　鴫原良友
審問／平成24年12月27日、福島市市民会館にて〔聞き手・記録作成〕小林克信弁護士〔編集〕山中知彦「ADR調書」より
聞き取り／平成26年2月17日、新潟大学駅南キャンパスときめいとミーティングルームにて〔聞き手〕福島

被災者に関する新潟記録研究会〔音声おこし〕本田晃司〔編集〕山中知彦　「第五回 福島被災者に関する新潟記録研究会（公開研究会）記録」より
聞き取り／平成27年6月28日「いやしの宿いいたて」にて〔聞き手〕福岡安則、黒坂愛衣、佐藤忍〔音声おこし〕福岡安則〔編集〕本田晃司、山中知彦

家族の人生設計がダメにされ　庄司光子
審問／平成24年12月12日、福島市市民会館にて〔聞き手・記録作成〕小林克信弁護士〔編集〕山中知彦「ADR調書」より

女たちの長泥——戦後世代
鴫原美佐江・菅野一江・鴫原圭子・菅野節子
聞き取り／平成27年4月25日、福島市吉倉集会所にて〔聞き手〕トム・ギル、山中知彦〔音声おこし〕トム・ギル〔編集〕山中知彦

震災三日前に父が急死して　鴫原新一・三枝子
聞き取り／平成27年5月24日、車中と福島市内の自宅にて〔聞き手〕福岡安則、黒坂愛衣、佐藤忍〔音声おこし〕福岡安則〔編集〕本田晃司、山中知彦

崩れ去った長泥での自然との共生　清水勝弘・敬子
審問／平成24年12月27日、福島市市民会館にて〔聞き手・記録作成〕永田毅浩弁護士〔編集〕山中知彦「ADR調書」より

原発事故以前の長泥の記憶を伝えたい　高橋正弘
聞き取り／平成27年2月14日、福島リッチモンドホテルのロビーにて〔聞き手〕トム・ギル、大月美佳（読売新聞記者）、山中知彦〔音声おこし・編集〕山中知彦
「まげねえどぅ！ながどろNo13」掲載

母が弱っていく　菅野恵一
審問／平成24年12月27日、福島市市民会館にて〔聞き手・記録作成〕長谷見峻一弁護士〔編集〕山中知彦
「ADR調書」より

遅れた避難と子どもたちの健康不安　菅野律子
審問／平成24年12月27日、福島市市民会館にて〔聞き手・記録作成〕永田毅浩弁護士〔編集〕山中知彦「ADR調書」より

理想の地・長泥の暗転　山村康行
審問／平成24年12月27日、福島市市民会館にて〔聞き手・記録作成〕長谷見峻一弁護士〔編集〕山中知彦
「ADR調書」より

■四・五組（曲田）

祖母に聞いた野馬の思い出　杉下キワ
聞き取り／平成26年10月12日日、伊達市内の借り上げ住宅にて〔聞き手・音声おこし・編集〕山中知彦
「まげねえどぅ！ながどろNo12」掲載

長泥の山仕事の変遷　高橋喜勝
聞き取り／平成26年2月9日、松川第二仮設住宅にて〔聞き手・音声おこし・編集〕山中知彦　「まげねえどぅ！ながどろNo８」掲載

出稼ぎ生活から単身赴任、そして石材業起業へ
神野長次・クニミ
聞き取り／平成27年7月18日、相馬市大野台第六仮設

住宅にて〔聞き手・音声おこし・編集〕山中知彦
「まげねえどぅ！ながどろNo17」掲載

部落活動支えた「違約金制」 金子益雄
聞き取り／平成27年7月19日、「いやしの宿いいたて」にて、〔聞き手〕福岡安則、黒坂愛衣、佐藤忍〔音声おこし〕福岡安則〔編集〕依光隆明、山中知彦

石材業もタラノメ栽培も順調だった 杉下初男・龍子
聞き取り／平成27年10月24日・25日、伊達市内の借り上げ住宅にて〔聞き手〕福岡安則、黒坂愛衣、佐藤忍〔音声おこし〕福岡安則〔編集〕依光隆明、山中知彦

新天地でハウス農業をスタート 高橋与吉・静子・幸吉
聞き取り／平成27年6月7日、福島市内の自宅にて〔聞き手〕福岡安則・佐藤忍・黒坂愛衣〔音声おこし〕黒坂愛衣〔編集〕黒坂愛衣、本田晃司、山中知彦

長泥に住んで 川原田陽一・幸子
平成27年11月30日寄稿〔編集〕山中知彦

夢を見た者としての愛着 田中一正
聞き取り／平成27年7月18日、復興牧場「フェリスラテ」建設現場の事務室にて〔聞き手〕福岡安則、黒坂愛衣、佐藤忍〔音声おこし〕黒坂愛衣〔編集〕黒坂愛衣、山中知彦、依光隆明

■長泥を見守る

長泥の神々 多田 宏
聞き取り／平成27年3月28日、草野綿津見神社にて〔聞き手〕トム・ギル、関根学、山中知彦〔音声おこし〕トム・ギル〔編集〕山中知彦 「まげねえどぅ！ながどろNo14」掲載

長泥は相馬藩山中郷の要所だった——比曽の在郷給人の末裔に生まれて 菅野義人
聞き取り／平成26年2月23日、二本松市内の避難宅にて〔聞き手・音声おこし・編集〕山中知彦 「まげねえどぅ！ながどろNo9」掲載

長泥小学校で教えた頃の思い出 菅野レイ子
平成27年11月27日寄稿〔編集〕山中知彦

第二部全体最終調整編集／福岡安則、山中知彦、依光隆明、

あとがき
〔執筆〕編集委員会（文責 関根学・山中知彦）

資料編
長泥年表
〔編集〕庄司正彦、山中知彦〔協力〕菅野義人

参考資料

・福島県飯舘村長泥行政区「まげねえどぅ！ながどろ」No７～19、二〇一四～二〇一六年。
・「第五回　福島被災者に関する新潟記録研究会（公開研究会）記録」主催：福島被災者に関する新潟記録研究会、後援：地域デザイン学会・新潟県立大学、二〇一四年。
・本田晃司「地区コミュニティにおける原子力災害からの復興まちづくりの経緯——福島県相馬郡飯舘村長泥行政区を対象として」新潟大学工学部卒業論文、二〇一四年。
・山中知彦『地球の住まい方見聞録』芙蓉書房出版、二〇一五年。
・飯舘村史編纂委員会編『飯舘村史』第一巻通史、飯舘村、一九七九年。
・飯舘村史編纂委員会編『飯舘村史』第二巻資料、飯舘村、一九七七年。
・『飯舘村合併30周年記念要覧』飯舘村、一九八六年。
・『福島県の地名』平凡社、一九九三年。

なお、聞き取りの一部および出版には以下の研究助成が使われています
・ＪＳＰＳ科研費挑戦的萌芽研究（課題番号23651039、研究代表者＝山中知彦）
・ＪＳＰＳ科研費基盤研究（Ｃ）（課題番号15K11941、研究代表者＝トム・ギル）
・ＪＳＰＳ科研費若手研究（Ｂ）（課題番号15K17192、研究代表者＝黒坂愛衣）
・平成25年度新潟県立大学教育研究活動推進事業
・平成27年度新潟県立大学地域貢献推進事業
・飯舘村地域史編さん事業補助金
・飯舘村長泥行政区出版助成

〔編集委員〕（五十音順）
地元委員＝金子益雄（長泥行政区・元区長）
佐野　太（長泥行政区・元区長）
鴨原新一（長泥行政区・副区長）
鴨原良友（長泥行政区・区長）
庄司正彦（長泥行政区・庶務）
杉下初男（長泥行政区・前区長）
高橋正弘（長泥行政区・会計）
外部委員＝大渡美咲（産経新聞社記者）
トム・ギル（明治学院大学教授・社会人類学）
黒坂愛衣（東北学院大学准教授・社会学）
佐藤　忍（横浜市教育会館職員）
関根　学（写真家）
福岡安則（埼玉大学名誉教授・社会学）
本田晃司（福島県庁職員）
前田せいめい（写真家）
山中知彦（新潟県立大学教授・地域デザイン）
依光隆明（朝日新聞社記者）

もどれない故郷《ふるさと》　ながどろ
――飯舘村帰還困難区域の記憶――

2016年 3月 5日　第1刷発行
2016年 4月 1日　第2刷発行

著　者
長泥《ながどろ》記《き》録《ろく》誌《し》編集《へんしゅう》委《い》員会《いんかい》

発行所
㈱芙蓉書房出版
（代表 平澤公裕）
〒113-0033東京都文京区本郷3-3-13
TEL 03-3813-4466　FAX 03-3813-4615
http://www.fuyoshobo.co.jp

印刷・製本／モリモト印刷

ISBN978-4-8295-0676-9

巨大災害と人間の安全保障

清野純史編著　本体 1,800円

巨大災害時や復旧・復興における「人間の安全保障」確保に向けた提言。

「国土計画」「社会システム」「コミュニティ」「人的被害」「健康リスク」の５つのテーマで東日本大震災の復旧・復興のあるべき姿を論じる。

巨大災害発生前に備えておくべきことは？　次なる大災害に際して考えておくべきことは？　京都大学グローバルCOEプログラム「アジア・メガシティの人間安全保障工学拠点」の研究成果。

【内容】 日本復興計画―日本再生と列島強靭化（藤井　聡）／災害の壁―安全・安心とコミュニケーション（小林潔司、鄭蝦榮）／人とコミュニティと情報（ショウ・ラジブ、竹内裕希子）／地震・津波と人的被害（清野純史）／津波災害復興と健康リスク管理（平山修久）

地球の住まい方見聞録

山中知彦著　本体 2,700円

新潟から世界各地を巡り FUKUSHIMA へ。36年をかけた「世界一周」の旅を通し、地域から世界の欧米化を問い直す異色の紀行エッセイ。「住まい方」という視点で描かれた地域像を通して、これからの地域づくりを考える。
【内容】１．新潟から（粟島―地域環境のミクロコスモス／歴史的な双子の湊町―新潟町と沼垂町／潟に住まう―海老ケ瀬本村～旧大形村～亀田郷～新潟県）２．日本海を渡る（新潟と露中韓／韓国逍遥／北東アジアの欧化拠点都市― 哈爾賓、ハバロフスク、ウラジオストク）３．東アジアを南下する（水郷江南―蘇州と同里、上海／東洋の国際都市香港／神々の棲む島バリ／タイとビルマの都市を辿る）４．アジアを西へ（北インド四都を辿る／トルコ西部の都市を辿る）５．ヨーロッパの諸相（北伊六都巡礼／中欧の都市と集落の旅／ランドスケープの島・ブリテン／スペイン賛歌）６．サハラを渡る（西アフリカの集落調査へ／アルジェリアの都市と集落／サブサハラの集落）７．大西洋から太平洋へ（アングロ・アメリカ／ネイティブ＆ヒスパニック・アメリカ）８．FUKUSHIMA へ（2011.3.11から被災地へ／福島県飯舘村長泥へ／角海浜に想う）

Nagadoro East Map (Field Notes)

Top-left block (partially cut off):

3-10 ...Shibata Kazuto in Minami-som... Diabtypes. But gentle gardener - free surgeon. ...

MATSUMI JINJA — small shrine. Branch of Yamatsumi jinja in ...su. Negi comes from MATSUMI in Miyauchi at Ōseiku.

...e main graveyard today ...ened c. 1975 as the first ...s full. Still practised ...RIAL; switched in 1990s (?) ...CREMATION.

3-11 Nobuyo Shokunin + fuku-kuchō (retired kuchō) 1 more yr. ...gency term. Cousin of kuchō. Did ...as treasurer (Fuyu kigatari). ...succeeded KANNO KAZUHIRO as fuku, until recently.

...OCHI ② ...RAVEYARD 元生共同墓地

SANNO FUTOSHI 3-16 ex-kuchō. Operates heavy machinery. Has been doing 耕選 SOSEN.

YAMATSUMI JINJA 3-17 SHIMIZU EIJI 山津見神社 三清水栄治 佐藤豊太

3-18 SHIMIZU KATSUHIRO 三清水勝弘

← NAGA DORO / MAG ATA →

Top-center box:

Nagadoro has 4 shrines.
① Shiratori Jinja (off map) (biggest)
② V. small one in Keiichi's house (3-2). SARUTAHIKO jinja nobori set up in 2 places. Keiichi's dad started it.
③ YAMATSUMI JINJA (see note to left)
④ V. small one in grounds of Takahashi Kazuhito's house. Only place in Magata for tanomi-goto.

Masae [mum's = sister]. Only Christian in Nidoro. Dad just died? too ...died (bro. SDF?). Has older sis, younger (bro. SDF?)

Top-right:

TAUE ODORI goes to all 4 jinja/mini-jinja.
In late April, they do REITAISAI in October AKI NO REITAISAI. But only at Shiratori.

Center (named map boxes):

TAKAHASHI KAZUSHIGE 高橋一成 5-2
TANAKA KAZUMASA 田中一正 5-1
KAWAHARADA YŌICHI 川原田洋一 5-3
TAKAHASHI RYŌICHI 高橋亮一 5-4
SUGISHITA SADAO 杉下定男 5-5
KANNO KAZUMI 菅野一巳 5-6

4-7 KAZUO 菅野一夫
4-3 SUGISHITA HATSUO 杉下初夫
4-6 SATO SHIMA 佐藤シマ
4-5 HASHIME
MAGATA BOCHI ③ 佐藤家

曲田

4-1 高橋芳勝 YOSHIKATSU
4-2 佐藤明康 AKEYASU
4-4 佐藤喜 KAZUHITO 高橋一仁 / 高橋建治

#4 V. small shrine/ojizōsama o matsuru basho in grounds of Kazuhito's house.

TAKAHASHI KOKICHI 5-8
TAKAHASHI KENJI 5-7

至 厳平

Lower-left:

SATO MINORU 佐藤実 4-10
KAMINO KENJI 神子建次 4-9
GUNGO 佐藤軍次 4-8

4-12 O KIYOSHI

KANEKO MASUO 金子益夫 4-11

...田向

Bottom-right block:

3-15 Hatanko, widow. Only person still determined to return to Nidoro. c. 75 in 2015. Often cleans house + garden in Nidoro. Used to ride motorbike (TOKI BUS). Often 1x week. Son works at G.S. Taken over 10 yrs ago. Ex-kuchō. Al-chu.

Matsukawa Dai-2 (living along) Loved Nidoro.

There is no temple in Nagadoro. The local otera is at IITOI, and all Nidoro house [ZEN-NŌ-JI] holds (except Christian and new religion) are 善応寺

3-14 widow OYABUN Has move Can't make ...

...TATA MUKAI KAITAKU-CHI ...tl relatively recently.

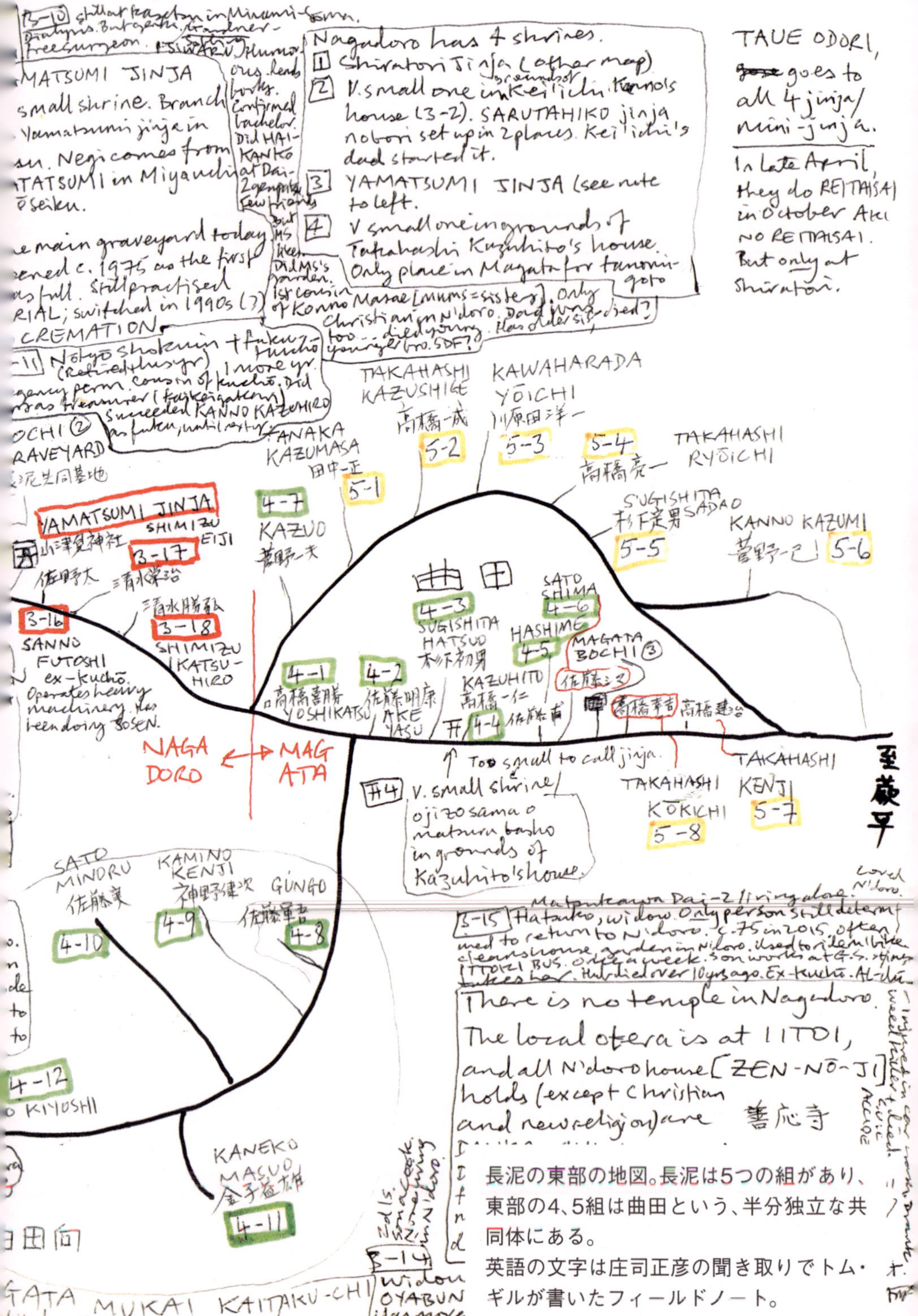

長泥の東部の地図。長泥は5つの組があり、東部の4、5組は曲田という、半分独立な共同体にある。
英語の文字は庄司正彦の聞き取りでトム・ギルが書いたフィールドノート。